中国轻工业“十四五”规划教材

高等学校食品质量与安全专业适用教材

食品安全监督管理学

庞　杰　白艳红　何明祥　主编

中国轻工业出版社

图书在版编目（CIP）数据

食品安全监督管理学 / 庞杰，白艳红，何明祥主编. 北京 : 中国轻工业出版社，2025. 3. -- ISBN 978-7-5184-5164-7

Ⅰ. TS201.6

中国国家版本馆 CIP 数据核字第 2024A3X631 号

责任编辑：马　妍　　责任终审：李建华
文字编辑：范小菲　　责任校对：晋　洁　　封面设计：锋尚设计
策划编辑：马　妍　　版式设计：砚祥志远　　责任监印：张　可

出版发行：中国轻工业出版社（北京鲁谷东街 5 号，邮编：100040）
印　　刷：三河市万龙印装有限公司
经　　销：各地新华书店
版　　次：2025 年 3 月第 1 版第 1 次印刷
开　　本：787×1092　1/16　印张：17.25
字　　数：410 千字
书　　号：ISBN 978-7-5184-5164-7　定价：45.00 元
邮购电话：010-85119873
发行电话：010-85119832　010-85119912
网　　址：http://www.chlip.com.cn
Email：club@chlip.com.cn

201270J1X101ZBW

本书编审委员会

主　　编　庞　杰　福建农林大学

　　　　　白艳红　河南工业大学

　　　　　何明祥　福州市产品质量检验所

副 主 编　徐志祥　山东农业大学

　　　　　朱秋劲　贵州大学

　　　　　宁　芊　福建农林大学金山学院

　　　　　王兆守　厦门大学

　　　　　臧金红　青岛农业大学

参编人员　（按姓氏笔画排列）

　　　　　卢恩明　福建省立医院

　　　　　朱　勇　贵州大学

　　　　　米娜莎　中国海洋大学

　　　　　孙意岚　上海交通大学医学院附属第九人民医院

　　　　　李沛昀　上海海洋大学

　　　　　李祥勇　福州市工业产品生产许可证审查技术中心

　　　　　杨　方　福州海关

　　　　　俞　露　贵州大学

　　　　　聂小宝　淮阴工学院

　　　　　徐敦明　厦门海关

　　　　　梁文娟　云南农业大学

　　　　　童彩玲　厦门海洋职业技术学院

　　　　　熊　艳　威海海关

主　　审　雷红涛　华南农业大学

前言 | Preface

随着全球化的不断深入,食品安全已成为世界各国共同关注的焦点。食品供应链的复杂性和跨国性使得食品安全问题更加突出。食品安全事件不仅对公众健康产生影响，也对食品产业的可持续发展提出了挑战。因此，加强食品安全监督管理，提高食品生产、加工、流通等各环节的安全管理水平，已成为各国政府和社会各界的共识。食品安全监督管理作为高等学校食品质量与安全专业的必修专业基础课程，对食品加工和食品质量与安全控制起着非常关键的作用。加强食品安全监管，关系广大人民群众身体健康和生命安全。

本教材内容涵盖食品安全监督管理的全过程，从法律法规到实际操作，从风险评估到危机应对，关注食品安全领域的发展和趋势，同时引入国际食品安全标准和管理经验，强调理论与实践的结合，构建了一个完整的知识体系。本教材在传授专业知识的同时，注重培养学生的社会责任感和职业道德。通过案例教学、讨论和反思，引导学生认识到食品安全监督管理的重要性，激发他们为保障公众健康和社会稳定贡献力量的使命感。

教材充分挖掘食品安全热点和学术前沿问题，与时俱进地将党的二十大精神有机融入教材内容当中，在开阔学生视野和思维的同时，润物无声地培养青年学子的使命担当意识。不仅适合高等学校食品质量与安全专业的学生使用，也可作为相关研究院所和生产企业的科技人员及工程技术人员的参考书，同时，也可作为相关专业研究生的参考教材。

本教材由高校和政府监督管理部门共同编写。由庞杰、白艳红、何明祥担任主编。教材编写分工如下：第一章由王兆守、卢恩明、童彩玲、庞杰编写；第二章由徐敦明和米娜莎编写；第三章由白艳红编写；第四章由徐敦明和臧金红编写；第五章、第八章和第九章由何明祥、李祥勇、孙意岚、梁文娟、宁芊以及李沛昀编写；第六章由俞露编写；第七章由朱勇编写；第十章由徐志祥编写；第十一章由熊艳和米娜莎编写；第十二章由杨方编写；第十三章由米娜莎编写；第十四章由朱秋劲和聂小宝编写。研究生郭洋洋、道莉苹和张艳婷参与了整理工作。全书由庞杰进行统稿，宁芊参加了本书的整理和部分章节的统稿工作。本教材特别邀请雷红涛作为主审，他在百忙之中对本书提出了许多宝贵的建议和修改意见，在此表示衷心的感谢和敬意!

由于编写任务繁重，加上时间和水平所限，书中存在遗漏和不妥之处在所难免，诚请读者批评指正。

编者

2025 年 1 月

目录 Contents

第一章 绪论

食品安全问题直接关系到千家万户的健康，是基础民生问题，意义重大，早已经引发全社会的广泛关注。近年来，随着政府行政机关加大食品安全查处力度和各种媒体报道，2022 年，某知名快餐连锁店被曝出使用过期食材。2023 年年初，有报道称某品牌饮料中检测出非法添加物等。这些食品安全事件陆续出现在公众视野中，让消费者对食品安全非常关注。

食品安全挑战包括非法添加、污染、农兽药残留、重金属超标、添加剂滥用、质量不符及检疫消毒问题。2021 年抽检发现，茶叶、食用农产品、糕点等 18 批次不合格，不合格率为 3.78%，显示食品安全虽整体稳定，但源头控制仍需加强。进口食品市场 2012—2021 年复合增长率达 13%。主要进口品类为肉类、粮食、水海产品、乳品、水果，来源地广泛。尽管食品安全形势好转，跨境电商平台仍时有进口食品安全事件，如奶粉、保健品、零食问题。

全球食品安全问题突出，跨境电商发展使进口食品安全风险凸显，主要涉及商品质量低、来源不清、售后难。风险因素包括监管不力、风险管理缺失、社会参与度低、法律体系不完善。

党的二十大报告提出："维护人民根本利益，增进民生福祉"。人民至上，是习近平新时代中国特色社会主义思想的精髓，是贯穿党的二十大报告的一条主线。党的二十大报告系统阐述了"人民至上"的执政理念，"江山就是人民，人民就是江山""坚持人民至上、生命至上"。习近平总书记强调，要切实加强食品药品安全监管，用最严谨的标准、最严格的监管、最严厉的处罚、最严肃的问责，加快建立科学完善的食品药品安全治理体系，坚持产管并重，严把从农田到餐桌、从实验室到医院的每一道防线。

第一节　食品安全基础知识

一、食品、食用农产品与食品安全的基本含义

《中华人民共和国食品安全法》(2021年修订，以下简称《食品安全法》)对“食品”和“食用农产品”的含义分别进行了界定。在《食品安全法》第一百五十条第一款规定：“食品，指各种供人食用或者饮用的成品和原料以及按照传统既是食品又是中药材的物品，但是不包括以治疗为目的的物品。”第二条第二款规定：“食用农产品，是指供食用的源于农业的初级产品。”

食用农产品是消费者直接接触到的食品，包括植物、畜牧、渔业产品及其初级加工产品。有小麦、玉米、水稻、豆类、蔬菜、水果等。有肉类（如猪肉、牛肉、羊肉、禽类肉)、奶类(如牛奶、羊奶、马奶)、蛋类（如鸡蛋、鸭蛋、鹅蛋)、皮类（如猪皮、牛皮、羊皮、兔皮)等。有鱼类（如鲫鱼、鲤鱼、草鱼)、虾蟹类（如对虾、龙虾、螃蟹)、贝类（如扇贝、牡蛎、蛤蜊）等。

食品安全是指食品无毒、无害，符合应当有的营养要求，对人体健康不造成任何急性、亚急性或者慢性危害。这一概念涵盖了食品从种植、养殖、加工、包装、贮藏、运输、销售到消费等各个环节，确保食品符合国家强制标准和要求，不存在可能损害或威胁人体健康的有毒有害物质。食品安全不仅关系到生产安全、经营安全，还包括结果安全、过程安全，以及现实安全和未来安全。食品安全关乎民生，食用农产品质量直接影响食品生产安全。农产品有专门法律管理，仅部分市场环节受食品安全法约束。

二、食源性疾病、食物中毒的定义及区别与联系

食源性疾病是指食品中致病因素进入人体后所引起的感染性、中毒性等疾病，包括常见的食物中毒、肠道性食源性传染病、人畜共患传染病、寄生虫病以及化学性有毒有害物质所引起的疾病。食源性疾病发病率高，为全球首要公共卫生挑战，其负担与结核、疟疾、艾滋病相当，是我国食品安全首要问题。我国虽有监测系统，但食源性疾病自愈特性导致上报率极低，实际病例远超报告数。疾病多由个人不健康饮食引发，受公众知识态度影响。聚集性病例特点为多人同时发病，有共同食物源。

近期食源性疾病研究（2015—2022年）聚焦诸如病毒、毒力基因、流行特征、病原体耐药性、暴发事件及病原学。我国创新驱动战略下，科技强国建设加速，对化学残留监测投入较大，微生物食源性疾病预警能力需提升。随着科技进步，食源性疾病分子溯源网络（如致病菌分子溯源与耐药监测）不断完善，研究热点转向实验室检测领域。

食源性疾病的分类如下。

1. 按疾病分类

按疾病分为以下四类：

①食物中毒。

②与食物有关的变态反应性疾病。

③经食品感染的肠道传染病（如痢疾）、人畜共患病（如口蹄疫）、寄生虫病（如旋毛虫病）等。

④因二次大量或长期少量摄入某些有毒有害物质而引起的以慢性毒害为主要特征的疾病。

2. 按致病因子分类

按致病因子分为以下六类：

（1）细菌性食源性疾病　细菌性食源性疾病是指由于食用或饮用了被致病菌或其毒素污染的食物或饮料引起的一类疾病。引起细菌性食源性疾病的病原菌有沙门氏菌、致泻性大肠埃希氏菌等。传染源主要来自病人、带菌者、病畜和病禽等。食物在宰杀或收割、运输、储存、销售等过程中通过空气、土壤、水、食具、患者的手或排泄物被污染。肉、鱼、蛋和乳等动物性食品最易被污染，导致食用者发生食源性疾病。

（2）病毒性食源性疾病　病毒性食源性疾病是指由病毒引起的食源性疾病。主要致病病毒包括以粪—口途径传播的病毒，如脊髓灰质炎病毒、轮状病毒、冠状病毒、环状病毒和戊型肝炎病毒，以及以畜产品为载体传播的病毒，如禽流感病毒、朊病毒和口蹄疫病毒等。

（3）寄生虫性食源性疾病　寄生虫性食源性疾病是由寄生虫通过食物传播引起的疾病，对人类健康构成重大威胁。世界卫生组织（WHO）数据显示，每年全球约有1700万人死于传染病，其中大部分热带病为寄生虫病。人类消费的动物性食品，如肉类和水产品，常携带寄生虫病原体。不良饮食习惯导致病原体进入人体，引发食源性寄生虫病。近年来，这类疾病在城镇居民，尤其是沿海经济发达地区的人群中，感染率呈上升趋势，成为新的“富贵病”。

（4）化学性食源性疾病　化学性食源性疾病是指误食有毒化学物质或食入被其污染的食物而引起的中毒，发病率和病死率均比较高。化学性食物中毒是指健康人经口摄入了正常数量、感官无异常但含有较大量化学性有害物的食物后，引起的身体出现急性中毒的现象。化学性有害物包括有毒金属、农药（如有机磷）以及亚硝酸盐、砷化物等化学物质。化学性食物中毒有发病快、潜伏期短、病死率高的特点，近几年发病率呈上升趋势。

（5）真菌性食源性疾病　真菌性食源性疾病是指食用毒蘑菇或被产毒真菌及其毒素污染的食物而引起的急性疾病，其发病率较高，死亡率因菌种及其毒素种类而异。真菌能产生有毒的代谢产物——真菌毒素，危害人类和动物的健康，使人和动物发生真菌毒素食物中毒。家畜因摄食被真菌所污染的饲料而引起的中毒，即霉菌毒素中毒。

（6）有毒动植物性食源性疾病　有毒动植物性食源性疾病，源于误食有毒动植物或食用未彻底去除毒素的食品，发病率高，病死率依种类不同而异。动物毒素多为毒腺制造的蛋白类化合物，如蛇毒、蜂毒、河豚毒、海洋动物产生的扇贝毒素等。植物性食物中毒有三类：①食用天然含毒植物或其制品，如桐油、大麻油；②食品加工中未除去有毒成分的植物，如木薯、苦杏仁；③不当食用含毒植物食品，如鲜黄花菜、发芽马铃薯。果品中，微生物分泌的生物毒素是主要毒性来源。

3. 按发病机制分类

按发病机制分为以下两类：

（1）食源性感染　食源性感染是指食用了含有病原体污染的食品而引起的人畜共患传染病或寄生虫病。人畜共患传染病如炭疽、鼻疽、布鲁氏菌病、结核病等，寄生虫病如猪囊尾蚴、牛囊尾蚴、旋毛虫、肉孢子虫、弓形虫等均可引起食源性感染而致病。

（2）食源性中毒　食源性中毒指的是吃的东西有一些毒性，例如扁豆、豆角如果烹饪方式上有问题（比如没有充分的加热做熟）可能会产生扁豆的毒素，造成肠道损害，进而造成腹泻、呕吐，甚至发烧。

食源性疾病涉及高风险食品类别和发生占比主要是蔬菜及其制品（29%）、肉及肉制品（26%）、水产及其制品（17%）、粮食及其制品（10%）、菌类及其制品（8%）。

食物中毒是指摄入含生物性、化学性有毒有害物质的食物或把有毒有害物质当作食物摄入导致的非传染性急性、亚急性疾病。食物中毒多表现为腹痛、腹泻、恶心、呕吐、发热、寒战、全身乏力等急性感染或中毒症状。

食物中毒，综合其病因的差异性，可以分为四种，包括化学性食物中毒如鼠药、农药残留、兽药残留等引发的食物中毒；细菌性食物中毒如食用感染了细菌的腐败、变质食品而导致的食物中毒，如木耳本身无毒，但如果泡发时间过长，木耳易被椰毒假单胞菌污染，产生米酵菌酸毒素，引发中毒；真菌性食物中毒如食用霉变的花生、玉米、甘蔗等导致的食物中毒以及有毒动植物中毒如食用河豚、毒蕈、发芽马铃薯等导致的食物中毒等。

微生物中毒是食源性疾病主因，化学性中毒事件及致死数逐年下降，误食毒动植物和毒蘑菇致死率高。食物中毒潜伏期短，发病急，夏秋多发，因气温高利于微生物繁殖，且生冷食品多，不当操作保存易致病。冬春少见，偶有误食毒物中毒情况。

食物中毒与食源性疾病既有区别又有联系，食源性疾病是人们食用食物时，由于食物携带病原，进入人体，最终引发的感染性、中毒性等疾病。食源性疾病范围广，涵盖食物中毒，食物中毒是食源性疾病一部分，不能将二者等同混淆。

三、影响食品安全的因素

国际规定中食品安全风险主要是指食品对人体健康或环境产生不良效果的可能性和严重性，食品安全风险分为微生物危害、滥用食品添加剂、杀虫剂、化学危害和假冒食品 5 类，之后又加入转基因食品、辐射食品、农兽药残留、激素滥用等。国内对食品安全风险主要分为生物性危害因素、化学性危害因素、物理性危害因素、其他因素四大类。

1. 生物性危害因素

生物性危害因素引发的疾病主要是食源性疾病。生物性危害因素主要包括细菌、真菌、病毒、寄生虫以及其他各种毒素所引发的污染问题。食品生产至销售任一环节失误，皆可致生物性污染，影响安全。调查表明，部分加工厂食品安全意识欠缺，加工、包装、运输不当致微生物污染，食用后可能引发食物中毒。

2. 化学性危害因素

社会发展致环境污染，城市垃圾、工业废物增多，大气、土壤、水污染加剧。工业废物含汞、砷等，渗入土壤，污染水源，农作物吸收富集，威胁食品安全，影响人体健康。二噁英、多氯联苯、多环芳烃等有机污染物毒性大，环境食物链富集，加重食品安全风险。不当使用化学物质于农作物和养殖，导致食品原料污染，卫生指标超标危害健康。

农业生产中过度使用农药、兽药或激素，易致农产品残留，危害消费者健康。违禁兽药添加饲料，超标影响肉品安全，可能引发“三致”或急性毒性。食品企业为提口感与销量，违规使用过量或非法添加剂，如过氧化苯甲酰、亚硝酸盐、瘦肉精、苏丹红等，严重威胁食品安全与公众健康。苏丹红曾在美国短暂许可为食品添加剂，后被禁止，中国也严禁其在食品加工中使用。

如今，人们已意识到环境污染的危害性，因此我国深入推进环境污染防治，坚持精准、科学、依法治污，加强污染物协同控制，统筹水资源、水环境、水生态治理，推动重要江河湖库生态保护治理，加强土壤污染源头防控，全面实行排污许可制，健全现代环境治理体系，持续深入打好蓝天、碧水、净土保卫战。

人与自然是生命共同体，无止境地向自然索取甚至破坏自然必然会遭到大自然的报复。因此，要像爱护眼睛一样保护自然和生态环境，坚定不移走生产发展、生活富裕、生态良好的文明发展道路，实现人与自然和谐共生。

3. 物理性危害因素

物理性危害指非食源性物质和放射性物质对食品的安全造成不利影响。常见异物如金属、塑料、玻璃等，此类物质较为直观。辐照技术用原子能射线处理食品，杀菌、抑芽、保鲜，增加食品供用量，延长保藏期，形成辐照食品。放射性物质主要通过食物和水摄入，少量经呼吸道和皮肤，体内外照射危害健康，轻则头晕、脱发，重则致癌、致死，且能引发基因突变和染色体畸变。

在食品的生产加工过程中，环境也是影响食品安全的主要因素。生产加工环境影响食品安全，近年频现问题，如环境混乱、车间不洁、人员卫生差、清洁消毒不足。环境问题不解决，食品安全受威胁，影响食用者健康。

4. 其他因素

食品生产安全性受原材料、添加剂、环境及生产人员影响。应用标准化、无菌化设备对人员技术要求高，不当操作易致食品污染。部分人员缺乏食品安全意识，培训不足，忽视细节，埋下隐患，引发安全问题。食品安全生产依赖于企业科学体系，此体系是安全关键因素。

四、食品添加剂与食品相关产品基础知识

食品添加剂是指为改善食品品质和色、香、味以及为防腐、保鲜和加工工艺的需要而加入食品中的化学合成物质或天然物质，包括营养强化剂。简单来说，食品添加剂的功能主要包括以下几个方面：①改善食品品质。食品添加剂可以改善食品的组织结构、口感、香味等，提高食品的品质和稳定性。②增加食品的营养价值。食品添加剂可以增加食品中的营养成分，如维生素、矿物质等，提高食品的营养价值。③防腐保鲜。食品添加剂可以防止食品变质，延长食品的保质期，保持食品的新鲜度和健康价值。④改善食品加工过程。食品添加剂可以改善食品加工过程，如增加食品的韧性、防止食品变色等，提高食品的加工效率和品质。

我国 GB 2760—2024《食品安全国家标准　食品添加剂使用标准》根据功能将食品添加剂分为 23 类，包括酸度调节剂、抗结剂、消泡剂、抗氧化剂、漂白剂、膨松剂、胶基糖果中基础剂物质、着色剂、护色剂、乳化剂、酶制剂、增味剂、面粉处理剂、被膜剂、水分保持剂、营养强化剂、防腐剂、稳定剂和凝固剂、甜味剂、增稠剂、食品用香料、食品工业用加工助剂和其他等，共有 2000 多个品种。

（一）主要的食品添加剂及其在食品工业中的应用

1. 乳化剂

乳化剂在食品中的一些主要应用如下：①乳化剂可与面筋蛋白相互作用，并强化面筋网络结构，使面团保气性得以改善，同时也可增加面团对机械碰撞及发酵温度变化的耐受性；②乳化剂能减少

水分从蛋白质结构中流失，延缓硬质蛋白质的形成，从而使面包组织柔软并保持较长时间。

2. 增稠剂

增稠剂都是亲水性高分子化合物，也称水溶胶。它可提高食品的黏稠度或形成凝胶，从而改变食品的物理性状，赋予食品黏润、适宜的口感，并兼有乳化、稳定或使呈悬浮状态的作用。

3. 膨松剂

膨松剂通常应用于糕点、饼干、面包、馒头等以小麦粉为主的焙烤食品制作过程中，使其体积膨胀与结构疏松。

4. 防腐剂

防腐剂对以代谢底物为腐败物的微生物的生长具有持续地抑制作用。防腐剂基本没有杀菌作用，只能抑制微生物生长；它毒性较低，对食品的风味基本没有损伤；使用方法比较容易掌握。

5. 抗氧化剂

抗氧化剂是能阻止或延缓食品氧化变质、提高食品稳定性和延长贮存期的食品添加剂。抗氧化剂一般都是直接添加到脂肪和油中，也可以使用喷雾的方法来添加抗氧化剂，比如把抗氧化剂溶解后喷在食品上。特丁基对苯二酚（tert-butyl hydroquinone，TBHQ）和二丁基羟基甲苯（butylated hydroxy toluene，BHT）属于人工合成抗氧化剂，在国家规定的使用范围和剂量内使用是安全可靠的。

6. 着色剂

着色剂是以给食品着色为主要目的的添加剂，也称食用色素。食品着色剂使食品具有良好的色泽，对增加食品的嗜好性及刺激食欲有重要意义。按来源可分为人工合成着色剂和天然着色剂。合成着色剂的原料主要是化工产品。天然着色剂有辣椒红、甜菜红、红曲红、胭脂虫红、高粱红、叶绿素铜钠、姜黄、栀子黄、胡萝卜素、藻蓝素、可可色素、焦糖色素等。

7. 漂白剂

漂白剂是指能够破坏或者抑制食品色泽形成因素，使其色泽褪去或者避免食品褐变的一类添加剂。漂白剂除可改善食品色泽外，还具有抑菌防腐、抗氧化等多种作用，在食品加工中应用广泛，如果脯的生产、淀粉糖浆等制品的漂白处理等。

8. 调味剂

调味剂是指改善食品的感官性质，使食品更加美味可口，并能促进消化液的分泌和增进食欲的食品添加剂。食品中加入一定的调味剂，不仅可以改善食品的感官性状，使食品更加可口，而且有些调味剂还具有一定的营养价值。调味剂的种类很多，主要包括咸味剂（主要是食盐）、甜味剂（主要是糖、糖精等）、鲜味剂、酸味剂及辛香剂等。

（二）食品添加剂的使用原则

1. 食品添加剂使用时应符合的基本要求

①不应对人体产生任何健康危害；

②不应掩盖食品腐败变质；

③不应掩盖食品本身或加工过程中的质量缺陷或以掺杂、掺假、伪造为目的而使用食品添加剂；

④不应降低食品本身的营养价值；

⑤在达到预期效果的前提下尽可能降低在食品中的使用量。

2. 在下列情况下可使用食品添加剂

①保持或提高食品本身的营养价值；

②作为某些特殊膳食用食品的必要配料或成分；

③提高食品的质量和稳定性，改进其感官特性；

④便于食品的生产、加工、包装、运输或者贮藏。

（三）食品添加剂按功能和安全性评价分类

FAO/WHO 食品添加剂联合专家委员会（Joint FAO/WHO Expert Committee on Food Additives，JECFA）是一个由 FAO（联合国粮食及农业组织）和 WHO（世界卫生组织）联合管理的国际科学专家委员会。它自 1956 年以来一直召开会议，评估食品添加剂、污染物、自然产生的毒物和兽药在食品中的残留的安全性。食品添加剂的安全性是通过严格科学的毒理学评价决定的。JECFA 在制定食品中添加剂的使用量时充分关注推荐使用量是否具有“足够的安全边界，使所有消费群体的任何健康风险降到最小”。JECFA 也制定了食品添加剂的检验程序，确定实验动物的研究结果外推至人类的综合考虑因素，并在此基础上制定每日允许摄入量（acceptable daily intake，ADI）。ADI 是指人类终生每日摄入某种食品添加剂而无可觉察健康风险的估计量值，以单位千克体重的可摄入的量表示，即 mg/kg，通常为 0 到一个上限值的范围。JECFA 制定的 ADI 有些不是数值型的，例如不做限制性规定（no limited）或不做特殊规定（Not specified）。说明根据已有数据（包括化学、生化、毒理和其他），这些食品添加剂的必需使用量水平在良好生产规范（GMP）的要求下并不会对健康造成危害，因此没有必要对其 ADI 作出限制性的（或特殊的）规定。也就是说该添加剂的估计摄入量可能会远低于通常情况下所赋予的任何 ADI 值，因此在 GMP 范围内尽可放心使用。我们可以理解为 ADI 不做限制性规定或不做特殊规定的食品添加剂是安全的或无毒的。任何一种物质的毒性效应都是由剂量大小决定的，衡量其对人体危害程度的指标是 ADI 值，只有达到一定量时才能对健康产生影响。

食品添加剂法规委员会（Codex Committee on Food Additives，CCFA）在食品添加剂联合专家委员会讨论的基础上将食品添加剂按安全性评价划分为 A、B、C 三类，每类再细分为两类。

1. A 类

A 类是 JECFA 已经制定每日允许摄入量（Acceptable Daily Intake，ADI）和暂定 ADI 的添加剂。

（1）A1 类　经 JECFA 评价认为毒理学资料清楚，已制定出 ADI 值或者认为毒性有限无需规定 ADI 值的添加剂。

（2）A2 类　JECFA 已制定暂定 ADI 值。但毒理学资料不够完善，暂时许可用于食品的添加剂。

2. B 类

B 类是 JECFA 曾进行过安全性评价，但未建立 ADI 值，或者未进行过安全性评价的添加剂。

（1）B1 类　JECFA 曾进行过评价，因毒理学资料不足未测定 ADI 值的添加剂。

（2）B2 类　JECFA 未进行过评价的添加剂。

3. C 类

C 类是 JECFA 认为在食品中使用不安全或应该严格限制作为某些食品的特殊用途的添加剂。

（1）C1 类　JECFA 根据毒理学资料认为在食品巾使用不安全的添加剂。

（2）C2 类　JECFA 认为应严格限制在某些食品中作特殊应用的添加剂。

在食品行业中，食品添加剂被用于提高食品的口感、色泽、营养保健功能、保存期限等，以满足消费者对美食的需求。食品添加剂在法规限量内使用安全，但过量或不当使用会威胁人体健康。味精、苯甲酸钠等可致过敏反应，亚硝酸盐、苯甲酸盐等具有毒性，长期过量摄入会损害肝肾，亚硝酸盐增加致癌风险。过量摄入可致内分泌紊乱，人工色素、甜味剂干扰激素功能，辣椒素、酒精等刺激消化道，亚硝酸盐防腐增色但有毒性，与仲胺反应生成亚硝胺致癌。

食品添加剂的安全评估基于动物实验设定的无不良反应剂量，并除以较大的安全系数确定为人用剂量。关于食品添加剂的叠加毒性问题，单一添加剂的安全性评估通常不考虑其与其他添加剂的共同作用或反应。如果不同添加剂分别针对不同器官，它们的潜在危害不会叠加。即使针对同一器官，如果作用机制不同，理论上的叠加风险也较小。欧洲科学家评估了350种添加剂，发现多数不存在相互作用或叠加危害。仅有少数可能影响肝肾血液的添加剂存在理论上的风险，但实际分析表明这些风险不大。

《国务院办公厅关于严厉打击食品非法添加行为切实加强食品添加剂监管的通知》中要求规范食品添加剂生产使用：严禁使用非食用物质生产复配食品添加剂，不得购入标识不规范、来源不明的食品添加剂，严肃查处超范围、超限量等滥用食品添加剂的行为。需要严厉打击的是食品中的违法添加行为，迫切需要规范的是食品添加剂的生产和使用问题。

食品添加剂反映国家食品工业水平，我国行业处于繁荣挑战期。全球添加剂数量每年高速增长，我国食品产业处于繁荣发展期，人口大国需求庞大，推动行业稳步发展。合理开发添加剂，深化食品加工是当前研究课题。行业前景广阔，但需提升科技基础和人才科研能力，高端生产资源和科技待完善，需政策支持和准入制度优化。中国处于产品研发关键期，绿色添加剂的研发非常重要。高新技术推动添加剂行业高速发展，安全环保标准提升助力行业。我国添加剂产业前景良好，已审核种类多，人口和轻工业大国身份促进增长，要加强监管提升行业信任，扩大国内市场。

第二节　我国食品产业概况

食品产业是国民经济的支柱产业，食品加工产业对制造业总产值贡献显著，大力发展食品产业是推动我国经济社会发展的基本要素。强化食品产业，不仅能够促进经济稳定增长，还能保障民生，提升国民生活质量，具有深远的战略意义。

一、食品产业发展现状

1. 食品产业规模不断扩大

随着人口的增加和收入水平的提高，人们对食品的需求量不断增加，食品产业规模也在不断扩大。

2. 食品产业结构不断优化

食品产业结构持续优化，涵盖生产、加工、销售与流通，通过产值构成、食品产出、加工业占比等指标评估。我国食品产业发展迅速，结构渐调，但仍需紧跟消费升级，优化升级。结合农业供给侧结构性改革，目标新型城镇化，优化食品产业结构路径可概括为：一是发展绿色食品，提升绿色深加工占比；二是强化渔业，平衡淡水与海洋渔业，侧重海洋渔业；三是调整牧业，优化乳品结构，减少进口，提升本土加工能力，满足多样化需求。依据城镇居民消费升级，调整食品产业结构，提高生活质量，合理利用国内外资源与市场。科技发展与生产力提升推动食品产业现代化，提高效率与质量。

3. 食品产业国际化程度不断提高

随着全球化的推进，食品产业的国际化程度不断提高。越来越多的食品企业在全球范围内开展业务，食品产品也在全球市场上流通。

4. 食品产业竞争日趋激烈

随着食品产业的快速发展和市场的逐渐饱和，食品产业的竞争也日趋激烈。各大食品企业为了争夺市场份额，纷纷推出各种创新产品和营销手段，加大了市场竞争的强度。

二、食品产业发展趋势

1. 绿色食品和有机食品的发展

随着人们对食品安全和健康的关注度不断提高，绿色食品和有机食品成为食品产业的重要发展方向。生态农业、有机农业和绿色养殖业逐渐兴起，绿色食品和有机食品也受到了越来越多人的青睐。

2. 便捷食品的兴起

随着城市化的加速和人们生活节奏的加快，便捷食品的需求也在不断增加。方便面、速食汉堡等便捷食品受到了广大消费者的欢迎，便利店和外卖平台的快速发展也为便捷食品提供了更多的销售渠道。

3. 食品加工更加注重营养和健康

随着人们健康意识的提高，低糖、低盐、低脂等更加营养和健康的食品备受消费者青睐，越来越多的食品企业纷纷推出这一类产品，成为食品产业的又一热点。

4. 智能化生产的推广

随着科技的不断进步，智能化生产逐渐成为食品产业的发展趋势。自动化生产线、智能化设备的应用不断推广，不仅提高了生产效率，还减少了生产成本，对于食品产业的可持续发展起到了重要的推动作用。

5. 网络营销的兴起

随着互联网的普及和电子商务的发展，网络营销逐渐成为食品产业的新宠。越来越多的食品企业通过网络渠道进行销售，不仅节约了成本，还提高了销售效率，同时也为消费者提供了更加便利快捷的购物体验。

三、食品产业发展面临挑战

1. 食品安全问题的严重性

食品安全问题一直是影响食品产业发展的重要因素。食品安全问题频频发生，不仅严重影响了消费者的信心，也给食品企业造成了巨大的负面影响。食品企业需要加强产品质量管控，完善监管体系，提高消费者对食品的信任度。

2. 市场竞争的激烈性

食品产业的市场竞争日趋激烈，食品企业需要不断提高产品的竞争力，创新产品和服务，满足消费者的不同需求。

3. 食品产业的可持续发展问题

食品产业虽成效显著，但核心技术、规模、工业化水平、资源消耗与污染问题突出。高端装备依赖进口，新需求与产业要求提出挑战。人口增长、能源危机、环境恶化、全球化与城市化给食品产业带来新要求。我国食品制造业资源利用、清洁生产、技术标准等方面存在问题，如过度加工、能耗、排放、装备集成度低。需研发绿色加工、低碳制造、品质控制技术，攻克自动化、智能化加工装备，解决食品产业升级、节能减排、减损等深层次问题，提升食品产业标准化、连续化、工程化水平。食品产业与环境密切相关，需推广绿色生产，实现可持续发展。

食品产业，与民生紧密，影响生活质量与健康。绿色健康、便捷食品成趋势，智能化生产与网络营销开新局。食品安全、竞争压力与可持续性挑战重重，需强化质量控制，创新绿色生产。食品科技革新，基因组学等技术推动营养研究；新技术促进食品创新，智能化装备引领产业升级。从经验到科学，追求高品质、高营养、高技术产品。多学科融合，食品产业在科技驱动下，面对挑战与机遇，追求绿色健康、智能化发展，成为经济与民生的支柱。

第三节　我国食品生产经营领域食品安全的现状

2021 年，国家市场监管总局连续三次组织食品安全监督抽检，先后抽取食用农产品、茶叶及相关制品、饮料、糕点等 12 大类食品 802 批次样品，抽取粮食加工品、乳制品、饼干、蛋制品、罐头等 26 大类食品 1243 批次样品，抽取蔬菜制品、水产制品、调味品、糖果制品、婴幼儿配方食品、保健食品和食用油等 13 大类食品 987 批次样品进行检查，分别检出食用农产品、饮料、饼干、水果制品、酒类、炒货食品及坚果制品、淀粉及淀粉制品、方便食品等 8 大类 21 批次样品不合格。发现的主要问题是微生物污染、农兽药残留超标、重金属污染、食品添加剂超限量使用、食品添加剂与标签标示值不符、质量指标不达标、质量指标与标签标示值不符等。

抽检数据显示，我国食品安全形势总体保持稳中向好的态势；同时，也暴露出我国仍存在的一些食品安全问题。

食品从原材料的生产加工、流通以及消费的环节中都可能面临着食品安全问题。食品从小范围的制作到大范围的流通，其安全问题被放大，并且对于人们的身体健康、社会的安定产生了重大的影响。因此，相关部门对于我国食品安全的管理，也需要从食品加工、流通以及投放市场等各个环节进行管理，同时还需要借助先进的技术对食品进行检验。

一、食品安全基本现状

（一）农产品中的农药超标

在农产品种植过程中，农药和化肥的滥用导致蔬菜、水果等食物残留超标，长期食用可能引发食物中毒，甚至增加消化系统癌症风险，威胁生命安全。此外，农药和化肥的过度使用破坏土壤结构，影响土地种植，进而影响食品质量和安全。因此，需加强农产品检验检测，提升农药残留检测技术，确保农产品质量。同时，倡导科学合理施用化肥农药，提高使用效率，控制总量，减少农药使用，降低农药残留，提升农产品生产水平，保障食品安全，维护公众健康。

（二）食用动物体内的激素种类及数量超标

在养殖业中，为缩短生长周期、降低成本、提高经济效益，部分养殖户不当使用激素。鸡、鸭、牛、羊、鱼等可食用动物在生长过程中，被过量使用激素和药物，旨在快速增肥增重。这种行为不仅违反养殖规范，还导致动物体内激素和药物残留超标，对食品安全构成威胁。无论农药还是兽药，在使用时一定要严格执行国家的法律、法规和标准，明白有法可依、违法必究的道理，从事食品相关工作要树立良好的职业道德，始终把人民的生命安全放在第一位，养成遵纪守法的良好习惯。

（三）添加剂的类型和数量超标

随着食品加工行业的发展，防腐剂、甜味剂等添加剂广泛应用于食品中，以改善口感、外观和延长保质期。然而，部分企业为追求经济效益，超量添加食品添加剂，甚至非法使用色素，导致食品流入市场后对消费者健康造成潜在危害。

（四）重金属污染

重金属污染是影响人们健康的重要因素。工业生产会产生富含铅、镉等重金属类物质，部分地区存在工业排污处理不当的问题。工业废气、废水等没有得到有效处理会排入环境中。

二、食品生产销售领域食品安全的现状

食品在流通和加工中被污染，源于企业逐利、法律意识薄弱、操作不规范等因素。需加大非法添加剂管控，严防违禁药物使用。企业应强化食品安全责任，加强法规培训，完善质量管理体系，严格执行各项规章制度。生产加工人员需严格遵循程序，全面控制生产环境、设备、过程及人员卫生，确保食品流通与加工安全。

三、餐饮行业食品安全的现状

（一）违规使用非食品添加剂

餐饮行业违规使用非食品添加剂是一种严重的食品安全问题，可能会对消费者的健康造成严重威胁。非食品添加剂是指不属于食品添加剂范畴的化学物质，如药物、化学试剂、工业原料等，一些餐饮企业为了追求更高的利润，会使用这些非食品添加剂提高食品的口感、色泽、保存期限等，威胁消费者健康。此类物质未经安全评估，长期食用可致慢性中毒，影响神经系统、肾脏等，且可能削弱免疫力，增加疾病风险。

（二）食品添加剂的超范围和超剂量使用

食品添加剂的超范围和超剂量使用是餐饮行业使用食品添加剂中另一个需要关注的问题。餐饮行业为求效果，超量超范围使用添加剂，影响营养吸收，引发营养失衡，增加食品安全风险，长期暴露于超量添加剂中，可能诱发食品中毒、过敏，甚至癌症、肝损等健康问题。

（三）食品添加剂的质量参差不齐

低劣的食品添加剂不仅会对食品的质量和口感产生负面影响，还可能影响消费者的健康。餐饮行业中，低质食品添加剂的使用问题突出，生产不稳定、假冒伪劣、过期使用等现象屡见

不鲜，严重影响食品品质和消费者健康。小作坊和小餐饮店检测设备有限，无法有效监控食品添加剂质量，加之贪图便宜，易购入价格低廉但质量低下的添加剂，这些问题共同构成了餐饮行业食品安全的隐患。长期摄入此类低质添加剂，可能引发慢性疾病，如肝脏损伤、神经系统损害等，对公众健康构成严重威胁。因此，加强食品添加剂质量监管，确保其符合安全标准，是保障食品安全的关键举措。

四、食品安全发展的现状

现如今，国民的生活水平提升，对于食品安全问题越发重视，生产安全成为新要求。食品种类丰富，食品监管部门应加大对食品安全的监管力度，引入先进检测技术，加大资金投入，检测精准，保障食品行业健康发展。

（一）食品安全要求提高

生活水平的提高使人们不仅注重吃饱、吃好，还比较注重食品的安全性以及健康性，随着生活质量的改善，人们对于食品安全的要求明显提高，食品安全问题已经成为促进国民经济发展的重要影响因素。常见的食品安全问题包括食品质量问题、食品保质期问题、食品添加剂问题以及食品风味问题等，不同类型的食品安全问题，需要不同的食品安全检测技术进行检测。因食品安全直接关系着人们的生命健康，所以人们十分关注食品安全问题，尤其是在食品安全检测方面，对检测技术的应用水平要求较高。食品种类的丰富，使食品添加剂的种类逐渐增多，如漂白剂、着色剂、膨松剂等，其对食品安全的检测提出了更高要求。

（二）监管力度提高

食品安全检测属于长期工作，其检测质量需要专业的监管部门进行监督。当前，我国在食品安全监管能力有待进一步提高。经济的不断发展使我国食品产业的发展速度加快，原有的食品安全检测法律法规不能完全满足食品产业发展的需求。我国对于食品安全问题十分重视，针对食品安全检测出台了明确的标准和规范，以便于食品安全监管工作的开展，有助于为食品安全检测技术的应用提供法律保障。此外，相关监管部门还需加大对食品市场的监管，完善相关法律法规，提高我国食品安全监管水平。

“吃得安全”“吃得健康”是人民群众美好生活的重要内容。食品安全和营养关系到每个家庭、每个人的健康。近年来，随着健康中国建设的推进和食品安全最严谨的标准落实，食品安全和营养健康工作取得积极进展和明显成效。

思考题

1. 简述食源性疾病、食物中毒的定义及区别与联系。
2. 影响食品安全的因素有哪些？
3. 食品添加剂在食品工业中有哪些应用？食品添加剂的使用原则是什么？
4. 简述我国食品产业发展现状及食品产业结构优化路径。

第二章 食品安全监督体系

CHAPTER 2

第一节　食品安全监督管理基本概念与内容

国以民为本，民以食为天，食以安为先。食品是人类赖以生存和发展的基本物质条件，是国家安定、社会发展的根本要素。但近年来，食品安全问题频发，不仅影响人体健康，给企业和消费者带来经济损失，还会影响国际食品贸易，甚至可能影响社会稳定和政府的公信力。食品安全已经成为世界各个国家公共安全的重要组成部分，世界各国纷纷采取包括立法、行政、司法等各种措施，确保食品安全监督管理体系的有效性，维护消费者的健康利益。

一、基本概念

食品安全监督管理是指国家授权的食品监督管理部门根据法律法规对食品生产、流通、销售等各个环节进行全面、严格、科学的监督管理，以确保食品安全，保障公众的健康和生命安全。食品安全监督管理是维护公众健康的基本保障。

二、食品安全监督管理的内容

（一）食品安全监督管理的实施主体

食品安全监督管理的主体为依据本国的食品安全监督管理体制确定的有食品安全监督管理权的各级政府及其下属的行政机关。我国食品安全监督管理的实施主体包括各级食品药品监督管理部门、卫生行政部门、市场监督管理部门等。

（二）食品安全监督管理实施主体的具体职责

各级食品药品监督管理部门主要负责食品生产、流通等环节的监督管理，包括对食品生产企业的日常监督管理、食品抽检、处罚违规企业等；卫生行政部门负责餐饮服务环节的监督管理，包括对餐饮服务单位的许可、日常监督管理、食物中毒事件的调查处理等；市场监督管理部门则负责流通领域的食品销售和餐饮服务的监督管理，包括对食品销售商的许可、日常监督管理、处理消费者投诉等。

（三）食品安全监督管理的法律法规与标准

1. 食品安全监督管理的法律法规

食品安全监督管理的法律依据主要包括《食品安全法》《中华人民共和国农产品质量安全法》（以下简称《农产品质量安全法》）、《中华人民共和国进出口食品安全法》等。这些法规明确了食品安全监督管理的原则、职责、程序和方法，为食品安全监督管理提供了法律保障。

2. 食品安全监督管理的具体标准

食品安全监督管理中涉及的具体标准包括食品卫生标准、食品添加剂使用标准、食品营养强化剂使用标准等。这些标准对食品的生产、加工、贮存、销售等各个环节进行了详细的规定，以确保食品的质量和安全。

（四）食品安全监督管理的过程与方法

1. 食品安全监督管理的过程

食品安全监督管理贯穿于食品的生产、流通、销售等各个环节，包括事前监督、事中监督和事后监督。事前监督主要包括对食品生产、流通、销售企业的许可和备案；事中监督主要包括对食品生产、流通、销售企业的日常巡查和食品抽检；事后监督主要包括对食品安全事故的调查处理和对违规企业的处罚。

2. 食品安全监督管理的方法

常用的食品安全监督管理方法包括抽查、巡查、专项整治等。抽查是指按照一定比例对食品进行随机抽样检测，以评估食品的质量和安全；巡查是指对食品生产、流通、销售企业进行定期或不定期的现场检查，以发现潜在的安全隐患；专项整治是指针对某一类食品或某一环节存在的突出问题进行的集中整治行动，以解决存在的突出问题。

（五）食品安全监督管理的成果与改进

1. 食品安全监督管理的成果

经过多年的努力，我国食品安全监督管理取得了一定的成果。首先，食品抽检合格率逐年提高，这表明食品的质量和安全性得到了更好的保障；其次，重大食品安全事故得到有效控制，这表明食品安全监督管理部门在事故预防和应对方面发挥了积极作用。然而，仍存在一些问题，如基层监督管理力量薄弱、企业主体责任落实不到位等。这些问题影响了食品安全监督管理的效果，需要采取措施加以改进。

2. 改进措施和建议

针对基层监督管理力量薄弱的问题，建议加强基层监督管理队伍建设，提高基层监督管理人员的素质和能力。同时，加大对基层监督管理经费的投入，提高基层监督管理机构的检测能力和效率。针对企业主体责任落实不到位的问题，建议加强法律法规的宣传和培训，提高企业负责人的法律意识和责任意识。同时，加大对违规企业的处罚力度，增加企业的违法成本，促使其自觉履行食品安全主体责任。

此外，还可以通过以下措施进一步提高食品安全监督管理的效果：一是加强食品安全风险评估和预警，提前发现和控制潜在的食品安全问题；二是加强食品安全标准和检验方法的更新和完善，确保食品安全标准的科学性和实用性；三是加强食品安全知识的普及和宣传，提高公众对食品安全的认识和自我保护能力。

总之，食品安全监督管理是保障公众健康的重要措施，需要不断加强和完善。只有通过持续的努力和创新，才能不断提高食品安全监督管理的效果，确保公众的食品安全权益得到更好的保障。

第二节 我国食品安全的行政监管体系

一、我国食品安全行政监管体系的构成

我国食品安全行政监管体系主要由国家食品安全委员会、国家市场监督管理总局、海关总署、农业农村部、国家卫生健康委员会以及各级地方监管部门组成。

1. 国家食品安全委员会

国家食品安全委员会是我国食品安全监管的最高行政机构，负责统筹协调和指导全国的食品安全工作。其职责包括制定和实施国家食品安全政策，组织协调各地食品安全监管工作，监督检查食品安全法律法规的执行情况等。

2. 国家市场监督管理总局

国家市场监督管理总局是我国负责市场监管工作的行政机构，其中也包括食品安全监管。其职责包括对食品生产、流通、餐饮服务等环节进行监管，实施食品安全法律法规，组织开展食品安全风险监测和评估，组织协调食品安全事故的调查处理等。

3. 海关总署

海关总署负责全国的进出口食品监管工作，防止有害食品的进口和出口。其职责包括对进出口食品实施检验检疫，确保进出口食品的安全性和符合国家食品安全标准等。

4. 农业农村部

农业农村部负责农产品质量安全监管工作，确保农产品的质量安全。其职责包括对农产品进行质量安全标准制定和监测，指导农民合理使用农药、兽药等农业投入品，加强对农业环境的保护等。

5. 国家卫生健康委员会

国家卫生健康委员会负责食品安全风险评估和预警工作，为食品安全监管提供科学依据。其职责包括开展食品安全风险评估和预警，制定食品安全标准和政策，指导地方卫生健康部门开展食品安全相关工作等。

6. 地方监管部门

地方部门在地方政府的领导下，积极开展食品安全监管工作，确保本地区的食品安全。地方监管体系包括：地方政府食品安全委员会、市场监督管理局、海关、农业农村局和卫生健康委员会。

我国还建立了中央与地方之间的协调机制，以确保各级监管机构之间的信息共享和协同行动。这种协调机制包括定期召开联席会议、信息通报和联合执法等形式。通过协调机制，中央和地方层面的监管机构可以更好地协同合作，共同推进食品安全监管工作。

二、我国食品安全行政监管的法律法规

（一）制定和实施的法律法规

我国食品安全行政监管的法律法规主要包括《食品安全法》《农产品质量安全法》《中华

人民共和国进出口食品安全法》等。这些法律法规对食品生产、加工、流通、销售等各个环节进行了详细的规定，确保食品安全。

1.《食品安全法》

《食品安全法》是保障食品安全的基本法律，它规定了食品生产经营的许可制度、食品安全的责任制度、食品安全的检验检测制度、食品安全的追溯制度等法律制度，保障了食品的安全性。

2.《农产品质量安全法》

《农产品质量安全法》是保障农产品质量安全的基本法律，它规定了农产品的质量安全标准、农产品质量安全的检验检测制度、农产品质量安全的追溯制度等法律制度，保障了农产品的质量安全。

3.《中华人民共和国进出口食品安全管理办法》

《中华人民共和国进出口食品安全管理办法》是保障进出口食品安全的基本法律，它规定了进出口食品的安全标准、进出口食品的检验检测制度、进出口食品的追溯制度等法律制度，保障了进出口食品的卫生安全。

4. 其他相关法律法规

除了以上几类法律法规外，我国还制定了《中华人民共和国消费者权益保护法》《中华人民共和国产品质量法》等法律法规，这些法律法规与食品安全行政监管密切相关，为保障食品安全提供了有力的法律支持。

（二）制裁和惩罚的法律法规

我国食品安全行政监管的法律法规对违法行为进行了严格的制裁和惩罚，包括：警告和罚款、公开曝光违法行为、吊销许可证和营业执照以及追究刑事责任等制裁和惩罚措施，形成了有效的威慑力，为保障食品安全提供了有力的法律保障。

三、我国食品安全行政监管的重点领域

（一）食品生产和加工环节

在食品生产和加工环节中，监管机构对食品的生产和加工环境进行监督，检查生产设备的清洁和维护情况，以及生产过程的卫生控制情况，确保生产场所的卫生和安全；对食品的原材料进行监督，检查原材料的来源和质量，以及原材料的储存和处理过程确保原材料的质量和安全；对食品的添加剂使用进行监督，检查食品添加剂的配方和使用记录以及食品添加剂的储存和运输过程，确保食品添加剂的种类和使用量符合国家规定的安全标准；对食品的生产和加工过程进行监督，检查生产过程的记录和质量控制情况，产品的检验和试验记录，确保生产工艺和操作符合食品安全标准。

（二）食品流通和销售环节

在食品流通和销售环节中，监管机构对食品的销售环境进行监督，检查销售环境的卫生状况以及食品的陈列和储存条件，确保销售场所的卫生和安全；对食品的销售人员进行监督，检查销售人员的培训和资质以及销售过程中的规范和标准，确保他们具备相关的专业知识和技能；对食品的流通环节进行监督，检查食品的运输和储存条件以及食品的标识和追溯情况，确保食品在流通中的安全和质量；对食品的销售过程进行监督，检查销售过程的记录和台账以及产品的检验和试验记录，确保销售行为符合食品安全标准。

（三）食品消费和反馈环节

在食品消费和反馈环节中，监管机构通过多种途径收集消费者对食品的反馈和评价信息，包括投诉、举报、网上评价等，关注消费者对食品的质量、口感、安全性等方面的评价，收集消费者对食品生产、加工、销售等环节的意见和建议；对收集到的反馈和评价信息进行整理和分析，找出食品存在的问题和不足之处，与生产者、销售者等相关方进行沟通和协调，共同研究和解决问题；对消费者反映强烈的食品问题进行调查和处理，深入了解问题的原因和影响，对涉及违法行为的生产者、销售者等进行严肃查处，维护消费者的合法权益；将消费者的反馈和评价信息作为改进监管措施的重要依据，针对存在的问题和不足之处，制定和实施更加科学、有效的监管措施，提高监管效果和质量。

四、我国食品安全行政监管面临的挑战与对策建议

（一）面临的挑战

我国食品安全行政监管面临的挑战主要包括以下几个方面：

（1）监管体系不完善　我国的食品安全监管体系还存在一些漏洞和不足，如监管职责不清晰、监管手段不科学、监管效果不理想、食品安全监管基层单位存在人力、物力不足的问题，影响了监管工作的有效开展等，导致一些食品安全问题得不到及时发现和解决，给消费者的健康和生命安全带来一定的隐患。

（2）违法行为依然存在　尽管我国已经加大了对食品安全违法行为的打击力度，但仍然存在一些企业为了追求经济利益，采取不法手段生产、加工、销售不合格食品，影响消费者的健康和生命安全。

（3）消费者意识不强　一些消费者对食品安全的认识不够充分，缺乏自我保护意识，容易被一些虚假宣传所欺骗。这给食品安全监管工作带来了一定的难度和挑战。

（4）食品供应链复杂化　随着食品工业的发展，食品供应链越来越复杂，涉及的环节越来越多，给食品安全监管工作带来了一定的挑战。如何确保每一个环节的质量和安全，防止不合格食品流入市场，是当前监管工作的重要任务之一。

（二）对策建议

为了应对以上挑战，我国食品安全行政监管应该采取以下对策：

（1）完善监管体系　加强基层监管能力建设，提高基层监管人员的素质和技能，确保基层监管工作得到充分落实。加强监管体系的建设，完善监管制度、监管手段和监管机制，提高监管效果和质量。同时，要明确各部门的职责和分工，加强协调和配合，形成合力。

（2）利用信息化升级监管模式　随着科技的进步，食品安全监管工作将更加依赖于数字化和信息化的手段和技术。例如，利用大数据、人工智能等技术手段，对食品的生产、流通等各个环节进行实时监控和数据分析，提高监管的准确性和效率；利用智能化的检测设备和技术手段，对食品中的有害物质含量进行快速、准确的检测和分析，提高监管的准确性和效率；智能化监管可以实现远程监控和管理，方便政府对食品安全问题的及时发现和处理；此外，数字化和信息化的监管手段还可以提高监管的透明度和公正性，减少人为因素对监管工作的影响。

（3）加强食品供应链全程监管　加强对食品供应链的管理和监督，确保每一个环节的质量和安全。更加注重包括从农田到餐桌的每一个环节的全程监管，要求对每个环节进行严格的

监管和控制。全程监管可以确保食品安全问题的及时发现和解决。此外，全程监管还可以促进食品产业的转型升级，提高食品的质量和安全水平。

（4）加强执法力度　加大对食品安全违法行为的打击力度，严格执法，依法惩处违法企业和个人。加强食品追溯体系的建设，通过对食品的生产、流通等各个环节进行记录和追溯，建立完善的食品追溯管理制度和技术手段，确保食品的质量和安全。同时，加强监督和检查，确保违法行为得到及时发现和纠正。

（5）推广先进的食品安全技术　先进的食品安全技术是提高食品质量安全水平的重要手段，可以有效地减少食品中的有害物质含量，提高食品的安全性。因此，需要积极推广先进的食品安全技术，引导企业采用先进的生产工艺和技术手段，提高食品的质量和安全水平。政府应加强对食品产业的政策引导和扶持，鼓励企业采用先进的生产工艺和技术手段，提高食品的质量和安全水平。

（6）促进社会共治　社会共治是指政府、企业、社会组织和公众等各方共同参与食品安全监管工作，形成合力。例如，政府可以与行业协会、认证机构等社会组织合作，建立行业自律和信用体系，促进企业自我管理和自我约束。同时，政府还可以与企业合作，推广先进的食品安全技术和生产工艺，提高食品的质量和安全水平。社会共治的推进可以促进各方的共赢和互信，充分发挥各方的作用和优势，提高食品安全监管工作的效率和效果。

（7）加强国际合作　随着经济全球化和贸易全球化的不断发展，食品安全问题也越来越具有全球性。我国应积极加入国际食品安全合作组织，参与国际食品安全标准的制定和修订。通过国际合作与交流，学习先进的监管理念和技术手段，推动我国食品安全行政监管水平的提升。此外，我国还应加强与其他国家的合作，共同打击跨国食品安全犯罪行为，保障全球食品安全。通过国际合作，可以加强各国之间的信息共享和行动配合，及时发现和解决跨国食品安全问题，为全球食品安全事业做出贡献。

第三节　我国食品安全的法律法规体系

食品安全需要食品安全体系来保障，而食品安全的法律、法规和标准就是整个体系的基石。随着社会经济的发展和人民生活水平的提高，消费者对食品安全和质量提出了新要求。

一、我国食品安全法律法规体系演变

1. 我国食品安全法律法规体系萌芽阶段（1949—1977 年）

新中国建立到改革开放前的食品监管阶段是我国食品卫生检查的萌芽阶段，在此期间我国初步进行食品安全监管，为国民食品安全提供保障。这一阶段所出现的食品质量、食物中毒等食品安全问题主要存在两方面原因：一是食品的生产加工过程受生产技术、经营条件等客观因素的限制；二是人民群众普遍存在饮食卫生、食品安全等方面的知识匮乏。这一时期，我国的卫生监督工作并未形成自己的监管体制，主要是参照苏联模式，由卫生防疫机构实施卫生监督执法，按部门进行类别监督。同时，在这一阶段，相应的食品相关法律规定以《食品卫生管理办法》和条例为主，且数量相对较少，大多为分散的单行条例，并没有一个针对总体食品安全

的规范法律。1953 年，原卫生部颁布了新中国成立后首个有关食品卫生的部门规章《清凉饮食物管理暂行办法》，但该办法位阶较低且只针对某一类食品，局限性较大；1959 年，由农业部、卫生部、对外贸易部、商业部联合发布了《肉品卫生检验试行规程》；1964 年国务院转发了由当时的国家卫生部、商业部、第一轻工业部、中央工商行政管理局、全国供销合作总社五部委发布的《食品卫生管理试行条例》，由卫生部主管制定多类食品添加剂的管理办法在全国试行。随着公私合营等政策的实施，在食品生产、加工中，国营企业逐渐占据主导地位。1965 年，国务院正式批准并生效该条例，这是国内第一个食品卫生领域的行政法规。该条例与当时的计划经济体制相适应，监督管理主要采用行政手段，如开展思想教育或比赛运动，奖惩措施也以表扬或批评为主，司法机关在其中发挥的作用很少。该条例作为我国第一部对食品卫生领域综合管理的法规，较为明显地体现了主管部门和企业之间的上下级关系，在监管方式上，也多使用政府任免、说服教育、质量竞赛等传统手段，而非通过法律、专业化标准等现代化手段进行监管。

2. 我国食品安全法律法规体系建设探索阶段（1978—1993 年）

这一阶段我国处于经济转轨期，是食品安全法治建设的探索阶段。自 1978 年党的十一届三中全会作出全面实行改革开放的决定后，全国上下面貌一新，在政治、经济、文化、社会等各个领域都发生了翻天覆地的变化。随着经济政策的调整，食品工业也推行“多成分、多渠道、多形式”的原则，实行国营、集体、个体共发展的策略，新出现的集体和私营企业开始以追求商业利润为主要目标，食品质量安全风险也逐步凸显出来。该阶段中国食品工业基本由过去的供不应求、凭票供应，发展为供求大致平衡，消费者渐渐关注食品质量问题。主管部门初步提出“在保障食品供给，解决温饱问题的基础上，保障食品的质量安全”的号召。

在此背景下，1979 年国务院正式颁布了《中华人民共和国食品卫生管理条例》，表明我国不断加强食品卫生法治化管理的决心。同年，国务院又颁布了《中华人民共和国标准化管理条例》，规定了标准化的方针、政策、任务、机构和工作方法，标志着我国食品安全管理法治建设迈上了新台阶。随后，与之配套的食品卫生及相关法律相继出台。

1982 年第五届全国人大常委会第二十五次会议通过的《中华人民共和国食品卫生法（试行）》，对食品领域的监督管理制度作出重大调整，标志着食品安全立法从行政法规提升到法律的层面，食品卫生管理全面步入法制化、规范化的轨道，食品卫生监督制度初步已建立起来，食品卫生成为食品监督管理的主要工作。但该法受到当时我国社会、经济的影响，仍带有许多计划经济时代的特点：食品卫生的监督涉及多个部门，但各部门之间的责任不清晰；各主管部门直接负责本系统的食品管理，造成政企合一等。这种食品安全的监管方式仍然没有摆脱以往的内部监管模式。

3. 我国食品安全法律法规体系建设发展时期（1994—2012 年）

这一阶段中国处于市场经济体制创新时期，是食品安全法治建设的发展阶段。20 世纪 90 年代初，我国继续推进改革开放，提出“转变政府职能”“政企分开”“赋予企业自主权”的政策。中央政府撤销了七个部委，食品领域的政企合一体制逐渐消失，食品企业成为独立的市场经济主体，《食品卫生法（试行）》不再适应新的形势。

1990 年，我国开始推行“绿色食品工程”。同年，国务院第 53 号令发布了《中华人民共和国标准化法实施条例》；1993 年国务院机构改革撤销了轻工部，食品企业在体制上正式与轻工业主管部门分离，食品生产经营方式发生了较大变化。这一阶段政府不再过多干预食品生产经营企业的经营行为，而只需对其生产产品的质量和安全进行监督管理，这也表现食品安全管理体制中政企关系在体制上的正式分离，标志着食品安全管理体制正式转变为外部监管的模式。

在新的经济背景下，1995 年 10 月 30 日第八届全国人大常委会第十六次会议正式通过《中华人民共和国食品卫生法》，形成了由食品卫生法律以及其他规范性文件有机联系的食品卫生法律制度体系。2006 年 4 月 29 日，第十届全国人大常委会第二十一次会议表决通过了《中华人民共和国农产品质量安全法》。但随着经济的发展，食品安全工作出现了一些新情况、新问题，食品安全还存在一些隐患：一方面表现为不适应当前的社会经济形势，主要包括对食品监管部门的分工较为笼统、处罚力度不够；另一方面表现为不适应全球经济发展对食品安全的新要求。我国是一个农业大国，产品以物美价廉而畅销国外，但随着全球经济一体化的发展，出现药物残留不符合其他国家的规定而被限制出口，这种现象影响我国食品企业的发展。因而，制定更加科学严谨并与国际市场接轨的食品安全保障法律，不仅是国内市场的需要，更是突破技术壁垒，进入国际市场的需要。

为了更好地适应和解决食品安全工作出现的新情况、新问题。2001 年，农业部推行“无公害食品行动计划”，开始了中国食品安全法制建设的全面发展。2009 年 2 月 28 日第十一届全国人大常委会第七次会议通过了《中华人民共和国食品安全法》（以下简称《食品安全法》），标志着我国的食品安全进入了一个崭新的时期。2009 年 6 月 1 日起，我国开始实施《食品安全法》，同时 1995 年 10 月 30 日实施的《中华人民共和国食品卫生法》宣告废止。《食品安全法》是我国食品安全领域的一部基本法律，是我国的食品监管从卫生向安全的一个转变，它一方面为食品安全的法律法规制定了总体的框架结构和指明了方向，另一方面该法增加如食品安全风险监测评估制度、召回制度、食品安全国家标准化管理与发布等，从而更科学合理地保证食品质量安全目标的实现。

4. 我国食品安全法律法规体系建设完善阶段（2013 年至今）

近年来，我国始终把食品安全工作作为一项重大政治任务和民生保障工程。2015 年 10 月 1 日国家食品药品监督管理总局令第 17 号发布实施《食品经营许可管理办法》，此后国家陆续出台和完善有关食品安全、食品贸易的法律法规和管理规定 15 部。9 年间，国家不仅从源头上追求食品安全，规范企业的生产经营活动，而且从仅限于事后消费环节的食品卫生管理逐步转向贯穿于事前、事中、事后，从农田到餐桌的全过程食品安全风险监管，形成高位推动，凝聚政企工作合力；防范风险，筑牢百姓食安屏障的良好体制。2013 年 12 月，中央农村工作会议首次提出“四个最严”要求：“坚持源头治理、标本兼治，用最严谨的标准、最严格的监管、最严厉的处罚、最严肃的问责，确保广大人民群众‘舌尖上的安全’。”；2014 年 7 月 1 日，第十二届全国人大常委会第九次会议初次审议了《食品安全法（修订草案）》；2015 年 4 月 24 日第十二届全国人大常务委员会第十四次会议修订通过了新的《食品安全法》。至此，我国的食品安全法制建设进入了全新的阶段。2015 年 5 月中央政治局第二十三次集体学习和 2016 年 12 月中央财经领导小组第十四次会议等，多次对落实“四个最严”要求作出部署。其中在 2019 年，《中共中央国务院关于深化改革加强食品安全工作的意见》指出，我国食品安全面临的形势依然复杂严峻，必须遵循“四个最严”要求，建立食品安全现代化治理体系，提高从农田到餐桌全过程监管能力，提升食品全链条质量安全保障水平。

近几年“进口冷链食物”成为人们关注的重点，国家、企业、社会全方位合作共同促进食品安全。2020 年 10 月 17 日，出台了《中华人民共和国生物安全法》，进一步加强对生物安全的管理。2021 年又发布了多部进出口食品安全管理办法，不仅注重国内食品的生产和消费，也重视国外食品流入的安全，全方位多层次进行食品安全监管，完善保证食品安全监管有效运行的法律制度，包括从模糊走向明确的政府责任约束制度、从被动走向主动的行业自律制度、从缺失走向完善的食品安全信用制度、从无序走向有序的标准制度、不断进步的检验监测制度、不断法制化的风险评估制度、不断透明化的信息披露制度和不断高效化的突发事件应急制度等，进一步强化和保障国民的“舌尖安全”。

二、我国的食品安全法律法规基本情况

要实现“从农田到餐桌”的全过程管理，需要考虑到食品生产的各个环节。在食品安全领域，我国目前主要有两部综合性的法律作为保障，一部是《食品安全法》，另一部是《农产品质量安全法》。

2009 年我国第一部《食品安全法》正式颁布，并于 2015 年进行了修订。该法的立法理念从“食品卫生”跃升为“食品安全”，与国际接轨，扩大了其法律适用主体和治理监管范围。同时，该法规定食品生产经营者为食品安全第一责任人，规范了食品生产加工从农田到餐桌的全过程，包括生产、运输和销售等环节，强调食品种植、养殖、生产、加工、流通、销售、消费等环节的食品安全，这更加符合社会公众对食品安全的需求。该法还规定国务院卫生行政部门承担食品安全综合协调职责，提出建立食用农产品生产记录制度，加强对食品广告的监督，加强食品添加剂和保健品的监管。此外，该法在民事赔偿责任方面取得了突破，提高了赔偿标准，建立食品安全惩罚性赔偿制度。食品安全监管模式也从事后监管变为主动全程监管，统一食品安全标准，解决了此前食品安全标准太多、重复、层次不清等问题。

2006 年我国第一部《农产品质量安全法》适时出台，填补了当时《食品卫生法》《产品质量法》的相关法律空白。《农产品质量安全法》主张从源头对农产品质量进行管理和控制，将原本局限于流通领域的风险防控延伸到生产源头的潜在风险预防。该法针对农产品质量安全标准、产地、生产、包装和标识以及监督检查、法律责任等方面作出规定，基本实现了“从农田到餐桌”全过程质量安全控制。从《食品卫生法》到《食品安全法》，包括《农产品质量安全法》，甚至《刑法》都对食品领域的违法问题进行了修订和增补，如添加有害物质、非食品添加剂如何处理。另外，我国还出台了食品相关的条例规定，例如《生猪屠宰条例》《农药使用条例》《兽药使用条例》等，这些共同构成了一个庞大的食品安全法律法规体系。

三、我国食品安全法律法规体系存在的问题

1. 法律体系缺少系统性和完整性

我国现已颁布的涉及食品监管的法律法规数量多达几十部，法律法规虽然数量较多，但因分段立法，条款相对分散，单个法律法规调整范围较窄。作为食品安全核心保障的《食品卫生法》未能体现从农田到餐桌的全程管理，留下执法空隙和隐患。因而，食品安全法律体系的系统性不够，并且，因执法主体不同，适用的法律不同，导致惩治违反食品安全的企业、个人定性不准、处理不当的现象比比皆是，对同一具体的食品制假售假行为，处理结果差别较大。例如《中华人民共和国产品质量法》，这部法律虽然在很大程度上对食品质量进行了严格的约束，但由于它出台较早，更新不够及时，在现今食品安全市场上仅发挥基础性作用。

2. 法律体系的内容不够全面

食品安全法律体系的内容比较简单，对经济社会和科技发展所导致的食品安全的新情况、新问题大多尚未涉及。与其他国家的食品安全法规相比，我国缺少一些保障食品安全的重要制度，例如食品企业食品安全责任保障制度、食品安全风险评估制度，食品安全预警制度、食品安全危机处理制度，不安全食品处理制度、食品安全事故处理制度、食品安全事故赔偿制度等重要内容尚未纳入法律的调整范围，使得法律体系还存在一些空白，不够全面和明晰。

3. 有关法律条款较笼统，不修订不及时，可操作性不强

我国虽有关于食品质量的总体性法规，由于出台时间早，标准低、覆盖面窄，一些法律规定缺乏清晰准确的定义和限制，有些条款只定性不定量，或者法律概念有歧义，有的条款多年不修订，有些条款已经不能适应变化了的新情况。同时，与其他相关法规相互性和协调一致性方面存在一些问题。这种立法滞后，显然不能充分反应新形势下消费者对食品安全的要求，对当前复杂的市场经济条件下的实际问题约束力较低、可操作性不强。

4. 现有法律法规效力不够

我国出现食品安全问题的惩处，例如：《食品安全法》未取得食品生产经营许可从事食品生产经营活动，或者未取得食品添加剂生产许可从事食品添加剂生产活动的，由县级以上人民政府市场监督管理部门没收违法所得和违法生产经营的食品、食品添加剂以及用于违法生产经营的工具、设备、原料等物品；违法生产经营的食品、食品添加剂货值金额不足一万元的，并处五万元以上十万元以下罚款；货值金额一万元以上的，并处货值金额十倍以上二十倍以下罚款。相比之下（例如《环境保护法》），严厉程度相对较弱。

5. 食品安全法律法规的执行力不够强

现阶段我国食品安全法律法规在实际应用中执行力较弱。造成这种情况的主要原因之一就是法规内容不够完善，违法成本较低。中国现行法律法规很少重视食品制假售假行为对公众造成的潜在危害，甚至在一些地区，违法企业受到的处罚力度非常小，生产者的违法成本低直接造成一部分企业不惧怕法律。近年来，我国虽然在一定程度上加大了处罚力度，但因法律资源还在逐步的更新和整合中，一些法规条文并未达到强有力的震慑效果。我国食品法律法规在不断完善中，但实际取得的成效未达到预期。

四、我国食品法律法规标准体系的优化策略

法律、法规和标准体系是管理和监管食品安全的责任和依据。良好完善的法律、法规和标准体系将在食品安全保护方面起到巨大作用。根据我国食品安全法律目前存在的问题以及与国际上的差距，应当遵循“从农田到餐桌”、危险性分析、预防为主、明确食品安全责任、透明、可追溯性和食品召回、灵活等原则制定和完善法规体系。就目前我国食品安全法律法规建设的现状而言，尚有以下基础性工作待做。

1. 整合现有的食品法律法规，构建完善的执法体系

为完善食品法律法规制度，加强市场监管的执法力度是解决当前食品市场乱象的根本措施。针对我国目前存在的执法力度不足等问题，根本上要从完善法律法规来入手。①对现有的执法力量进行整合，不仅能使执法部门充分发挥自身的作用，还能放大食品监管的执法效率，激发各部门内部工作人员的执法积极性。②健全《食品安全法》，将其他法律未涉及的领域或存在的漏洞补充在基本法当中，进一步建立健全法制法规，最大限度减少立法与执法之间的

冲突。

2. 在食品生产中实施定期检测措施

保证食品质量，除了健全食品法律法规体系建设之外，还需要对食品生产进行定期检测。检测内容主要包括原料检测、机器合格检测和厂房卫生监测。其中最关键的是对食品营养物质和化学成分的检测，一些保健食品的营养成分不达标问题或普通食品的化学成分过多问题都是市场监管和要求整改的重点。此外，在一些食品生产中，某种物质成分过量也会引起产品质量问题的出现。一些物质在适量的情况下对人体是没有危害的，但过量摄入就会严重影响人们身体健康。考虑到我国食品领域非常广阔，所以在进行安全监管时，需要制定科学合理的措施开展检测工作。

3. 将绿色环保方针贯彻于食品监管领域

目前我国食品生产领域会忽视绿色环保理念，在食品安全监管领域需要将这一理念深入贯彻到实际行动中去。现阶段，餐饮行业中有很多不符合健康饮食结构的状况，这就要求有关部门对企业加以引导，鼓励其进行适当的转型。企业要加强对绿色食品的研发和生产，进而推动食品产业不断创新和深入发展。另外，还可以将绿色食品的检验标准纳入《食品安全法》，从政策上鼓励企业创新，为食品环保健康提供支撑。对于不符合要求的生产企业，可依据法律勒令其整改或处以重罚。在制度的推动下，绿色无公害食品安全理念才能得以不断贯穿。

4. 加强食品安全法律的研究和交流

积极开展对外交流、合作，加强国外食品安全法律、法规的研究和借鉴，有利于我国食品安全法律法规体系和产业政策的完善与应用，以尽快和国际接轨。

参照《国际食品法典》，建立符合国际食品法典委员会原则的食品安全标准体系，从食品安全的全程监控着眼，把标准和规程落实在食品产业链的每一个环节，消除所谓的“绿色壁垒”。

5. 建立健全 HACCP 体系法规

在切实落实食品良好操作规范（GMP）的基础上，尽快引入推广食品安全有效控制体系（HACCP）。首先在出口企业全面推“HACCP 体系”认证。把“HACCP 体系”纳入食品安全法律体系，由逐步推行“HACCP 体系”走向强制实施。

6. 加强有关食品安全的法制宣传

通过加强食品安全的法制宣传使食品生产企业知法、守法，并能与一切危害人身体健康、扰乱市场秩序、损害企业信誉的行为作斗争；使消费者学会用法律武器保障自己的身体健康和生命安全；使执法部门能严格依法行政。

第四节　我国食品安全检验检测体系

2012 年 6 月，国务院办公厅下发《国家食品安全监管体系“十二五”规划的通知》，明确提出要进一步完善食品安全的检验检测体系，形成有效的食品安全检验检测机制，不断增强检验技术服务的独立性；要合理布局、科学统筹新建立的检验机构，以避免重复建设；要采用政策引导和其他多种方式，促进第三方食品检验机构的发展；要严格食品检验机构资质认定的管理工作，切实提高检验结果的公信力；要推进食品检验信息共享，要求承担政府委托食品检验任务的检验机构逐步连接入网，推动检验报告、数据电子化，实现实时调取、查询。此外，还提出食品生产者和经营者要提高自检能力等具体要求。

一、检验检测体系的构建框架

检测体系建设的架构要有利于检测机构自身的发展。因此体系的设计及政策的制定应遵循、适应发展规律，在保障食品安全的有效支持的前提下，兼顾检测机构的发展。体系基本框架的核心是“企业负责自行检验、中介检验机构负责委托检验、政府检测机构负责监督抽检和风险监测”，形成分工明确、各司其职、互相制约、统一协调、发展有序的三层次架构体系，为食品安全提供强大的技术服务和技术保障（图2-1）。

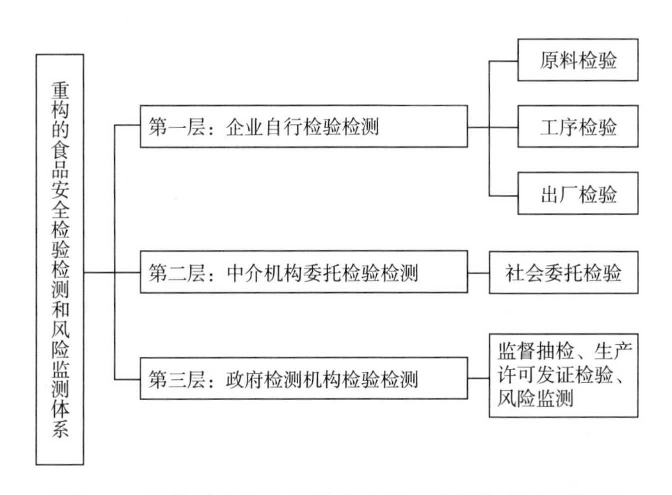

图2-1 重构的食品安全检验检测和风险监测体系框架

第一层次是企业的自行检验。企业必须依法履行食品安全主体责任，通过出厂检验、原材料检验以及工序检验等技术手段从源头保证食品的质量安全。第二层次是中介机构的委托检验。通过履行市场化的委托检验职能，对客户（社会、企业、个人）负责，满足社会分工细化、企业服务外包等市场需求，实现专业的机构做专业的事。借鉴发达国家的经验，由政府管理部门设定中介实验室准入门槛并监督、规制其检测行为。第三层次是政府检测机构的监督抽检和风险监测。通过承担安全抽样检验、食品生产许可证发证检验和食品安全风险监测等具有行政监管目的的检验工作，为政府依法实施食品质量安全监管提供技术支撑和执法依据。政府检测机构发展的关键要抓住三个方面：一是合理规划和整合政府检测资源，提高监督抽检能力；二是加快健全和完善食品安全风险监测体系，最终实现与检验检测体系资源共享；三是规范政府实验室的独立主体资格，确保公正性地位，处理好职责履行和激励机制之间的关系，重点解决由于企业化管理牟利化经营而导致弱化技术支撑的问题。

同时，在以上三个层次的基本体系框架下，进一步完善食品检测标准，统一食品安全国家标准，规范检测方法，以保证有效支撑食品检验检测和风险监测体系的顺畅运行。

二、我国食品安全检验检测体系现状

我国目前的食品安全检验检测体系和风险监测体系是两套相对独立的体系，其中监督抽检主要由质量监督管理、工商管理、食品药品监督管理部门所属的技术机构负责组织实施，风险监测由卫生部门所属的技术机构负责组织实施，以上技术机构还可以承担社会的委托检验。中介机构主要承担社会委托检验，还可接受政府部门的委托承担监督抽检或参与风险监测工作。企业的检验机构一般仅负责本企业的出厂检验、工序检验和原材料进货验收检验（图 2-2）。

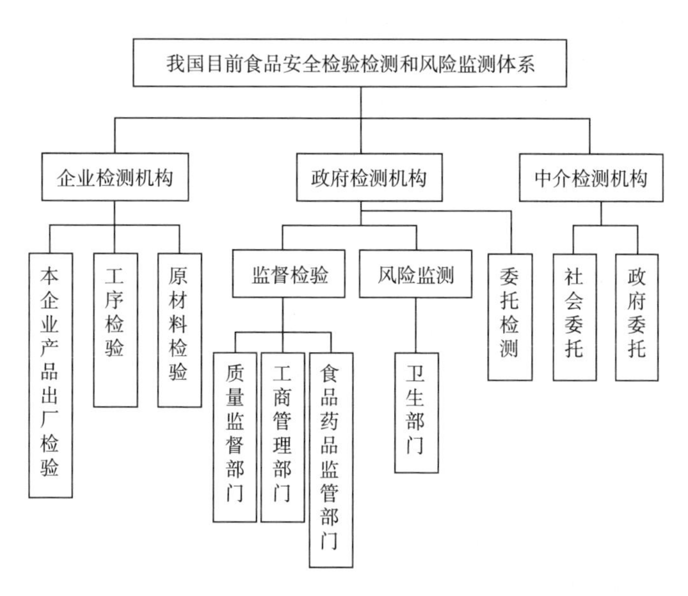

图 2-2　食品安全检验检测和风险监测体系现状

我国食品安全检验检测体系主要由三个部分组成，即企业对所生产食品进行自检、社会具有中介性质的机构接受企业委托对产品进行检验以及政府相关职能部门进行食品抽检。在此体系当中，由于企业自检以及社会中介机构的检验检测能力比较薄弱，凸显了政府相关部门的检验检测机构的重要性。当前，政府职能部门中卫生、质监、工商等部门相继建立了检验检测机构，依据自身职责开展食品安全的检测工作。

三、国外食品安全检验检测体系现状

1. 美国的食品安全检验检测体系

美国的食品安全监管与检测机构主要由五个部门构成：

（1）食品药品管理局　主要管理除禽类、肉类食品以外的所有国产和进口食品。此外，还对瓶装水、酒精度小于 7%的葡萄酒、牛奶、贝类及零售食品工厂进行监管。为指导食品生产企业进行良好的食品加工操作，在开展食品安全研究的基础上，制定相应的美国食品法典、条令、指南和说明，并利用这些规范及标准对食品进行检验及监督。

（2）疾病预防和控制中心　职能侧重于食品中食源性污染物的检验，调查食源性疾病产生的原因。通过建立国家食源性疾病调查体系，开发检验病原菌及食源性污染物的技术及方法，以有效预防食源性疾病的发生。

（3）美国农业部食品安全检验局　职能是负责管理国产和进口的肉禽及其相关产品、蛋类加工品。此外，还负责建立食品添加剂和其他配料的生产标准、对肉、禽加工食品安全研究的资助工作等。

（4）美国环境保护署　负责管理饮用水、以植物、肉和禽以及海产品为原料的食品，其主要任务一方面是对各州饮用水的有毒物质进行检测与监管；另一方面是保证农药的安全性，通过拟订相关的标准和检测方法，指导食品中农残的检测，通过指导农药安全使用控制食品中相应残留的限量水平。

（5）地方政府的食品安全机构　负责辖区内的所有食品的监控和检测，检验辖区范围内的食品加工厂、餐馆、杂货店、其他食品零售商店、牛奶厂及牛奶制品厂。

此外，美国海关、美国农业部联合研究院、美国国家健康研究院（NIH）和教育服务机构（SREES）、美国海洋渔业机构等其他机构及组织分别承担起了食品安全及检测技术的研究与开发、加强上述五个主要部门监管力度薄弱的环节等工作。

2. 加拿大的食品安全检验检测体系

加拿大的食品安全检测体系的突出特点在于体系简单，并有效地监督与管理加拿大国内的食品安全。加拿大的法律体系是由健康署颁布的联邦食品药物法律法规（FDR）和联邦各省在FDR的基础上因地制宜制定的省级法律文件等构成的，加拿大食品安全检测体系则是基于该法律体系之上而建立起来的。加拿大食品安全检测体系中最大规模的联邦政府执法机构是食品检验署，它将联邦政府内涉及检验职能的多个部门整合为一个机构，授权保证加拿大的食品供应，并秉持科学理念管理食品和动植物的安全。

3. 日本的食品安全检验检测体系

日本的食品安全管理和食品安全检测体系注重各级政府机构对食品安全的协调管理，自上而下保证食品的安全性，在亚洲处于领先地位。日本根据不同的饮食品种，相继制定了相关的法律和规则，形成了食品安全技术法规体系金字塔形的层级结构。日本的食品安全监管模式的主要特点是食品安全委员会、厚生劳动省及农林水产省的“三位一体”的政府宏观管理体系。食品安全委员会对厚生劳动省及农林水产省等管理机构实施监督及指导。厚生劳动省负责制定食品、添加剂、农药残留、兽药残留、食品容器和食品的标识等方面的规范和标准，并由遍布全国的检疫所对国内市场及进出口食品进行检测与监督，同时还对食品实施风险管理。农林水产省与厚生劳动省的职责区别在于其侧重农产品生产和加工阶段的风险管理，主要通过检测手段对生鲜农产品（植物、肉类、水产品）的安全性进行监管。

4. 欧盟的食品安全检验检测体系

欧盟成立以来，陆续制定了《食品安全法》等20多部食品安全方面的法律法规，涵盖了食品链的各环节和所有食品类别，为制定监管政策及食品检测标准打下坚实的法律基础。由此构建了成体系的食品检测标准，保障了食品检测规范化地进行，确保了食品检测结果的可信度。欧盟于2002年初正式成立了欧盟食品安全局（EFSA），将食品安全的监管职能集中于一个部门以提高食品安全检测与监管的效率，统一管理所有与食品相关的事务。同时，为全面提升对食品及其卫生的检测与监管力度，欧盟还建立了成员国食品检测和科研机构的合作网络。为保证消费食品之前通过检测手段及时发现可能会给食品安全构成潜在危害的风险，欧盟不仅对在其辖区范围内进行生产及销售的食品进行常规的食品检测，还加强了食品在各环节中的监督与检测力度。同时，欧盟也十分重视食品安全的预防措施，一方面严令食品生产者通过各种检测手段以保证食品的安全，另一方面由政府对食品生产者、加工者实施监督管理。

四、其他国家和地区食品安全检验检测体系对我国的启示

1. 统一管理的食品安全检验检测体系

国外的食品安全检验检测体系是在详尽的法律法规的引导下逐步建立起来的。虽然各国的食品安全检测体系的复杂程度有所不同，但上述国家和地区均建立了最高食品安全监督机构以负责规划与协调属下各食品检测监督机构的职责范围，避免了职能的相互交叠，提高了检测监督的效率。

2. 终端产品抽查与风险监测并重的模式

国外的食品安全检测与监督部门常将食品安全风险评估作为手段之一以协助常规的食品安全检测。面对全球不容乐观的食品安全形势，世界卫生组织认识到传统的食品安全措施已不能有效地控制食源性疾病。现在看重的终端产品抽查模式甚至可能是最落后的监管模式，而有组织、有系统地运用风险监测和风险分析的方法才是实现食品安全、减轻食源性疾病公共卫生负担目标的最佳途径。我国应借鉴其他国家和地区对终端产品抽查与风险监测并重的模式，既要防患于未然，又要亡羊补牢，在加强对终端产品监督抽检的基础上，加速完善与国际接轨的风险监测制度，断源截流，双管齐下，形成事前预防和事后监督相结合的有效机制。同时，发挥后发优势，整合现有的检验检测和风险监测资源，通过资源共享，在体制上实现两者并重的统一模式。

3. 成熟的市场中介食品检测机构

其他国家的政府检测机构都具有清晰的功能定位，主要围绕为政府履行对企业的监管职能开展检测服务，企业的自检实验室和社会中介检测机构均发育得较为成熟。而我国的政府检测机构往往还同时承担着大量的市场化的检测任务，形成了一定程度上的市场垄断和资源垄断。我们完全可以在结合本国国情的基础上借鉴其他国家和地区的成熟经验，一方面整合现有的政府检测机构，使之专职承担政府部门监管和执法的检测任务。另一方面，全面放开和培育社会性检测服务市场，充分发挥社会检测力量的作用，积极培育中介检测机构以及企业自检实验室。在放开的同时，规范市场准入，加强政府监管，维护检测市场的正常秩序和有序发展。

4. 注重企业自身的检测能力

研究其他国家管理食品检验检测体系的经验表明，在检测体系的构成中，政府检测和中介检测是企业自我检测的补充。而现阶段我国仍以政府强制性检验检测为主要监管手段，食品企业自身我检测的能力和愿望与食品监管的要求还有相当距离，因此食品监管部门难以从源头对食品的安全进行监控。生产企业是食品质量安全的第一责任人，食品生产企业进行的自我检测理应是最主要的方式。

第五节　我国食品安全风险评估体系

改革开放以来，我国食品产业迅速发展，取得了举世瞩目的成就，食品产量及消费量等指标位居世界前列，成为食品产业大国。随着食品产业的发展，食品安全风险也在不断加大，由此导致的公共卫生问题不断引起社会广泛关注。应用国际通用的风险评估理论、方法、原则，

对我国食品安全风险进行评估，实施科学的风险管理措施，对于维护公共卫生安全、促进我国食品产业发展、提升食品安全监管水平具有重要意义。

《食品安全法》中明确提出：食品安全工作实行预防为主、风险管理、全程控制、社会共治，建立科学、严格的监督管理制度。这是我国在食品安全基本法律中引入的全新的食品安全治理理念，是国家开展食品安全监管工作的基本原则。通过多年来的应用实践，我国在国家层面初步建立了一套行之有效的风险评估体系，这也成为评价我国食品安全科学监管水平的重要手段和措施。

一、风险评估的重要性

风险评估（risk assessment）是整个风险分析体系的核心和基础，是利用现有毒理学、食品中污染物含量、人群消费量等数据，应用科学的方法进行人群暴露量估算并进行对健康影响风险大小估算的一个过程，被认为是风险分析中基于科学的部分，是世界卫生组织（WHO）和国际食品法典委员会（CAC）强调的用于制定食品安全控制措施的必要技术手段，是食品安全标准制定修订、食品安全生产规范制定、食品安全标签标识管理等风险管理措施的基础，也是风险交流的信息来源。

国际食品法典委员会对风险评估的定义是：在特定条件下，风险源暴露时，对人体健康和环境产生不良作用的事件发生的可能性和严重性的评估，包括危害识别、危害描述、暴露评估和风险描述。在《食品安全法释义》中，对食品安全风险评估的定义是：指对食品、食品添加剂，食品中生物性、化学性和物理性危害因素对人体健康可能造成的不良影响所进行的科学评估，具体包括危害识别、危害特征描述、暴露评估、风险特征描述四个阶段。具体来看，危害识别是指根据相关的科学数据和科学实验，来判断食品中的某种因素会不会危及人体健康的过程。危害特征描述是对某种因素对人体可能造成的危害予以定性评价或者对其造成的影响予以量化。暴露评估是通过膳食调查，确定危害以何种途径进入人体，同时计算出人体对各种食物的安全摄入量究竟是多少。风险特征描述是综合危害识别、危害描述和暴露评估的结果，总结某种危害因素对人体产生不良影响的程度。食品安全风险评估是一个科学、客观的过程，它的整个过程会运用到很多食品相关领域的专业知识，得出的数据必须精确无误，才能够有效防范可能存在的各种风险。

开展食品安全风险评估具有以下4个方面的意义：

（1）食品安全风险评估是国际通行做法，是应对食品安全问题的重要抓手。

（2）为各级卫生行政主管部门和有关食品安全监管部门提供科学决策依据，对于制定、修改食品安全标准和提高有关部门的监督管理效率都能发挥积极作用。

（3）对于在WTO框架协议下开展国际食品贸易具有重大意义，能够最大程度降低由食品贸易导致的危害传播风险。

（4）是进行食品安全管理的重要技术基础，有利于提升公众的食品安全信心，推动我国食品安全管理由末端控制向风险控制转变，由经验主导向科学主导转变。

二、风险评估的法律基础

风险评估是食品安全工作的重要组成，是食品安全体系的基础支撑。2008年“三鹿婴幼儿奶粉事件”后，我国开展了三聚氰胺应急风险评估，制定了乳与乳制品中三聚氰胺临时管理限量值。风险评估技术手段的应用为政府应对突发公共卫生事件处理提供了强有力的技术支撑，但由于一直缺乏食品安全相关法律法规保障，导致风险评估在食品安全决策领域的应用并没有得到应有的重视。

2006年，我国颁布实施的《农产品质量安全法》规定对威胁农产品质量安全的潜在危害进行风险分析和评估，这是在法律层面首次引入了农产品风险分析与风险评估的概念。2007年5月，原农业部成立了国家农产品质量安全风险评估委员会。2009年，我国颁布实施《食品安全法》，其中规定国家建立食品安全风险评估制度，运用科学方法，根据食品安全风险监测信息、科学数据以及有关信息，对食品、食品添加剂、食品相关产品中生物性、化学性和物理性危害进行风险评估，并明确"食品安全风险评估结果是制定、修订食品安全标准和实施食品安全监督管理的科学依据"。由此确立了食品安全风险评估在我国的法律地位，食品安全风险评估在我国真正进入系统性建设和实质性应用阶段，风险评估工作在这一时期也得到了快速发展，其在食品安全监管中的基础作用也日益显现。

另外，2009年7月颁布的《食品安全法实施条例》进一步规定了食品安全风险评估的适用条件和需要进行风险评估的5种情形。卫生部于2010年出台的《食品安全风险评估管理规定（试行）》，对风险评估工作的原则、范围、程序和结果应用进行了详细规定。

《食品安全法》的修订，进一步扩大了风险评估的范围，明确了开展风险评估的情形，强化了风险评估结果的对外交流。

上述法律法规共同形成了中国食品安全风险评估工作的法律基础。

三、我国食品安全风险评估开展情况

近年来，围绕食品安全风险评估工作，我国在机构建设、制度建设、评估的项目、基础数据库建设等方面开展了大量的工作，食品安全风险评估工作在食品安全标准制定、食品质量安全监管，突发事件应急处置、风险管理及风险交流中发挥越来越重要的作用。

（一）风险评估在制定食品安全标准和技术规程中的作用

《食品安全法》规定，我国的食品安全标准是强制执行的标准，是规范食品生产经营行为的技术指南，是食品安全评价的重要依据，是食品安全管理和执法的重要手段。风险评估是"最严谨标准"的科学基石，因此，制定食品安全标准，应当以保障公众身体健康为宗旨，参照食品安全风险评估结果，才能使所制定的标准科学合理、安全可靠。食品安全标准不是一成不变的，它需要根据食品安全状况的进行调整，修订食品安全标准应当把食品安全风险评估结果作为科学依据，才能真正保障食品安全。目前，我国已构建起与国际标准接轨、覆盖从农田到餐桌的全过程食品安全标准体系。

（二）风险评估在科学监管中的作用

食品风险评估制度是食品安全监管中风险预防原则最直接的体现，食品安全监督管理措施必须建立在科学基础之上，一方面能够有效地对当前食品存在的风险进行一定的预估，分析食品安全问题的相关种类，从而制定有效的措施防范风险；另一方面能够通过风险评估，指导相关部门的监管人员提出有效的管理措施，并对当前食品安全问题的监管以及问题处理提出有效建议，为有关部门加大执行力度提供一定的依据。

（三）风险评估在食品安全风险交流中的应用

随着经济的不断发展和科技的不断进步，人们的膳食结构也在不断发生变化，以往都是通过食品安全标准去判断食品是否安全，并没有深入了解制定的过程和科学性，容易导致虚假安全信息的流传，由此会引发大量的舆论压力影响食品相关部门判断食品安全。通过食品安全风险评估，监测分析影响食品安全各方面潜在的各种危害因素，可以及时发现问题并采取相应措施。与此同时，食品安全风险评估机构公布的风险评估数据也有助于用科学信息来引导公民的合理饮食，从一定程度上消除有关食品安全的不可靠信息，真正保障公民的身体健康和生命安全。

（四）风险评估在国际贸易中的作用

在国际贸易中必然涉及进出口措施，近年来发生的食品贸易领域的争端使其涉及的检验检疫措施、进出口标准及其背后制定标准的方法受到极大挑战，风险评估的应用解决了该问题。在 WTO 的《实施卫生与植物卫生措施协定》（Agreement on the Application of Sanitary and Phytosanitary Measures，SPS 协定）规定，各成员国、组织和地区需依据风险评估的结果，确定本成员国、组织和地区的适当卫生措施及保护水平，不得主观、武断地以保护本人民健康为理由设立过于严格的卫生措施，从而阻碍贸易公平地进行。如果各成员国、组织和地区制定的食品卫生标准法规比国环食品法典委员会（CAC）制定的食品法典标准严格，则必须拿出风险评估的科学依据，否则将被视为技术性贸易壁垒。

第六节　我国食品安全监督管理体系的变化与发展

一、食品安全监管体制历程

新中国食品安全工作的起点是新中国成立初期的食品卫生管理。当时，食品领域的主要矛盾是粮食产需之间的矛盾。同时，人民群众对食品卫生知识匮乏，食品卫生管理工作是致力于防止误食有毒食材。卫生部也发布了一系列规章、文件加以规范，取得了一定成效。

1953 年，“食品卫生”概念初现，标志着我国为维护人民群众的食品安全迈开了第一步。

1964 年，“食品卫生标准”概念首次提出，标志着我国食品卫生管理从空白走向规范化，向着法制化管理的目标迈出了第一步。

1978 年，经国务院批准同意，原国家卫生部牵头会同其他有关部委组成“全国食品卫生领导小组”。

1982 年 11 月 19 日，第五届全国人大常委会第二十五次会议审议通过了《中华人民共和国食品卫生法（试行）》。

1995 年 10 月 30 日，第八届全国人大常委会第十六次会议审议通过了《食品卫生法》。

2003 年，国务院机构改革，在原国家药品监督管理局的基础上组建国家食品药品监督管理局。

2004 年 9 月，国务院印发《关于进一步加强食品安全工作的决定》。

2009 年 2 月 28 日，第十一届全国人大常委会第七次会议通过了新修订的《食品安全法》。

2010 年 2 月 6 日，根据《食品安全法》规定，国务院印发《关于设立国务院食品安全委员会的通知》。

2015年4月24日，《食品安全法》经十二届全国人大常委会第十四次会议修订通过。

2019年2月24日，中共中央办公厅、国务院办公厅印发《地方党政领导干部食品安全责任制规定》。

二、从监管到治理的范式转变

食品安全成因的复杂性决定了其解决途径的综合性。除政府监管外，企业自治、行业自律、媒体监督、消费者参与、司法裁判同样是纠正市场失灵进而保障食品安全的手段。因此，食品安全治理现代化要改变过去政府一家“单打独斗”的格局，重构监管部门、企业、行业协会、媒体和消费者等主体的角色和权利义务关系。当这种关系用法律、政策等制度形式固定下来时，就成为食品安全治理体系。

而要将食品安全监管嵌入经济结构调整、政府职能转变和社会治理创新的战略布局中，亟须一个高层次、综合性监管机构统筹食品领域监管政策和相关经济政策、社会政策，协调食品产业发展、质量安全等目标。

三、完善统一权威的监管机构和新食品安全法出台

2013年3月，第十二届全国人民代表大会审议通过《国务院机构改革和职能转变方案》，改革的目标是整合职能、下沉资源、加强监管，在各级政府完善统一权威的食品药品监管机构。至此，整合各部门食品安全监管职责以法定形式被固定下来，省级以下的工商和质监行政管理体制改革也终于实质性启动。

党的十八届三中全会提出，改革市场监管体系，实行统一的市场监管。三中全会同时强调，完善统一权威的食品药品安全监管机构。2014年7月，国务院发布的《关于促进市场公平竞争维护市场正常秩序的若干意见》指出，整合优化市场监管执法资源，减少执法层级，健全协作机制，提高监管效能。从2013年末开始，一些地方政府在不同层面整合工商、质监、食药甚至物价、知识产权、城管等机构及其职能，推进“多合一”的综合执法改革，组建市场监督管理局。

2015年4月24日，经十二届全国人大常委会第十四次会议修订通过《食品安全法》。亮点是创新了信息公开、行刑衔接、风险交流、惩罚性赔偿等监管手段，同时细化了社会共治和市场机制，确立了典型示范、贡献奖励、科普教育等社会监督手段，也为职业监管队伍建设、监管资源区域性布局、科学划分监管事权等未来体制改革方向埋下了伏笔。

四、新时代的工作成就和挑战

2013年，监管机构改革后，食品药品监管职能得以优化，监管水平和支撑保障能力稳步加强，其程度前所未有。评价一个国家或地区食品药品安全总体状况的指标有不少，抽检合格率是较为常用的指标。2016年，有关部门在全国范围内组织抽检了25.7万批次食品样品，总体抽检合格率为96.8%，比2014年提高2.1个百分点，在统计意义上有显著进步。药品抽检合格率更是常年保持在98%以上。

国际社会的评价也印证了这一点，如英国《经济学人》杂志每年发布的《全球食品安全指数报告》显示，近年来，中国在“食品质量与安全”方面得分排名全球前40，其中2016年排名38位，远高于中国在人均GDP的国际排名。

然而，食品安全监管工作也面临挑战。体制改革的目标是构建统一、权威、专业的食品药品监管体制。如何理解“统一”成为关键。有观点认为，“统一”是机构设置的一致性，包括横向的机构一致，即各级地方政府层面机构设置保持一致；纵向的机构一致，即省级参照国务院设置，市县参照省级设置。实际上，我们对“统一”的理解不应局限于字面含义。全国食药监系统机构设置不可能也不必要完全一致。关键是要调动更多的监管资源，发挥高效的动员能力以及科学合理的分布监管力量。

第七节　国外食品安全监督管理体系

食品安全问题涉及食品的生产、加工、贮藏、运输、销售等各个环节，是一个复杂的社会问题，如何解决食品安全问题，已经成为世界各国一项重要工程。下文主要对以美国、欧盟、日本为代表的国家或地区，在经过了多年的发展和经验积累的基础上形成的食品安全问题方面的监管体制进行分析。这些国家或地区在食品安全的法律法规、食品的检验检测标准，以及食品安全的监管体系方面都比较完善。其中安全监管是保障食品安全的关键，研究如何做好食品安全监管，是解决食品安全问题的重点。目前中国也在不断地学习和探索如何完善食品安全监管体系来解决食品安全问题，保障人民的饮食安全。

一、美国食品安全监管体系

美国食品安全监管机构设置以总统食品安全委员会作为美国最高管理机构，对政府所属的各个机构进行协调管理，包括卫生与人类服务部、农业部、环境保护局、财政部、商务部、海关总署、司法部、联邦贸易委员会 8 个部门的协调管理。在各个部门下又设置有相应下级机构，如卫生与人类服务部下设食品药品监督管理局、疾病预防与控制中心，农业部下设食品安全检验局和动植物卫生检验局。在职权方面，部门职责权限明确：

（1）卫生与人类服务部下设的食品药品监督管理局主要负责食品从生产到销售整个产业链的监管，工作主要包括监测、标准制订、召回等；疾病预防控制中心主要负责食源性疾病的调查与防治。

（2）农业部下设的食品安全检验局主要负责肉、禽、蛋类产品的监管和法律法规制定；动植物卫生检验局主要负责监管果蔬类和其他植物类，防止动植物有害物和食源性疾病。

（3）环境保护局主要负责农药监管及饮用水相关的检测、标准制订和风险评估。

（4）商务部下设的海洋和大气管理局主要负责鱼类和海产品监管。

（5）司法部主要负责对违反食品安全法的个人和企业进行法律追究。

（6）财政部下设的美国酒精烟草局主要负责酒精饮料（不含酒精含量<7%的葡萄酒饮料）的监管。

（7）联邦贸易委员会主要负责防止不公及欺诈行为的发生。

（8）海关总署主要负责美国进出口食品的监管。

对于美国食品监管机构的监管模式来说，整体设计上按照从上到下的垂直方式来管理。其中，食品方面的部门以监管工作为主，通过食品类别，促使其权责的划分，针对不同类别的食品，实现不同部门的管理。同时，基于食品安全保障体系的应用，也可以将其与政府的监督职能结合，这样在总体上才可以为美国食品安全监管体系提供保障。在各个独立的监管流程中，美国政府颁布了相关法令，各个结构负责执行，并按照法律法规来维护食品的安全性。其中司法部门主要对存在的执法问题进行处理，促使其决策工作更科学，公众也会积极参与其中。在这种情况下，不仅能达到司法、政法与立法之间的独立，在食品安全体系中也将促使其职责的发挥与实现。

二、欧盟食品安全监管体系

在欧盟食品安全监管中，安全管理局为主要的权威机构，其能够向社会公开评审，存在明显的独立性，基于先进的食品科学理念作为引导。工作职责是对当前的食品领域进行积极探索、收集和总结，保证为食品领域的安全性提供有效依据；通过自身行动，对存在的风险进行描述，增加委员会和成员国之间的相互合作，并在期间实现风险的评估、管理；还需要对影响食品安全生产的技术因素、科学因素等进行有效分析，结合各个成员国的要求，为其提供更大的技术支撑，保证提出的意见更为有效。

欧盟食品安全监管局具有更雄厚的资金，职责非常明确，实际运作独立，能促使欧盟食品安全监管体系的完善，也会增强欧盟成员国自身的国际地位。在该程度上，不仅能达到整体的标准化，也能为食品安全标准提供科学依据。不仅如此，欧洲食品监管权力机构的形成，也需要食品卫生和科研机构之间的合作，统一分析食品安全问题，对有关的食品进行全面分析，还需要加强食品安全监管标准的统一化，以维护欧盟各国食品销售工作和生产运输工作的安全性。

三、日本食品安全监管体系

日本食品安全监管机构涉及农林、水产和劳动等，作为最有力量的质量管理，维护了消费者的食品安全权益，也维护了农产品的质量安全。日本食品安全监管机构的主要部门为地方农政局、消费安全局、食品安全危机管理小组等，在这些部门中，都统一制定了食品安全标准，确保食品准入门槛的提升，也能充分解决安全性问题，日本已经形成多方面相互合作、统一的食品安全监管体系。日本要促进食品安全教育工作的宣传，重点要促进消费者认知水平的提升，避免劣质食品和不合格食品流入市场。

思考题

1. 浅谈国外监管体系对我国监管体系的启示。
2. 为什么要加强食品安全监管体系建设?
3. 我国食品安全检验检测体系存在哪些不足?
4. 简述《食品安全法》的颁布、修订和修正情况。

第三章

食品质量与安全管理体系

CHAPTER 3

多年以来，质量专家们发现，绝大多数食品安全事故是可以通过科学合理的管理体系进行控制，而纯技术因素造成食品安全问题占很少的部分。因此，建立行之有效的食品安全管理体系以保障食品质量安全是世界各国都在努力探索的科学方法。

第一节　良好操作规范（GMP）

一、良好操作规范概述

（一）基本概念

良好操作规范（Good Manufacturing Practice，GMP），是一种特别注重制造过程中产品质量和安全的自主性管理制度。GMP 要求食品生产企业应具备良好的生产设备、合理的生产过程、完善的质量管理和严格的检测系统，确保最终产品的质量（包括食品安全卫生）符合法规要求。

（二） GMP 简介

GMP 是政府强制性对食品生产、包装、贮存卫生规定的法规，保证食品具有安全性的良好生产管理体系。

1. GMP 的四要素

GMP 是通过选用符合规定要求的原料（materials）、以合乎标准的厂房设备（machines）、由胜任的人员（man）、按照既定的方法（methods），制造出品质既稳定而又安全卫生的产品的一种质量保证制度（包括 4M 的管理要素）。

目前采用 GMP 管理体系常用于制药业、食品工业及医疗器材工业。

2. 食品 GMP 的基本意义

食品 GMP 是一种特别注重产品在整个制造过程的品质与卫生的保证制度，其基本意义是：①降低食品制造过程中人为的错误；②防止食品在制造过程遭受污染或品质劣变；③建立完善的质量管理体系。

二、 GMP的起源和发展

食品GMP是从药品GMP中发展起来的。美国FDA（食品药品监督管理局）于1963年颁布世界上第一部药品的“良好操作规范（GMP）”，实现了药品从原料开始到成品出厂的全过程质量控制。1969年FDA制定了《食品良好生产工艺通则》，从此开创了食品GMP的新纪元。国际食品法典委员会（CAC）也于1969年开始采纳GMP，并研究、收集各种食品的GMP作为国际规范推荐给各成员国。继美国之后，日本、加拿大、新加坡、德国、澳大利亚等都在积极推行食品GMP。目前CAC共有41个GMP，作为解决国际贸易争端的重要参考依据。

三、 GMP的分类

1. 根据GMP的制定机构和适用范围分类

（1）具有国际性质的GMP　如WHO于1991年颁布的GMP、欧洲共同体颁布的GMP和东南亚国家联盟的GMP等。

（2）由国家权力机构颁布的GMP　如中华人民共和国原卫生部颁布的食品生产企业良好操作规范、美国FDA颁布的cGMP（现行GMP）、英国卫生与社会保障部颁布的GMP、日本厚生省颁布的GMP等。

（3）由工业组织制定的GMP　如美国制药工业联合会制定的标准不低于美国政府制定的GMP，中国医药工业公司制定的GMP实施指南，甚至还包括食品企业自己制定的GMP。可作为同类食品企业共同参照、自愿遵守的管理规范。仅适用于行业或组织内部。

2. 根据GMP的法律效力分类

（1）强制性GMP　食品生产企业必须遵守的法律规定，由国家或有关政府部门制定、颁布并监督实施。

（2）指导性或推荐性GMP　由国家有关部门或行业组织、协会制定并推荐给食品企业参照执行，但遵循自愿遵守的原则。

四、我国GMP与一般食品标准的区别

虽然中国的GMP是以标准形式颁布，但其在性质、内容和侧重点上与一般食品标准有根本的区别。

1. 性质

GMP是对食品企业的生产条件、操作和管理行为提出的规范性要求，而一般食品标准是对食品企业生产出的终产品提出的量化指标要求。

2. 内容

GMP的内容可概括为硬件和软件两个部分。硬件是指食品企业厂房、设备、卫生设施等方面的技术要求；软件则是指对人员、生产工艺、生产行为、管理组织、管理制度和记录、教育培训等方面的管理要求。一般食品标准的内容主要是产品必须符合的卫生和质量指标，如理化、微生物等污染物的限量指标，水分、过氧化物值、挥发性盐基氮等食品腐败变质的特征指标，纯度、营养素、功效成分等与产品品质相关的指标等。

3. 侧重点

GMP 的内容体现于食品的整个生产过程中，所以 GMP 是将保证食品质量的重点放在成品出厂前的整个生产过程的各个环节上，而不仅仅是着眼于终产品，一般食品标准侧重于对终产品的判定和评价等方面。

五、我国 GMP 体系

1. 我国的食品 GMP 标准

1994 年，我国建立了食品 GMP 通用标准 GB/T 14881—1994《食品企业通用卫生规范》，对规范我国食品生产企业加工环境，提高从业人员食品卫生意识，保证食品产品的卫生安全方面起到了积极作用。2013 年中华人民共和国国家卫生和计划生育委员会对食品 GMP 通用标准进行了组织修订，并颁布了新版标准 GB 14881—2013《食品安全国家标准　食品生产通用卫生规范》。目前，我国共有 25 个食品 GMP 现行国家标准和行业标准，其中 23 个国家标准、2 个行业标准。国家标准包括 1 个食品 GMP 通用标准（GB 14881—2013）和 22 个食品 GMP 专用标准；2 个食品 GMP 行业标准为 SC/T 3009—1999《水产品加工质量管理规范》和 MH 7004.2—1995《航空食品卫生规范》(现已废止，参照 GB 31641—2016《食品安全国家标准　航空食品卫生规范》)。

2. 我国出口食品的 GMP 法规

我国国家商检局于 1995—1996 年陆续发布了 10 个出口食品企业注册卫生规范，包括：《出口畜禽肉及其制品加工企业注册卫生规范》《出口罐头加工企业注册卫生规范》《出口水产品加工企业注册卫生规范》《出口饮料加工企业注册卫生规范》《出口茶叶加工企业注册卫生规范》《出口糖类加工企业注册卫生规范》《出口面糖制品加工企业注册卫生规范》《出口速冻方便食品加工企业注册卫生规范》《出口肠衣加工企业注册卫生规范》《出口速冻果蔬生产企业注册卫生规范》。此外，2002 年国家质检总局颁发了《出口食品生产企业卫生注册登记管理规定》，该法规共包括 3 个附件，其中附件 2《出口食品生产企业卫生要求》围绕“出口食品卫生质量体系的建立”为核心内容，突出强调了食品生产加工过程中安全卫生控制，对出口食品生产企业提出了强制性的卫生要求，是我国出口食品生产企业的 GMP 通用法规。10 个专门食品 GMP 法规和 1 个 GMP 通用法规共同构成了我国出口食品的 GMP 法规体系。

六、国外 GMP 及实施情况

1. 国际食品法典委员会（CAC）

CAC 一直致力于国际性食品卫生规范、标准的制定工作，法典文本中含有 224 个食品产品标准、79 个食品准则、55 个操作规范、农药和兽药最大残留限量或风险管理建议以及食品添加剂通用法典标准等。重要的 GMP 有《食品卫生通用规范》［CAC/RCP 1—1969，Rev.4（2003）］、《危害分析与关键控制点（HACCP）体系及其应用准则》［Annex to CAC/RCP 1—1996，Rev.3（1997）］、《新鲜水果和蔬菜卫生操作规范》(CAC/RCP 53—2003)、《速冻食品加工和处理的操作规范》(CAC/RCP 8—1976)、《加工肉禽制品操作规范和导则》［CAC/RCP 13-1976. Rev.1（1985）］、《水产及水产品加工操作规范》(CAC/RCP 52—2003)、《婴幼儿配方乳粉卫生操作规范》(CAC/RCP 66—2008)、《无菌加工和低酸包装食品卫生操作规程》(CAC/RCP 40—1993)、《国际食品贸易含互惠和食品援助贸易伦理道德规范》［CAC/RCP

20—1979，Rev. 1（1985）］等。

CAC 发布的 CAC/RCP 1—1969，Rev. 4（2020）《推荐的国际操作规范—食品卫生总则》（以下简称 CAC《食品卫生总则》）虽然是推荐性的，但自从 WTO/SPS 协定强调采用 3 大国际组织 CAC、世界动物卫生组织（OIE）、国际植物保护公约（IPPC）的标准后，CAC 标准在国际食品贸易中日益显示出重要的作用，CAC《食品卫生总则》已成为 WTO 成员必须遵循的 GMP 标准。

CAC《食品卫生总则》的主要技术内容为：①目标；②范围、使用和定义；③初级生产；④工厂：设计和设施；⑤生产控制；⑥工厂：维护与卫生；⑦工厂：个人卫生；⑧运输；⑨产品信息和消费者的意识；⑩培训。

除《食品卫生总则》外，CAC 还制定了特殊膳食食品、特殊加工食品、食品辅料、水果和蔬菜、肉制品、乳制品、蛋制品、渔业产品、水、运输、零售、食品安全危害特定法典和指南、控制措施特殊法典和导则 13 大类共计约 50 余项食品 GMP 及相关卫生规范。

2. 美国

美国是最早将 GMP 用于食品工业生产的国家，FDA 为了加强对食品的监管，根据美国《食品药物化妆品法》第 402（a）条“凡是在不卫生的条件下生产、包装或储存的食品视为不卫生、不安全”的规定，制定了《食品生产、包装和储藏的现行良好操作规范》（21CFR Part 110）。21CFR Part 110《食品生产、包装和储藏的现行良好操作规范》作为基本指导性文件，对食品生产、加工、包装、贮存企业的人员卫生、建筑和设施、设备、生产和加工控制管理都作出了详细的要求和规定，是美国的食品 GMP 通用法规。

3. 欧盟

欧盟的食品 GMP 法规。欧盟有关食品卫生的法规（EC）No 852/2004《食品卫生条例》中的附件《对所有食品生产企业的一般卫生要求》是欧盟的食品 GMP 通用法规。其主要内容结构为：①食品建筑物的要求；②食品加工场所的特定要求；③可移动和临时建筑物（如帐篷、市场货摊、移动售货车、自动贩卖机等）的要求；④运输；⑤设备要求；⑥食品废料；⑦水供应；⑧个人卫生；⑨应用于食品的规定；⑩食品内、外包装的规定；⑪热处理；⑫培训。

第二节　卫生标准操作程序（SSOP）

一、卫生标准操作程序概述

（一）卫生标准操作程序的概念

卫生标准操作程序（Sanitation Standard Operation Procedures，SSOP）是食品加工企业为了保证达到 GMP 所规定的要求，确保在加工过程中消除不良的人为因素，使其所加工的食品符合卫生要求而制定的指导食品生产加工过程中如何实施清洗、消毒和保持卫生的指导性文件。SSOP 是食品生产和加工企业建立和实施食品安全管理体系的重要前提条件。SSOP 文件所列出的程序应当根据本企业生产的具体情况，对人员所执行的任务提供详细的规范，并在实施过程中进行严格的检查和记录，并对实施情况进行评估和处理。

（二） SSOP 的起源

20 世纪 90 年代，美国食源性疾病频繁爆发，造成每年大约 700 万人次感染和 7000 人死亡。调查数据显示，其中有大半感染或死亡的原因与肉、禽产品有关。这一结果促使美国农业部（USDA）不得不重视肉、禽产品的生产状况，并决心建立一套涵盖生产、加工、运输、销售所有环节在内的肉、禽产品生产安全措施，从而保障公众的健康。1995 年 2 月颁布的《美国肉、禽产品 HACCP 法规》（9 CFR Part 304）中第一次提出了要求建立一种书面的常规可行的程序——卫生标准操作程序（SSOP），确保生产出安全、无掺杂的食品。但该法规并未对 SSOP 的具体内容做出规定。同年 12 月，美国 FDA 颁布的《水产和水产品加工和进口的安全与卫生程序》（21 CFR Part 123，1240）中进一步明确了 SSOP 必须包括的 8 个方面及验证等相关程序，从而建立了 SSOP 的完整体系。从此，SSOP 一直作为 GMP 和 HACCP 的基础程序加以实施，成为完成 HACCP 体系的重要前提条件。

二、 SSOP 的主要内容

SSOP 实际上是落实 GMP 卫生法规的具体程序。SSOP 的制定和有效执行是企业实施 GMP 法规的具体体现，使 HACCP 计划在企业得以顺利实施。GMP 法规是政府颁发的强制性法规，而企业的 SSOP 文本是由企业自己编写的卫生标准操作程序。

每个食品企业应针对各产品生产环境制定并实施书面 SSOP 计划或类似文件。一般来讲，SSOP 计划至少涵盖以下 8 项内容：

①与食品和食品表面接触的水（冰）的安全；

②与食品接触的表面（包括设备、手套、工作服）的清洁、卫生和安全；

③防止发生交叉污染；

④操作人员手的清洗与消毒，卫生间设施的维护与卫生保持；

⑤防止食品被污染物污染；

⑥正确标示、存放和使用各类有毒化学物质；

⑦食品加工人员的健康与卫生控制；

⑧虫害、鼠害的防治。

SSOP 是企业根据 GMP 要求和企业的具体情况自己编写的，没有统一的文本格式，但要求所编写的 SSOP 文件易于使用和遵守。

食品企业在建立和实施卫生控制程序时，应保证：必须建立和实施书面的 SSOP 计划，必须检测卫生状况和操作；必须及时纠正不卫生的状况和操作；必须保持卫生控制和纠正记录。下面详细介绍 SSOP 的一般规定。

（一）水（冰）的安全

水既是某些食品的组成成分，也是食品的清洗，设施、设备、工器具清洗和消毒所必需的，因此，生产用水（冰）的卫生质量是影响食品卫生的关键因素。对于任何食品的加工，首要的一点就是要保证水的安全。食品加工企业一个完整的 SSOP 计划，首先要考虑与食品或与食品表面接触的用水（冰）来源与处理，应符合有关规定，应有充足的水源，并要考虑非生产用水及污水处理的交叉污染问题。

1. 水源

食品企业加工用水一般来自城市公共用水、自备水，需满足以下要求：

（1）使用城市公共用水，要符合国家饮用水标准。

（2）使用自备水源要考虑

①井水：周围环境、井深度、污水等因素对水的污染；

②海水：周围环境、季节变化、污水排放等因素对水的污染；

③对两种供水系统并存的企业应采用不同颜色管道，防止生产用水和非生产用水混淆。

2. 标准

（1）GB 5749—2022《生活饮用水卫生标准》对水质的要求有 97 项，其中水质常规微生物指标及限值为：总大肠菌群（MPN/100mL 或 CFU/100mL）不得检出，大肠埃希氏菌（MPN/100mL 或 CFU/100mL）不得检出，菌落总数 100（MPN/100mL 或 CFU/100mL），饮用水中消毒剂常规指标应满足要求。

（2）GB 3097—1997《海水水质标准》。

（3）申请国外注册的食品加工厂，水质应符合进口国规定。

3. 监控

无论城市公用水还是自备水源都必须充分有效地加以监控，有官方合格的证明后方可使用。

（1）监控项目　余氯，微生物（总大肠菌群、大肠埃希氏菌、菌落总数）。

（2）监测频率　①企业对水余氯每天监测 1 次，每次取样必须包括总出水口，一年内做完对所有出水口的监测；②企业对水中微生物的监测至少每月 1 次；③当地卫生部门对城市公共用水的全项目监测至少每年 1 次，并有报告正本；④对自备水源检测频率要增加，一年至少 2 次；⑤对于使用的海水，其水质应符合 GB 3097—1997 标准要求，检测频率应比城市公用水或自备水源更加频繁；⑥盛装冰的容器和冰应进行微生物检测。

（3）取样方法　先对出水口进行消毒，放水 5min 后取样。

4. 设施

供水设施要完好，一旦损坏后就能立即维修好，管道的设计要防止冷凝水聚集下滴污染裸露的加工食品。主要设施如下：

（1）防虹吸设备　水管离水面距离 2 倍水管直径，水管龙头应有真空排气阀，水管管道不应有死水区。

（2）洗手消毒水龙头为非手动开关。

（3）加工案台等工具有将废水直接导入下水道的装置。

（4）备有高压水枪。

（5）使用软水管要求为浅色，用不易发霉的材料制成。

（6）有蓄水池（塔）的工厂，水池要有完善的防尘、防虫鼠措施，并进行定期清洗消毒。

5. 操作

（1）清洗、解冻用流动水，清洗时防止污水飞溅。

（2）软水管使用不能拖在地面上，不能直接浸入水槽中。

6. 供水网络

工厂应保持详细的供水网络图，以便日常对生产供水系统管理与维护。供水网络是质量管理的基础资料。

7. 污水排放

（1）污水的处理　应符合国家环保部门的规定，符合防疫的要求，处理池地点的选择应远离生产车间。

（2）废水排放　①地面坡度要易于排水，一般为1%~1.5%斜坡；②清洗消毒槽废水直接入沟；③废水流向由清洁区向非清洁区；④地沟加不锈钢篦子，与外界接口有水封防虫装置。

8. 生产用冰

直接与产品接触的冰必须采用符合饮用水标准的水制造，制冰设备和盛装冰块的器具，必须保持良好的清洁卫生状况，冰的存放、粉碎、运输、盛装等都必须在规定卫生条件下进行。防止冰与地面接触造成污染，食品生产用冰必须进行微生物检测。

9. 纠正措施

监控时发现加工用水存在问题，生产企业必须对这种情况进行评估，如有必要，应终止使用此水源，直到问题得到解决。另外必须对在这种不利条件下生产的所有产品进行隔离和评估。

10. 记录

水的监控、维护及其他问题处理都要记录并保存。

（二）食品接触面的状况和清洁

美国GMP法规中将“食品接触面”定义为：“接触人类食品的那些表面以及在正常加工过程中会将水滴溅在食品或与食品接触的表面上的那些面。”

根据潜在的食品污染的可能来源途径，通常把食品接触面分成：直接与食品接触的表面和间接与食品接触的表面。与食品直接接触的表面包括加工设备、工器具、操作台案、传送带、贮冰池、内包装物料、加工人员的手或手套、工作服（包括围裙）等。与食品间接接触的表面包括未经清洗消毒的冷库、车间和卫生间的门把手、垃圾箱、操作设备的按钮、车间内的电灯开关等。

为保持食品接触面的清洁卫生，必须事先对食品接触面的设计进行充分考虑，并有计划地进行清洁和消毒。

1. 食品接触面的材料要求

为有效防止潜在的食品污染，食品接触面应选材适当、设计合理，选用安全、无腐蚀、易于清洁和消毒的材料。安全的材料应无毒、不吸水、抗腐蚀并不与清洁剂和消毒剂发生化学反应。在设计制造方面要求表面光滑（包括缝、角和边在内），易于清洗和消毒。

通常用于食品接触面的材料有：

（1）不锈钢　因其表面光滑和耐用，是最常用的较好的食品接触面材料。应该选用较高等级的不锈钢（美国推荐使用300系列），低等级的不锈钢容易被氧化剂腐蚀。

（2）塑料　选用无毒塑料，根据用途选择不同的颜色，生区和熟区的塑料周转筐要加以区分。

（3）混凝土　食品初级加工时使用，也作为蓄水池。应选择相应的配方，以防腐蚀，并注意表面抛光，减少表面微孔。

（4）瓷砖　不应含有铅等有害成分。选择高质量的瓷砖，防止腐蚀和开裂。贴瓷砖时应使用水泥浆，防止砖与砖之间留有缝隙。

（5）木质器具　许多国家的法规中已明令禁止在食品加工过程中使用竹木器具，因此，除了传统工艺需要必须使用木质器具外，一般不推荐使用木质器具，如需使用，木材中的防腐剂含量应符合国家标准，并及时清洗、消毒。

通常应避免（某些国家可能禁止）作为食品接触面的材料有竹木制品、黑铁或铸铁、黄铜、镀锌金属。

对于手套、围裙、工作服等应根据用途采用耐用材料，合理设计和制造，禁止使用布手套。围裙、工作服等要定期清洗、消毒，存放于干净和干燥的场所。

2. 设备的设计、安装要求

食品接触面的制造和设计应本着便于清洗和消毒的原则，制作要精细，无缝隙，无粗糙焊接、凹陷、破裂，表面平滑等。固定设备的安装应离墙面、地面和屋顶距离适当，以便于清洗、消毒和维修。

3. 食品接触面的清洁和消毒

食品接触面的清洁和消毒是控制病原微生物污染的基础，良好的清洗和消毒通常包括以下步骤：

（1）清扫　用刷子、扫帚等清除工器具表面的食品颗粒和污物。

（2）预冲洗　用洁净的水冲洗被清洗器具的表面，除去清洗后遗留的微小颗粒。

（3）使用清洁剂　清洁剂的类型主要有普通清洁剂、碱、含氯清洁剂、酸、酶等。根据清洁对象的不同，选用不同类型的清洁剂。目前多数工厂使用普通清洁剂（用于手）和含氯清洁剂（用于工器具）。

清洁剂的清洁效果与接触的时间、温度、物理擦洗等因素有关。一般来讲，清洁剂与清洁对象接触时间越长，温度越高，清洁对象表面擦洗得越干挣，水中 Ca^{2+} 、Mg^{2+} 含量越低，清洁的效果越好。如果擦洗不干净，残留有机物首先与清洁剂发生反应，进而降低其效力。水中 Ca^{2+} 、Mg^{2+} 也可以与清洁剂发生反应，产生矿物质复合物的残留沉淀能固化食品污染物，变得更加难以除去，进而影响清洁效果。

（4）冲洗　用流动的洁净的水冲去食品接触面上清洁剂和污物，要求接触面要冲洗干净，不残留清洁剂和污物，为消毒提供良好的表面。

（5）消毒　应用允许使用的消毒剂，杀灭和清除物品上存在的病原微生物。在食品接触面清洁以后，必须进行消毒除去潜在的病原微生物。消毒剂的种类很多，有含氯消毒剂、过氧乙酸、醋酸、乳酸等。目前，食品加工厂常用的是含氯消毒剂，如次氯酸钠溶液（表 3-1）。

消毒的方法通常为浸泡、喷洒等。

消毒的效果与食品接触表面的清洁度、温度、pH、消毒剂的浓度和时间有关。

表 3-1　食品加工工厂中通常使用的消毒剂及其用量　单位：mg/kg

消毒剂	食品接触面	非食品接触面	工厂用水
氯	100~200*	400	3~10
碘	25*	25	—
季铵盐化合物	200*	400~800	—
二氧化氯	100~200*	100~200+	1~3+

续表

消毒剂	食品接触面	非食品接触面	工厂用水
过氧化酸	200*	200~315	—

注：* 在列出范围的高点表示不需要冲洗所允许的最高浓度（表面需排净水）；+表示包括氧化氯化合物。

4. 工作服、手套、车间空气的消毒

工作服应用专用的洗衣房清洗和消毒，不同清洁区域的工作服要分开清洗，工作服每天必须清洗消毒，一般每个工人至少配备两套工作服。需要注意的是：工作服是用来保护产品的，而不是用来保护加工工人的衣服。工人出车间、去卫生间必须脱下工作服、帽和工作鞋。更衣室和卫生间的位置应设计合理。

手套一般在一个班次结束后或中间休息时更换。手套不得使用线手套，手套清洗消毒后应贮存在清洁的密闭容器中送到更衣室。

车间空气消毒一般用臭氧发生器产生的臭氧进行消毒。紫外线灯由于所产生的紫外线穿透能力差，车间内一般不使用紫外线灯。

5. 食品接触表面的监控

为确保食品接触面（包括手套、外衣）的设计、安装便于卫生操作，维护、保养符合卫生要求，以及能及时充分地清洁和消毒，必须对食品接触表面进行监测。

（1）监测内容

①加工设备和工具的状态是否适合卫生操作；

②设备和工具是否被适当地清洁和消毒；

③使用消毒剂的类型和浓度是否符合要求；

④可能接触食品的手套和外衣是否清洁并且状况良好。

（2）监测方法

①感官检查：检查接触表面是否清洁卫生，有无残留物。工作服是否清洁卫生，有无卫生死角等。

②化学检查：主要检查消毒剂的浓度，消毒后的残留浓度。如用试纸测试 NaClO 消毒液的浓度等。

③表面微生物的检查：推荐使用平板计数，但是检查时间较长，可用来对消毒效果进行检查和评估。

（3）监测频率　取决于被监测的对象，如设备是否锈蚀，设计是否合理，应每月检查 1 次，消毒剂的浓度应在使用前检查。感官检查应在每天上班前（工作服、手套）、下班后清洗消毒后进行。实验室监测按实验室制定的抽样计划进行，一般每周 1~2 次。

6. 纠正措施

在检查发现问题时，应采取适当的方法及时纠正，如再清洁、消毒、检查消毒剂浓度，对员工进行培训等。

7. 记录

包括卫生消毒记录、个人卫生控制记录、微生物检测结果报告、臭氧消毒记录、员工消毒记录。

（三）防止发生交叉污染

交叉污染是通过生的食品、食品加工者或食品加工环境把生物或化学污染物转移到食品的过程。

1. 造成交叉污染的原因

①工厂选址、设备设计、车间布局不合理；

②加工人员个人卫生不良；

③清洁消毒不当；

④卫生操作不当；

⑤生、熟产品未分开；

⑥原料和成品未隔离。

2. 交叉污染的控制措施

（1）工厂选址和设计时要确保不会对周围环境造成污染；厂区内不会造成污染；按有关规定（提前请有关部门审查图纸）进行选址和设计工作。

（2）车间布局要求

①工艺流程布局合理；

②初加工、精加工、成品包装区分开；

③生、熟加工分开；

④清洗消毒与加工车间分开；

⑤所用材料易于清洗消毒；

⑥特别需要明确人流、物流、水流、气流方向。

人流方向——从高清洁区到低清洁区；

物流方向——需利用时间、空间进行分隔，以防造成污染；

水流方向——必须从高清洁区流向低清洁区；

气流方向——需注意入气控制、正压排气等。

（3）防止加工过程中的交叉污染要求

①车间内使用的工器具、设备应及时清洗；

②食品和盛放食品的容器不能落地，不同区域使用的工/器具、容器、工作服应用显著的标识（如颜色、形状等）加以区分，并保证不随意流动；

③内包装材料使用前应进行必要的消毒处理；

④保持重复使用的水及各种食品组分的清洁；

⑤直接加入成品（特别是熟的成品）的辅料必须事先经过处理。

（4）加工人员的卫生控制要求

加工人员是造成交叉污染的主要来源。因此，生产加工人员应具有良好的卫生习惯，进入车间、如厕后应严格按照洗手消毒程序进行洗手消毒。所有与食品及食品接触面接触的人员都应遵守卫生规范，工作中尽可能地避免食品污染。

保持食品清洁的方法包括但不仅限于以下的方面，但并不局限于此：

①开工前、离开车间后或每当手被弄脏或污染时，都应用指定的洗手设施彻底洗手（如果有必要，手要消毒以消除不良微生物）；

②不得穿戴所有不安全的首饰及其他可能落入食品、设备或容器中的物品，因为这些物品

在用手工操作加工食品期间不能被充分地消毒；

③穿戴：在任何必要的地方，应保持适当的着装方式，戴发网、发带、帽子、胡子遮盖物及其他可有效遮盖毛发的东西。食品中的头发既是微生物污染的来源，其本身也是物理污染物。食品加工者需要保持头发清洁，留长度适中的头发和胡须；

④鞋靴：鞋可能把污物传到员工的手上或带到加工区域。理想情况下，员工在开工前换上靴子。在一些工厂里，员工在厂内、厂外环境穿同样的鞋子。在这种状况下，加工熟食品的加工者必须采取预防措施，强调使用消毒剂消毒鞋靴。当工厂中有来访者时，来访者也须遵守同样的卫生控制程序；

⑤不应该在食品暴露处及设备、工器具清洗处吃东西、嚼口香糖、喝饮料或吸烟，工作期间不得随意串岗。吃东西、喝饮料或吸烟时都涉及手与口的接触，致病菌便会传染到员工的手上，造成食品的交叉污染；

⑥加工人员要勤洗澡，勤洗头（每周至少洗 2 次），勤剪指甲，勤洗内衣和工作服。

3. 交叉污染的监测

为了有效地控制交叉污染，需要评估和监测各个加工环节和食品加工环境，从而确保生食品在整理、储存或加工过程中不会污染熟的、即食的或需进一步煮熟加热的半成品。

（1）指定人员应在开工时或交班时进行检查。确保所有卫生控制计划中的加工整理活动，包括生食品加工区域与熟制或即食食品的分离，而且该员工在工作期间还应定期检查，从而确保这些活动的独立性。

（2）在生食加工区域活动的员工，应在加工熟制或即食食品前，进行清洗和消毒。

（3）当员工由一个区域到另一个区域时，还应当清洗靴鞋或进行其他的控制措施。

（4）当移动设备、工/器具或运输工器具由生食加工区移向熟制或即食食品加工区域时，也应清洁、消毒。

（5）产品储存区域如冷库应每日检查，以确保熟制和即食食品与生食完全分开；通常可在生产过程中或收工后进行检查。

（6）卫生监督员应在开工时或交班时以及工作期间定期地监测员工的卫生，确保员工个人清洁卫生，衣着适当，戴发罩。不得佩戴珠宝或可能污染产品的其他装饰品。在加工期间应该定时监测员工操作以避免交叉污染。监测员工操作应该包括：恰当使用手套；严格手部清洗和消毒过程；在食品加工区域不得饮酒、吃饭和吸烟；生食的加工人员不能随意把设备移动到加工熟制即食产品的区域。

常见的员工不良操作范例：整理生食，然后整理熟制食品；靠近地面或在地板上工作，然后整理食品；处理完垃圾桶，然后整理食品；从休息室返回，没有洗手；用来处理地面废弃物的铲子，也用来整理食品；擦完脸，然后去整理食品；接触不清洁的冷库门，然后整理食品。

4. 交叉污染的纠正措施

（1）发生交叉污染时应及时采取纠正措施防止再发生。必要时停产，直到问题被纠正。

（2）评估可能发生交叉感染的产品的安全性，如有必要，改用、再加工或弃用受影响的产品。

（3）记录采取的纠正措施。

（4）加强对员工的培训。

5. 记录

记录包括每日卫生监控记录、消毒控制记录、培训记录、纠正措施记录。

（四）操作人员手的清洗与消毒，卫生间设施的维护与卫生保持

食品加工过程通常需要大量的手工操作处理人员。员工在整理即食食品、食品包装材料及即食食品的食品接触面时，必须进行手部清洗和消毒。如果手在处理食品前未经过清洗、消毒，则很有可能成为致病微生物主要来源或者对成品造成化学污染。食品加工厂必须建立一套行之有效的手部清洗程序。为防止工厂里污物和致病微生物的传播，卫生间设施的维护是手部清洗程序的必要部分。

1. 洗手消毒

（1）洗手消毒设施　①洗手消毒设施位置要合适。一般将洗手设施设置在更衣间和生产车间之间的过道内。必要时使用流动消毒车，但不能与产品距离太近，以免造成产品污染；②合适、满足需要的洗手消毒设施。每10～15人一个水龙头为宜；③非手动开关的水龙头；④有温水供应，冬季洗手消毒效果好；⑤配备皂液，消毒液，干手设备或一次性毛巾、纸巾。

（2）洗手消毒程序　更换工作服→换鞋、清水洗手→用皂液或无菌皂洗手（洗手方法如图3-1所示）→清水冲净皂液→50mg/L次氯酸钠溶液浸泡30s→清水冲洗→干手（干手器或一次性纸巾）→75%食用酒精喷洗。

良好的如厕程序为：更换工作服→换鞋→如厕→冲厕→皂液洗手→清水洗手→消毒→清水洗手→干手→消毒→换工作服→换鞋→洗手消毒→进入车间。

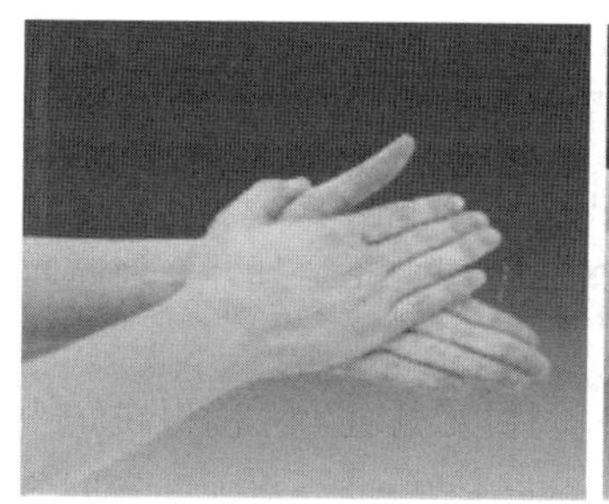

（1）掌心对掌心搓擦

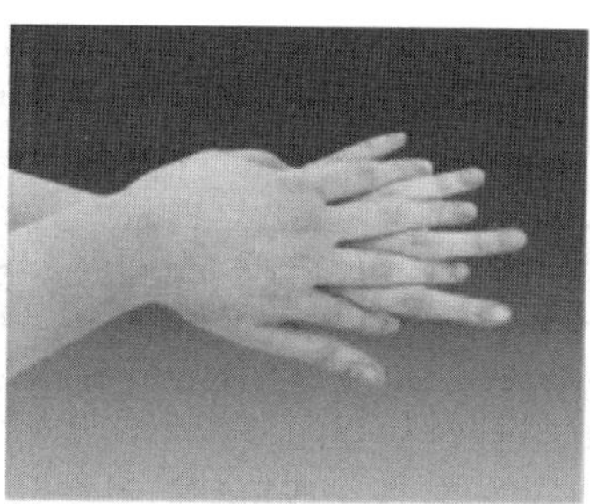

（2）手指交错掌心对手背搓擦

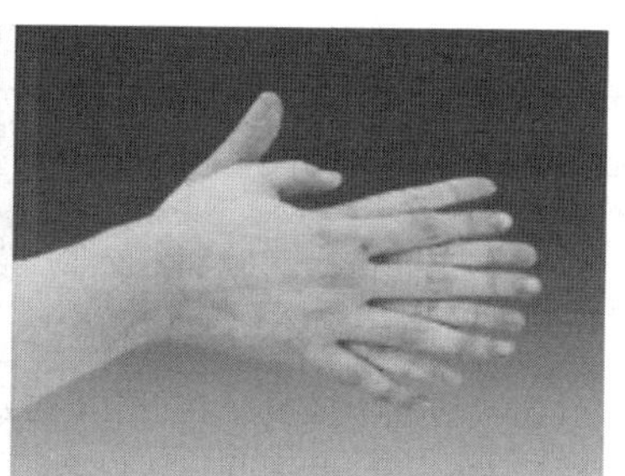

（3）手指交错掌心对掌心搓擦

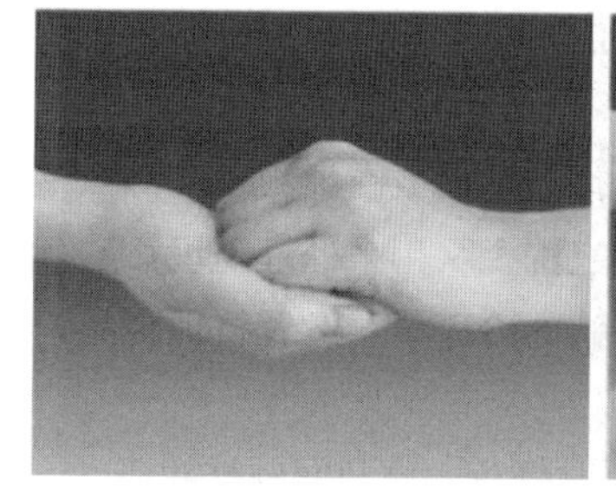

（4）两手互握互搓指背

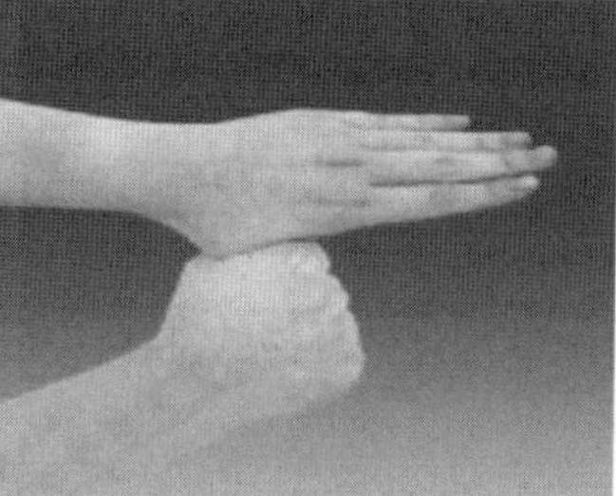

（5）拇指在掌中转动搓擦

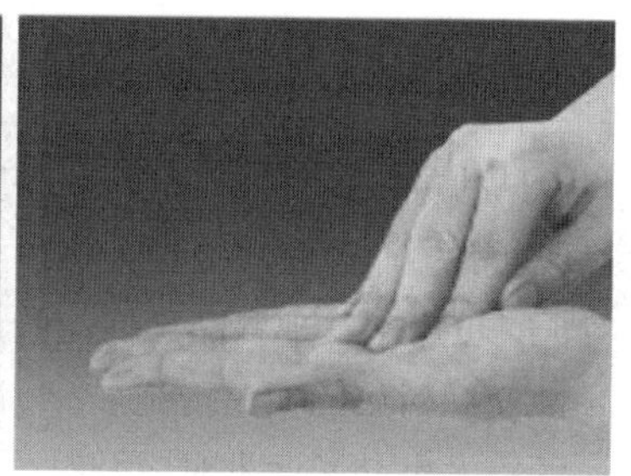

（6）指尖在掌心中搓擦

图3-1　标准洗手方法

（3）洗手消毒的频率

①每次进入车间开始工作前（如打电话、吃东西、喝水、便后）；

②在以下行为之后：上卫生间，接触嘴、鼻子及头皮（发），抽烟，倒垃圾，清洁污物，打电话，系鞋带，接触地面污物或其他污染过的区域；

③加工期间根据不同产品规定，一般每 1～2h 进行 1 次。

2. 卫生间设施与要求

包括所有的厂区、车间和办公楼的卫生间。

（1）卫生间设施　与车间相连接的卫生间，门不得直接朝向车间，配备更衣换鞋设备；数量要与加工人员相适应，每 15～20 人设一个为宜；有手纸和纸篓，并保持清洁卫生；设有洗手设施和消毒设施，有防蚊蝇设施。

（2）要求　通风良好，地面干燥，保持清洁卫生，进入卫生间前要脱下工作服和换鞋；设有洗手消毒设施、非手动开关的水龙头，以便如厕之后进行洗手和消毒。

3. 监控

每天至少检查一次设施的清洁与完好，卫生监控人员巡回监督，化验室定期进行表面样品微生物检验，检查消毒液的浓度。

4. 纠正措施

纠偏检查发现不符合时应立即纠正。可能的纠正措施包括：

（1）修理或补充卫生间和洗手处的洗手用品。

（2）若手部消毒液浓度不适宜，则将其倒掉并配置新的消毒液。

（3）当发现有令人不满意的条件出现时，记录所进行的纠正措施。

（4）修理不能正常使用的卫生间。

5. 记录

（1）洗手间、洗手池及卫生间设施的状况。

（2）消毒液浓度记录。

（3）纠正措施记录。

（五）防止食品被外部污染物污染

在食品加工过程中，食品所有接触表面的微生物、化学品及物理的物质污染，如食品企业经常用到的杀虫剂、清洁剂、消毒剂、润滑油等有毒化合物以及生产过程中产生的一些污物和废弃物，如地板污物、下脚料、冷凝物等，统称为外部污染物。如何避免食品被外部污染物污染是一项十分重要的工作。

1. 污染物的来源

（1）物理性污染物　包括无保护装置的照明设备的碎片、天花板和墙壁的脱落物，工器具上脱落的漆片、铁锈，竹木器具上脱落的硬质纤维，头发、珠宝、首饰、石块、纸屑等。

（2）化学性污染物　润滑剂、清洁剂、杀虫剂、燃料、消毒剂等化学药品的残留。

（3）微生物污染物　被污染的水滴和冷凝水、溅起的污水（清洗工器具和设备的水、冲洗地面的水、其他已污染的水直接排到地面溅起的水滴等）、空气中的灰尘、颗粒、外来物质、地面污物、不卫生的包装材料、唾液、喷嚏等。

2. 预防与控制

（1）工厂在最初的设计上应考虑外部污染问题　车间对外要相对封闭，正压排气，加工状况应该考虑人流、物流方向、通风控制问题。

（2）包装物料与储存库　包装物料要专库存放，储存库应干燥、清洁、通风、防霉、防虫、防鼠，内外包装要分别存放，上有盖布下有垫板。内包装材料进厂要进行微生物检测，细菌数<100CFU/cm^2，致病菌不得检出。

（3）冷凝水问题　这是多数食品工厂普遍存在的问题，它可以导致外部污染。解决的办法：①良好的通风，进风量要大于排风量，防止管道形成冷凝水；②控制车间温度并尽量缩小温差，如冬天应将送进车间的空气升温，减少冷凝水的形成；③将热源如蒸柜、漂汤、杀菌等单独设房间，集中排气，防止形成水滴；④顶棚应呈圆弧形，防止水滴滴落。

（4）贮存库要保持卫生　异味产品、原料与成品要专库存放。车间内使用的消毒剂要专柜存放，专人保管并做好标识，对工具消毒后要用清水冲洗干净，以防消毒药液残留。

（5）物理性外来杂质的控制　①天花板、墙壁使用耐腐蚀、易清洗、不易脱落的材料；②生产线上方的灯具应装有防护罩；③加工器具、设备、操作台使用耐腐蚀、易清洗、不易脱落的材料；④禁用竹木器具；⑤工人禁戴耳环、戒指等饰品；⑥不得涂抹化妆品，头发不得外露。

（6）化学性外来杂质的控制　①加工设备上使用的润滑油必须是食品级润滑油；②有毒化学物应正确标识、保管和使用；③在非产品区域使用有毒化合物时，应采取相应保护措施使产品不受污染；④禁用没有标签的化学品。

3. 监控

监控任何可能污染食品或食品接触面的外部污染物，如潜在的有毒化合物、不卫生的水（包括不流动的水）和不卫生的表面所形成的冷凝物，建议在开始生产时及工作过程中每4h检查1次。

4. 纠正措施

（1）除去不卫生表面的冷凝物。

（2）调节空气流通和车间温度以减少凝结。

（3）安装遮盖物，防止冷凝物落到食品、包装材料及食品接触面上。

（4）清除地面积水、污物。

（5）评估被污染的食品。

（6）加强对员工的培训，纠正不正确的操作。

（7）丢弃没有标签的化学品。

5. 记录

每日卫生控制记录。

（六）正确标示、存放和使用各类有毒有害化合物

大多数食品加工企业使用的有毒有害化合物包括：灭鼠剂、杀虫剂、润滑剂、洗涤剂、消毒剂、实验室药品、食品添加剂等，必须按照产品说明书使用，正确标记、安全储存，否则会使企业加工的食品有被污染的风险。同时，还必须遵照执行与这些物质的应用、使用、暂存相关的法律法规。

1. 有毒化合物标记和储存

（1）企业应对其储存和使用的有毒有害化合物编写一览表，以便于检查。

（2）使用的各种有毒有害化合物必须有主管部门批准的生产、销售、使用说明，以及其主要成分、毒性、使用剂量、注意事项与正确使用方法等方面的证明或说明。

（3）所有有毒有害化合物必须在单独的区域储存，储存柜要带锁以防止随便乱拿，同时

还须设有警告标示。如食品级化学品与非食品级化学品分开存放，清洗剂、消毒剂、杀虫剂分开存放，一般化学品与剧毒化学品分开存放。

（4）所有有毒有害化合物必须正确标识，且要保持标识清楚，并标明有效期，保存使用登记记录。

（5）所有有毒有害化合物必须由经过专业培训的人员使用和管理。

2. 有毒化合物的使用管理

（1）制定化学物品进厂验收制度和标准，建立化学物品进厂验收记录。

（2）建立化学物品台账（入库记录），以一览表的形式标明库存化学物品的名称、有效期、毒性、用途、进货日期等。

（3）工作容器的标签应标明：容器中的化学品名称、浓度、使用说明和注意事项。

（4）建立化学物品领用、核销记录。

（5）建立化学物品使用登记记录，如配制记录、用途、实际用量、剩余配置液的处理等。

（6）制定化学物品包装容器的回收、处理制度，不得将盛放过化学物品的容器用来包装食品。

（7）对保管、配制和使用化学物品的人员进行必要的培训。

（8）加强对化学物品标识、储存和使用情况的监督检查，发现问题及时纠正。

3. 监控

监控内容应包括标识、储存及使用过程。应经常检查确保符合要求，建议 1 天至少检查 1 次，加工者在一整天的操作过程中——从开工前到加工及卫生活动过程中，要时刻注意有毒化合物的使用。

4. 纠正措施

对不符合要求的情况要及时纠正，及时处理有毒化合物以避免其对食品、辅料、食品接触面或包装材料的潜在污染。下面列出了几种纠正措施：

（1）转移存放不正确的有毒有害化合物。

（2）标签不全的化学物质应退还供应商。

（3）对于不能正确辨认内容物的工作容器应重新标识。

（4）不适合或已损坏的工作容器弃之不用或销毁。

（5）评价不正确使用有毒有害化学物质所造成的影响，并采取相应措施，包括销毁食品。

（6）加强员工培训以纠正不正确的操作。

5. 记录

设有进货、领用、配制记录及有毒化学物质批准使用证明、产品合格证。

（七）食品加工人员的健康卫生控制

食品加工人员的健康及卫生状况直接影响产品卫生质量，甚至可能造成疾病的流行。我国《食品安全法》规定：凡从事食品生产的人员必须经体检合格获有健康证方能上岗，并且每年要进行一次体检。

1. 食品加工人员的健康卫生要求

（1）员工上岗前应进行健康检查，发现有患病症状的员工，应立即调离食品工作岗位，并进行治疗，待症状完全消失，并确认不会对食品造成污染后才可恢复正常工作。

（2）食品加工人员不能患有以下疾病，包括病毒性肝炎、活动性肺结核、肠伤寒及其带菌者、细菌性痢疾及其带菌者、化脓性或渗出性脱屑皮肤病患者、受外伤未愈合者等。

（3）对加工人员应定期进行健康检查，每年至少进行一次体检。此外食品生产企业应制定有体检计划，并设有健康档案。

（4）生产人员要养成良好的个人卫生习惯，按照卫生规定从事食品加工工作，进入加工车间更换清洁的工作服、帽、口罩、鞋等，不得化妆、戴首饰、手表等，尽量避免咳嗽、打喷嚏等会污染食品的行为。

（5）食品生产企业应制定卫生培训计划，定期对加工人员进行培训，并记录存档。

2. 监控

在上班前或换班时观察员工是否患病或有外伤感染的情况，出现可疑症状应立即向主管人员报告处理。

3. 纠正措施

患病人员调离生产岗位直至痊愈。

4. 记录

（1）健康检查记录。

（2）每日卫生检查记录。

（3）出现不满意状况和相应纠正措施记录。

（八）虫害、鼠害的防治

苍蝇、蟑螂、鸟类和啮齿动物等常携带病原菌和寄生虫，例如沙门氏菌、葡萄球菌、肉毒梭菌、李斯特菌和寄生虫等。通过虫害传播的食源性疾病较多，且会直接消耗、破坏食品并在食品中留下粪便、毛发等污物。因此虫害、鼠害的防治对食品加工至关重要。

1. 防治计划

企业要制订详细的厂区环境清扫消毒计划、定期对厂区环境卫生进行清扫，特别注意不留死角。制定灭鼠分布图，在厂区范围甚至包括生活区范围进行防治。防治重点：厕所，下脚料出口，垃圾箱、原料和成品库周围和食堂。

2. 防治措施

（1）清除害虫、老鼠孳生地及诱饵。

（2）采用风幕、水幕、纱窗、黄色门帘、挡鼠板、返水弯等预防虫、鼠进入车间。

（3）厂区采用杀虫剂，车间入口用灭蝇灯灭害虫，用粘鼠胶、鼠笼、灭鼠药（非烈性）。

3. 检查和处理

害虫控制检查内容通常包括以下方面：

（1）是否已清除地面杂草、灌木丛、垃圾等。

（2）地面是否有吸引害虫的脏水。

（3）是否有足够的“捕虫器”，是否进行了良好的保护和维护。

（4）有没有家养或大的野生动物存在的痕迹（包括但不限于狗、猫）。

（5）门窗是否关闭且密封并能阻止害虫或污染物的入侵。

（6）窗户有没有防止害虫进入的帘子，并维护良好。

（7）是否存在超过 0.6cm 的可使啮齿类动物和昆虫进入的洞口。

（8）排水道是否清洁干净，且是否存在吸引啮齿类动物和其他害虫的杂物。

（9）是否存在充足的干净空间以限制啮齿类动物的活动（从墙到设备之间至少为 15cm）。

（10）排水道的盖子是否保养良好并正确安装。

（11）机器、设备和工器具是否正确进行清洗和消毒处理。

（12）生产线旁是否有适当的空间以便于进行清洁工作。

（13）是否存在能存积食品或其他杂物的、可作为害虫引诱物和藏身地的卫生死角。

（14）黑光灯安装是否合适，是否有合适的光强度来吸引飞虫。

（15）黑光灯捕捉器装置是否定期清洁。

（16）垃圾、废物、杂物等害虫藏身之处是否已清除。

（17）工人橱柜室和休息室是否经过清洗和消毒，是否会吸引啮齿类动物和其他害虫。

（18）是否有啮齿类动物、昆虫、鸟类的迹象，如粪便、毛发、羽毛、啃咬痕迹、啮齿类动物沿墙活动的油迹、尿/氨味。

（19）已观察到的害虫居留处的标记是否已清扫干净，以便于观察害虫新的活动迹象。

（20）是否正确收集、储存和处理废物。

（21）垃圾桶、盆、箱等是否经过正确清洗、消毒。

4. 监控

监控频率根据检查对象的不同而异。对于工厂内害虫可能入侵点的检查，可每月或每星期检查 1 次；对工厂内害虫遗留痕迹的检查，应按照相应 GMP 法规或 HACCP 计划的规定检查，通常为每天检查，也可根据经验来调整监控的频率。

5. 纠正措施

根据实际情况，及时调整灭鼠、除虫方案。

6. 记录

虫害、鼠害检查记录和纠正记录。

第三节 危害分析与关键控制点（HACCP）

一、危害分析与关键控制点的相关概念

（1）危害（hazard） 产生于食品中的、潜在的会危害人体健康的物理、化学或生物因素。

（2）危害分析（hazard analysis） 收集信息、评估危害及导致其存在的条件的过程，由此决定对食品安全有显著意义的危害，这些危害应被列入 HACCP 计划中。

（3）显著危害（significant hazard） 有可能发生并且可能对消费者造成不可接受的危害，有发生的可能性和严重性。

（4）控制（control） 使操作条件符合规定的标准或使生产按正确的程序进行，并满足标准的各项要求。

（5）控制措施（control measure） 能够预防或消除食品安全危害，或将其降低到可接受水平所采取的任何行动或活动。

（6）关键控制点（critical control point，CCP） 可进行控制，并能预防或消除食品安全危害，或将其降低到可接受水平的必需步骤。

（7）关键控制点判定树（CCP decision tree） 通过一系列问题的推理来判断一个控制点是否是关键控制点的组图。

（8）危害分析与关键控制点（Hazard Analysis and Critical Control Point，HACCP） 对食品安全显著危害进行识别、评估以及控制的体系。

（9）HACCP 计划（HACCP plan） 依据预先制定的一套 HACCP 文件，为使食品在生产、加工、销售等食品链各环节与食品安全有重要关系的危害得到控制的程序和步骤。

（10）必备程序（perquisite program） 为实施 HACCP 体系提供基础的操作规范，包括 GMP、SSOP 等，也称前提条件。

（11）流程图（flow diagram） 制造或生产特定食品所用操作顺序的系统表达。

（12）关键限值（critical limit） 与关键控制点相关的、用于区分可接受与不可接受水平的标准值。

（13）操作限值（operating limits） 比关键限值更严格的、由 HACCP 小组为操作者设定的用来减少偏离关键限值风险的参数。

（14）监控（monitor） 为了评估关键控制点是否处于控制中，对被控制参数进行的有计划的、连续的测量或观察活动。

（15）偏差（deviation） 不符合关键限值。

（16）纠偏措施（corrective action） 也称纠偏行动，当关键控制点（CCP）与控制标准不符时，即 CCP 发生偏离时所采取的任何措施。

（17）确认（validation） 验证工作的一部分，指收集和评估证据，以确定 HACCP 计划正常实施时能否有效控制食品安全危害。

（18）验证（verification） 确认 HACCP 计划的有效性和符合性，或 HACCP 计划是否需要修改和重新确认的活动。

（19）步骤（step） 包括原材料，从初级生产到最终消费的整个食品链中的某个点、程序、操作或阶段。

二、 HACCP 的起源与发展

1. HACCP 的起源

HACCP 最初是由美国国家航天局（NASA），陆军 Natick 实验室和美国 Pillsbury 公司在 20 世纪 60 年代为了生产百分之百安全的航天食品而产生的食品安全控制系统。当时，为了尽可能减少风险确保航天食品高度安全，Pillsbury 公司花费大量的人力、物力进行检测，最终产品成本难以接受，并且靠最终的检验控制食品质量并不能防止不合格产品的减少。为解决这一问题，Pillsbury 公司率先提出了通过过程控制食品安全的概念，这就是 HACCP 的雏形。

2. HACCP 的发展

HACCP 诞生之后，在全球食品工业界（包括水产业）得到广泛的认可和推广应用。联合国粮农组织（FAO）和世界卫生组织（WHO）在 20 世纪 80 年代后期就大力推荐并延续至今。HACCP 起源于美国，因此 HACCP 体系最先在美国迅速推广应用。HACCP 在发达国家应用以美国为代表，其发展历程如图 3-2 所示。我国最早对 HACCP 体系的报道见于 1980 年，20 世纪 90 年代以来，HACCP 体系理论逐步被引进。我国 HACCP 的发展与应用情况见表 3-2。

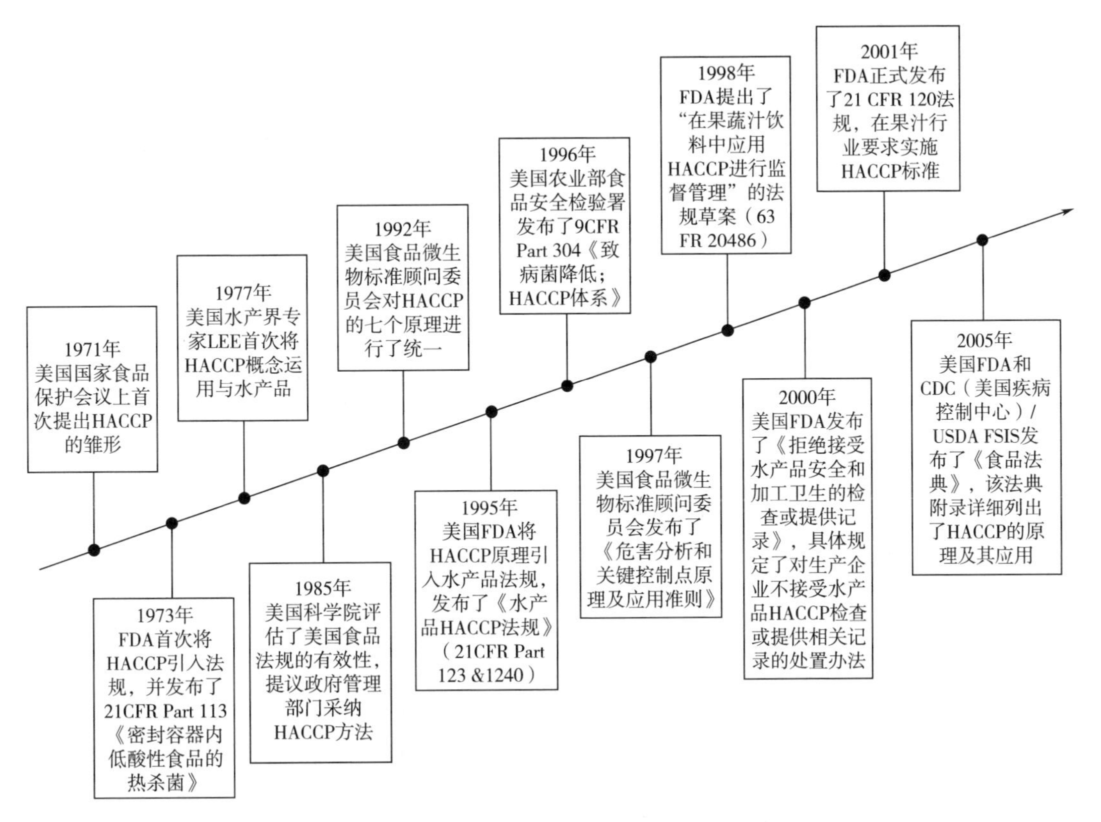

图 3-2　美国 HACCP 的发展历程

表 3-2　　我国 HACCP 发展历程

时间	主要事件
20 世纪 80 年代—1997 年 引入阶段	①20 世纪 80 年代，HACCP 概念受到中国关注； ②1990 年，国家进出口商品检验局组织“出口食品安全工程”的研究和应用计划； ③1997 年，国家商检局派出 5 人专家组参加美国 FDA 举办的首期 HACCP 管理教师培训班，开启中国 HACCP 研究、翻译、培训、推广应用之路
1997—2004 年 应用阶段	①2001 年，国家认证认可监督管理委员会（以下简称国家认监委）成立，承担全国认证认可管理工作。中国第一家 HACCP 认证机构“中国商检总公司 HACCP 认证协调中心”在福州成立； ②2002 年，中国第一个专门针对 HACCP 的行政规章《食品生产企业危害分析与关键控制点（HACCP）管理体系认证管理规定》（国家认监委 2002 年第 3 号公告）； ③截至 2004 年底，国家认监委编写 6 本 HACCP 教材，举办 37 期培训班，指导六类 4000 余家出口食品生产企业，全部建立并实施了 HACCP 体系

续表

时间	主要事件
2004—2012 年 发展提高阶段	①2006 年，国家 HACCP 应用研究中心成立； ②2009 年，《食品安全法》发布，首次推动 HACCP 体系的应用上升到国家法律层面； ③2011 年，《出口食品生产企业备案管理规定》（质检总局第 142 号令）要求所有出口食品企业全面建立基于危害分析的预防控制措施（即 HACCP 体系）； ④在此期间，30 余项以 HACCP 为基础的 GB/T 22000—2006《食品安全管理体系　食品链中各类组织的要求》系列标准发布并实施
2012 年至今 全面推广阶段	①2012 年，美国发布《食品企业 HACCP 法规（草案）》（21 CFR Part 117）要求所有在美销售的食品企业全面建立实施 HACCP 体系； ②2012 年，国家认监委通过推行出口食品企业备案与 HACCP 认证联动监管，探索出口食品企业备案核准工作采信第三方 HACCP 认证结果； ③2012 年，推动《全球食品安全倡议》（GFSI）对中国 HACCP 标准的对标工作，将我国的 HACCP 制度推向国际，实现“一处认证，处处认可”

三、 HACCP 的特点

1. 预防性

HACCP 体系是一种控制食品安全的预防性体系，而不是反应性体系。它要求组织在体系策划阶段，就对产品实现过程各环节可能存在的生物、化学或物理危害进行识别和评估，从而有针对性地对原料提供、加工过程、终产品储存直至消费进行全过程安全控制，它改变了传统的以终产品检验控制食品安全的管理模式，由被动控制变为主动控制。

2. 灵活性

HACCP 体系的灵活性体现在它适用于任何食物链上食品危害控制。食品链中的组织可包括：饲料生产者、初级食品生产者，以及食品生产制造者、运输和仓储经营者，零售分包商、餐饮服务与经营者（包括与其密切相关的其他组织，如设备、包装材料、清洁剂、添加剂和辅料的生产者），也包括相关服务提供者。危害控制措施根据企业产品特点、生产条件具体问题具体分析。

3. 专业性

HACCP 体系具有高度的专一性和专业性，HACCP 小组成员须熟悉产品工艺流程和工艺技术，对企业设备、人员、卫生要求等方面全面掌握，专业娴熟。HACCP 小组整体上具备建立、实施、保持和改进体系所需的专业和管理水平。

HACCP 的专业性还体现在对一种或一类食品的危害控制，没有统一的模式可以借鉴，由于食品生产企业的产品、管理状况、生产设备、卫生环境、员工素质等方面的不同，每个企业针对自己的特点，进行危害分析和控制。

4. 有效性

HACCP 体系的有效性是以体系的预防性和针对性为基础的。自 20 世纪 60 年代 HACCP 概念产生以来，HACCP 体系经过很多国家的应用实践证明是有效的。美国 FDA 认为在食品危害控制的有效性方面，任何方法都不能与 HACCP 相比。其次，该体系的应用不是一成不变的，它鼓励企业积极采用新方法和新技术，不断改进工艺和设备，培训专业人员，通过食品链上沟通，收集最新食品危害信息，使体系持续保持有效性。

四、 HACCP 体系的基本原理

原理 1：进行危害分析

对食品原料的成分、原材料的生产、食品的加工、贮运、消费等各阶段进行分析，确定各阶段可能发生的危害及这些危害的程度，并提出相应的控制措施。危害包括物理性危害（如玻璃碴、金属屑、石块等）、化学性危害（如农药、重金属、毒素等）和生物性危害（如微生物、寄生虫、病毒等）。

原理 2：确定关键控制点

根据原理 1 提出的危害分析和预防控制措施，找出食品加工制造过程中可被控制的点、方法或程序。关键控制点可以使用 CCP 判断树来确定（图 3-3）。通过控制这些关键控制点来防止、消除食品生产加工过程中的潜在危害或将其降低到可接受水平。这包括整个食品生产加工过程，从原料、加工、运输到消费者食用。这个控制点是指危害能被控制或消除的点，如加热、制冷、包装和金属探测。

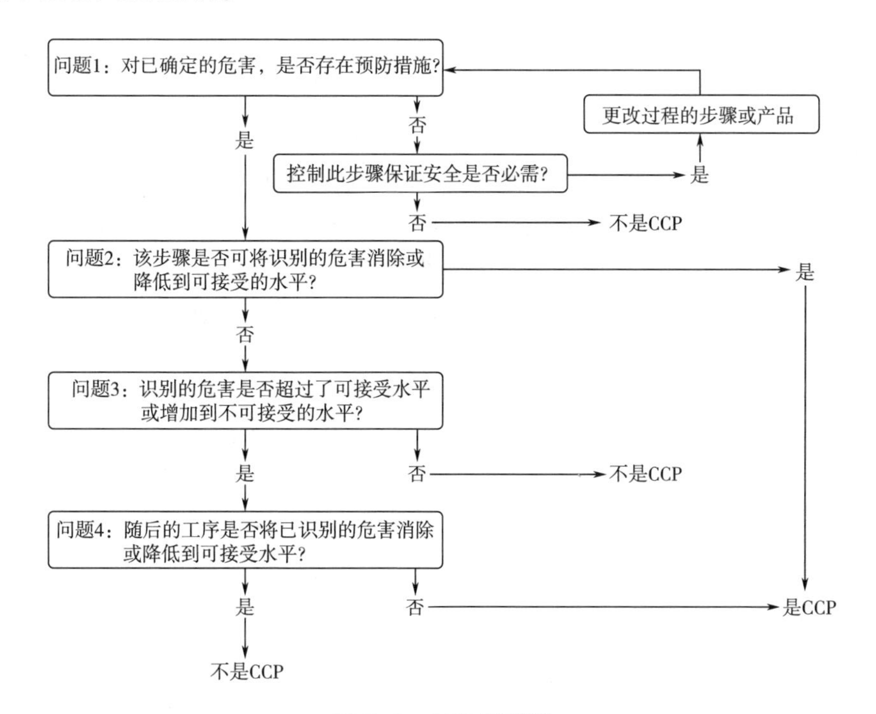

图 3-3　CCP 判断树

原理3：建立关键控制点限值

在关键控制点上衡量产品是否安全，必须有可操作性的参数作为判断的基准，以确保每个关键控制点可限制在安全范围内。良好的关键限值应具备：直观、易于监测、不违背法规、不能打破常规等特点。常见的关键限值是一些参数，如温度、时间、pH、水分活度等。

原理4：建立监控程序

监控程序应尽量用各种物理及化学方法对关键控制点进行有计划的连续观察或监测，以判断关键控制点是否超出关键限值，并做好准确记录，作为进一步评价的基础。

原理5：建立纠偏措施

当某个关键控制点失去控制应采取相应的纠偏措施。虽然HACCP体系已经包括了避免关键控制点出现偏差的措施，但总体来说，保护措施应该包括对针对每个关键控制点的纠偏措施，以便发生偏差时能及时纠正，使其回到正常状态。例如，若产品的加热温度未达到最低要求值就必须重新加工或销毁。

原理6：建立验证程序

用来确定HACCP标准是否按照HACCP计划正常运转，或者计划是否需要进行修改，以及再被确认生效使用的方法、程序、检测及审核手段。例如，检测温度和时间记录的装置，以确认加热过程正常运行。

原理7：建立记录保存程序

企业在实行HACCP标准的全过程中，必须有大量的技术文件和日常的监测记录，这些记录应是全面的，记录应包括：CCP监控控制记录、采取纠正措施记录、验证记录（包括监控设备的检验记录、最终产品和中间产品的检验记录）、HACCP计划以及支持性材料（HACCP计划、HACCP小组成员以及其责任、建立HACCP的基础工作、有关科学研究实验报告以及必要的先决程序GMP、SSOP等）。

五、 HACCP体系建立及实施过程

1. 组建HACCP小组

食品生产应确保有相应的产品专业知识和技术支持，以便制定有效的HACCP计划。因此，HACCP小组应有具备不同专业的人员组成，包括：生产管理人员、质量控制人员、卫生控制人员、设备维修人员、化验人员等。HACCP小组的职责是：制订HACCP计划，修改、验证HACCP计划，监督HACCP计划实施，撰写SSOP文本，对全体人员进行培训等。

2. 产品描述

应对产品做全面描述，包括产品相关的安全信息，如成分、物理或化学特性（包括水分活度、pH等）、加工方式（热处理、冷冻、盐渍、烟熏等）、包装、保质期、储存条件和销售方法。

3. 确定预期用途和消费者

预期用途应基于最终用户和消费者对产品的使用期望，在特定情况下，还必须考虑易受伤害的消费群体。

4. 建立工艺流程图

工艺流程图应包括该操作中的所有步骤，当HACCP应用于给定操作时，应对该特定操作的前后步骤予以考虑。

5. 验证工艺流程图

工艺流程图的准确性对危害分析十分关键，因此工艺流程图建立以后，HACCP 小组成员必须现场观察生产过程，确保建立的工艺流程图和实际加工流程一致。

六、 HACCP 在超高温灭菌乳生产中的应用实例

（一）相关术语

（1）乳制品　以牛乳等为主要原料加工制成的各种制品。

（2）清洁作业区　半成品储存、充填及内包装车间等清洁度要求高的作业区域。

（3）准清洁作业区　鲜乳处理车间等生产场所中清洁度要求次于清洁作业区的作业区域。

（4）一般作业区　收乳间、辅料仓库、材料仓库、外包装车间及成品仓库等清洁度要求次于准清洁作业区的作业区域。

（5）非食品处理区　检验室、办公室、洗手消毒室、厕所等非直接处理食品的区域。

（二）组建 HACCP 小组

HACCP 小组由各方面的专业人员及相关操作人员组成，并规定其职责和权限，以制定、实施和保持 HACCP 体系。

（三）产品描述

乳及乳制品为一种乳白色的复杂乳胶体，其主要组成部分是水，约占 83%，其中还含有乳糖、蛋白质、脂肪、水溶性盐类和维生素等。超高温瞬时杀菌法（UHT）将乳迅速加热至 130~150℃持续 0.5~2s，可使乳中细菌几乎全部杀灭，因此认为是目前理想的杀菌法。由于纸盒包装的超高温灭菌乳有较长的保质期，因而更受我国城市居民欢迎。超高温灭菌乳的产品描述如表 3-3 所示。

表 3-3　　超高温灭菌乳的产品描述

产品类型：全脂灭菌纯牛乳	加工类别：超高温（UHT）灭菌乳
产品名称	100%纯牛乳
主要配料	新鲜牛乳（与食品标签一致，执行 GB 7718—2011《食品安全国家标准　预包装食品标签通则》）
重要的产品特性	色泽：均匀一致的乳白色或微黄色 滋味、气味：具有牛乳固有的滋味和气味，无异味 组织状态：呈均匀一致液体、无凝块、无沉淀、无正常视力可见异物 理化指标：蛋白质≥2.9g/100g；脂肪≥3.1g/100g；非脂固体≥8.1g/100g 卫生指标：防腐剂不得检出，硝酸盐（以 $NaNO_3$ 计）≤11mg/kg，亚硝酸盐（以 $NaNO_2$ 计）≤0.2mg/kg，黄曲霉毒素 M_1≤0.5μg/kg，商业无菌
预期用途和适宜消费者	普通消费者，乳糖不耐症不宜饮用
主要消费对象、分销方法等	批发、零售

续表

产品类型：全脂灭菌纯牛乳	加工类别：超高温（UHT）灭菌乳
使用方法	开启后及时饮用
贮存条件	常温，开启后需冷藏，尽快饮用
包装类型	百利包
保质期	6个月
标签说明	符合国家相关标准
运输销售要求	常温

（四）绘制和确认工艺流程图

1. 工艺流程图

如图3-4所示。

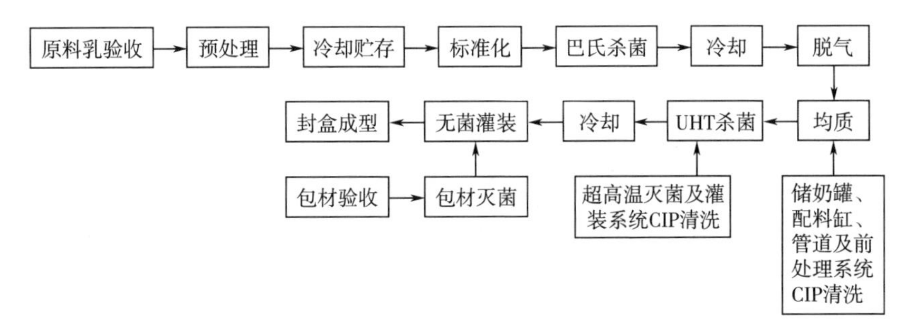

图3-4 工艺流程图

2. 工艺描述

（1）鲜乳接收公司运输人员直接从牧场采收。经检验合格后接收（应符合GB 19301—2010《食品安全国家标准 生乳》），包括相对密度、含脂率、蛋白质含量、抗生素残留检验、掺假掺杂检验等多方面的指标。原料乳在运往乳品厂的过程于0~4℃保存。

（2）进行预处理。主要有以下步骤：

①脱气：加工前原料乳一般气体含量在10%以上。若不脱气则影响分离效果和标准化的准确度。将牛乳预热至68℃后，泵入真空脱气罐，气体则由真空泵排除。

②冷却：用板式热交换器将脱气后原料乳立即冷却至4~10℃，以抑制细菌的繁殖，保证加工之前原料乳的质量。冷却后通往闪蒸罐进行预杀菌。

③离心净乳：用碟式分离机除去密度较大的杂质、减少微生物数量，并使稀奶油和脱脂乳分开。有利于提高制品质量。净乳时乳温在30~40℃为宜，过程中要防止泡沫的产生。

④贮乳：为保证连续生产的需要，乳品厂在生产环节中必须有一定的原料贮存量。一般为生产能力的50%~100%。

⑤标准化：在贮乳罐的原料乳中进行。用全脂奶粉（或脱脂奶粉、稀奶油）调整原料牛乳的理化指标，使其符合国标规定。

⑥巴氏杀菌：为了防止乳在后续的贮存中微生物的繁殖造成危害，进行巴氏杀菌处理，在

75~85℃下，保温15~16s。

⑦均质：均质在均质机内进行。经均质后脂肪球被打碎变小，其直径可控制在1~2μm，提高了产品的稳定性，并且易于消化吸收。为提高效果，均质分两级：一级均质压力为14~21MPa；二级均质时第一段为14~21MPa，第二段为3.5MPa。

⑧杀菌：采用超高温瞬时灭菌，流动的乳液经135℃以上灭菌数秒。

⑨冷却灌装：牛乳经冷却后，被泵入包装机，进行无菌包装。

⑩包装材料接收：用清洁、密封和保养良好的车辆运输，经HACCP办公室会同车间检验合格后，指定批号分别存放于干燥的物料仓库内。

⑪包装材料贮藏：包装材料按内包装和外包装材料分别存放在物料包装仓库内，加盖塑料薄膜以防止包装材料受到污染。

⑫装箱、入库：产品按客户要求装入外纸箱内并封箱；外纸箱上标明产品生产的日期、企业代码和批号。包装完毕，成品送入成品冷藏库，按规格、批号分别堆垛。

⑬运输、销售：所有货物装箱装运前应检查车厢内是否清洁卫生。运输、销售过程中储存在阴凉干燥处。

（五）乳和乳制品的危害分析

乳与乳制品的不安全因素一方面来源于乳牛的饲养过程，包括乳牛的饮用水、饲料、饲养环境和乳牛的卫生，另一方面来源于乳制品生产过程，包括原料乳的卫生质量、生产过程有害的添加物质、生产用水和生产设备的卫生等。按照危害性质，可分为生物性危害、化学性危害和物理性危害。

1. 产品特性的危害分析

乳品的危害主要来源是微生物，而给人类带来健康危害的微生物主要是致病菌。乳品中常见的微生物种类主要有：乳酸菌、肠内细菌、低温菌群、芽孢杆菌以及球菌类。此外，乳品中还可能存在酵母菌、放线菌、霉菌、结核杆菌、布鲁氏菌、李斯特氏菌等。

一些调查表明乳制品中存在较为严重的抗生素残留。

根据对产品特性的分析，乳与乳制品的重要卫生指标为微生物指标和抗生素残留指标。

2. 饲养过程的危害分析

（1）乳牛的饮用水与饲料中的危害种类主要有以下3类。

①微生物危害：有害细菌、产毒霉菌；

②化学危害：有机污染物、农药残留、兽药残留、重金属、其他有毒有害成分；

③物理危害：包括各种外来物质。饲料中物理性危害可能来源于被污染的材料、设计或维护不好的设施和设备、加工过程中不当的操作。物理危害的异物主要有玻璃、金属、石头、塑料、骨头、笔尖、纽扣、珠宝等。

（2）饲养环境涉及微生物污染、化学性危害等。

（3）乳牛的卫生　乳牛的健康会对乳制品的卫生质量产生影响。患病的乳牛，部分病原菌可能直接由血液进入乳中，如患结核病、布鲁氏菌病时，有可能从乳中排出细菌，尤其是在患乳房炎的乳牛所产乳中，微生物的含量很高。

3. 原料乳的危害分析

（1）生物性危害　主要是如前所述的常见的微生物造成的。

（2）化学性危害　主要包括抗生素残留、农药残留及其他有害化合物等。镉、铅、汞以及类金属砷等重金属污染物污染饲料，以及苯并芘、游离棉酚、二噁英等环境污染物随饲料进入乳牛体内，会在乳制品中造成相应的残留，与焚化炉邻近的牧草饲养的奶牛样品含较高水平的二噁英。饲料变质残留物造成牛中黄曲霉毒素 M_1 污染危害。

（3）物理性危害可能会有金属、砂石、塑料等混入。表 3-4 为超高温灭菌乳原料和包装材料的危害分析。

表 3-4　　超高温灭菌乳原料和包装材料危害分析表

配料及加工步骤	潜在危害	潜在危害是否显著	判断依据	防止显著危害的预防措施	是否为CCP
原料乳验收	生物性：病原性微生物、致病菌	是	①牛奶本身含微生物； ②挤奶、贮存、运输过程微生物污染并繁殖； ③病牛挤奶导致乳中含致病菌	①选择合格供应商：现场考察奶牛的育种、饲养、免疫等整个生产操作过程均符合规范、法规要求； ②挤奶过程符合卫生要求，牛奶贮运设施、温度、时间符合要求； ③验收原料检验合格证； ④每车原料乳经检验合格接收，验后迅速冷却 4℃以下； ⑤后工序杀菌工艺杀灭原菌	是
	化学性：抗生素、农药、硝酸盐、亚硝酸盐、重金属残留、蛋白质变性	是	①奶牛摄入不合格饲料和水或用药后处在药物作用周期，使奶中残留污染物； ②微生物产生的某些代谢产物对牛奶成分起化学作用造成蛋白质变性	①选择合格的固定的供应商； ②索取原料乳的检验合格证； ③抽样检验新鲜度、抗生素、酸度、杂质等指标	是
	物理性：异物，如杂草、牛毛、乳块、昆虫、灰尘等污染	是	挤奶后处理不当混入异物	①挤奶过程按标准操作，车间有防蝇防虫措施； ②净乳机过滤	否
	生物性：细菌	是	生产管理、运输、贮存不当	①后工序包材灭菌工艺杀灭致病菌； ②选择质量稳定供应商； ③索取每批包材的检验合格证并加收检验	否

续表

配料及加工步骤	潜在危害	潜在危害是否显著	判断依据	防止显著危害的预防措施	是否为CCP
包材验收	化学性：有机物，异味	是	生产管理不当造成污染物残留	①选择产品质量稳定的包材材料生产厂； ②索取检验合格证并接收检验	否
	物理性：膜的薄厚、避光性、印刷图案清晰度不符合要求	是	不合格的包装材料	①接收检验； ②后工序车间操作工及时反馈膜的质量稳定性	否

4. 生产过程到销售环节危害分析

牛乳中嗜冷菌、嗜热菌、芽孢菌、致病菌及其他微生物如蛋白分解菌、脂肪分解菌、酵母菌、霉菌等，随着牛乳被挤出、贮存、运输，包括杀菌后工艺过程中的污染，会广泛存在，以致对终产品造成危害。

沙门氏菌、致病性大肠菌、结核菌、李斯特氏菌等致病菌会引起食物中毒或感染疾病；嗜冷菌产生的耐热孢外蛋白酶、脂肪酶在乳中残留，最终导致产品有苦味、结块分层；芽孢菌残留在乳中的芽孢最终导致产品在贮存期发生酸包、胀包等。

乳制品在加工过程中可能发生污染。尤其是乳中耐热菌能耐过巴氏杀菌而继续存活。在杀菌及保温过程中，如果沾染了嗜热性酵母菌，可能有潜在危险性。

表3-5对超高温灭菌乳生产过程的危害进行了分析。根据危害分析结果，确定关键控制点，提出了预防与控制措施。

表3-5　　超高温灭菌乳生产过程危害分析表

配料及加工步骤	潜在危害	潜在危害是否显著	判断依据	潜在危害的预防措施	是否为CCP
储奶罐、配料罐、管道及前处理系统CIP清洗	生物性：细菌等微生物	是	不适当的清洗造成设备、管道中细菌残留	①清洗用水应符合生活饮用水的规定（GB 5749—2022《生活饮用水卫生标准》）； ②通过既定的CIP程序清洗、消毒，控制酸碱液浓度、温度、压力、清洗时间； ③控制清水清洗时间、pH	是
	化学性：清洗剂	是	不适当的清洗造成设备、管道中清洗剂的残留	通过既定的CIP程序清洗、消毒、控制酸碱液浓度、温度、压力、清洗时间	是

续表

配料及加工步骤	潜在危害	潜在危害是否显著	判断依据	潜在危害的预防措施	是否为CCP
	物理性：无	否	—	—	否
净乳	生物性：细菌	是	不适当的清洗造成设备、管道中的细菌的残留	通过既定的 CIP 程序清洗、消毒	否
	化学性：清洗剂等	是	不适当的清洗造成设备、管道中清洗剂的残留	通过既定的 CIP 程序清洗、消毒	否
	物理性：杂草、乳块、泥土等	是	不适当的工艺造成机械杂质残留	①过滤器过滤； ②离心机定时排渣； ③抽样检验净乳效果，杂质度≤1.5mg/kg	否
冷却	生物性：细菌	是	①不适当的冷却温度、时间导致细菌繁殖； ②不适当的清洗造成设备、管道中的细菌残留	①控制冷却过程的时间和冷却后牛乳的温度； ②通过既定的 CIP 程序清洗、消毒； ③后工序杀菌工艺杀灭致病菌，使病原菌得到有效控制	否
	化学性：清洗剂等	是	不适当的清洗造成设备、管道中清洗剂的残留	通过既定的 CIP 程序清洗、消毒	否
	物理性：无	否			
贮存	生物性：细菌繁殖、产毒	否	①不适当的贮存时间、温度造成细菌的增殖、产毒、产酶和代谢物的污染； ②嗜冷菌繁殖导致细菌总数增加； ③不适当的清洗造成设备、管道中细菌残留	①控制冷藏储存时间、牛乳的温度变化在标准范围内； ②通过既定的 CIP 程序清洗、消毒； ③后工序杀菌工艺杀灭致病菌，使病原菌得到有效控制	否
	化学性：清洗剂	是	不适当的清洗造成设备、管道中清洗剂的残留	通过既定的 CIP 程序清洗、消毒	否

续表

配料及加工步骤	潜在危害	潜在危害是否显著	判断依据	潜在危害的预防措施	是否为CCP
	物理性：环境污染物	是	贮存容器密封不合适带来的环境污染	封闭容器	否
标准化	生物性：细菌	是	①不适当的清洗造成设备、管道中细菌残留； ②标准化时添加物的污染； ③配料时不规范操作造成污染	①通过既定的CIP程序清洗、消毒； ②控制配料时水的温度和配料过程的时间； ③后工序杀菌工艺杀灭致病菌	否
	化学性：清洗剂	是	不适当的清洗造成设备、管道中清洗剂残留	通过既定的CIP程序清洗消毒	否
	物理性：杂质、质量不达标	是	①添加物中带入、混入杂物（如纸屑、纤维等）； ②环境中带入杂质； ③配料不准确	①根据实验结果调整鲜奶质量达标要求； ②按工艺要求将原料奶与辅料混合	否
巴氏杀菌	生物性：细菌	是	①杀菌温度、时间不符合工艺标准造成细菌残留； ②不适当的清洗造成设备、管道中细菌的残留	①严格执行标准工艺； ②通过既定的CIP程序清洗、消毒； ③后工序杀菌工艺杀灭致病菌	否
	化学性：清洗剂	是	不适当的清洗造成清洗剂残留	①通过既定的CIP程序清洗、消毒； ②设备的定期维修保养	否
	物理性：无	否	—	—	否
冷却	生物性：细菌	是	不适当的清洗造成设备、管道中细菌残留	通过既定的CIP清洗、消毒	否
	化学性：清洗剂	是	不适当的清洗造成设备、管道中清洗剂残留	通过既定的CIP清洗、消毒	否

续表

配料及加工步骤	潜在危害	潜在危害是否显著	判断依据	潜在危害的预防措施	是否为CCP
	物理性：无	否	—	—	否
中贮	生物性：细菌增殖、产毒	是	①不适当的储存时间、温度造成细菌的增殖、产毒、产酶和代谢物的污染； ②不适当的清洗造成设备、管道中细菌残留	①控制冷藏储存时间、奶的温度以及变化在标准范围内； ②通过既定的CIP程序清洗、消毒； ③后工序杀菌工艺杀灭致病菌	否
	化学性：清洗剂	是	不适当的清洗造成设备、管道中清洗剂的残留	通过既定的CIP程序清洗、消毒	否
	物理性：环境污染物	是	贮存容器密封不适带来环境污染物	封闭容器	否
脱气	生物性：细菌	是	不适当的清洗造成设备、管道中细菌的残留	通过既定的CIP程序清洗、消毒	否
	化学性：清洗剂等	是	不适当的清洗造成设备、管道中清洗剂的残留	通过既定的CIP程序清洗、消毒	否
	物理性：空气	是	乳中空气含量超标	保证脱气的真空度	否
均质	生物性：细菌	是	不适当的清洗造成设备、管道中细菌的残留	通过既定的CIP程序清洗、消毒	否
	化学性：清洗剂	是	不适当的清洗造成设备、管道中清洗剂的残留	通过既定的CIP程序清洗、消毒	否
	物理性：机油、脂肪球上浮	是	①均质机泄露造成机油混入奶中； ②均质机压力不平稳，压力过小，均质不完全，发生“浮油”影响质量	①设备的定期维修保养； ②均质压力符合工艺要求	否

续表

配料及加工步骤	潜在危害	潜在危害是否显著	判断依据	潜在危害的预防措施	是否为CCP
UHT灭菌及罐装系统CIP清洗	生物性：细菌	是	不适当的清洗造成设备、管道中细菌的残留	①通过既定的CIP程序清洗、消毒，控制碱液及酸液浓度、温度、压力、清洗时间；②控制清水清洗时间、pH	否
	化学性：清洗剂	是	不适当的清洗造成设备、管道中清洗剂的残留	①通过既定的CIP程序清洗、消毒，控制碱液及酸液浓度、温度、压力、清洗时间；②控制清水清洗时间、pH；③后工序杀菌工艺杀灭致病菌及其他微生物	是
	物理性：无	否	—	—	否
UHT系统灭菌	生物性：细菌	是	不适当的杀菌造成设备、管道中细菌等微生物残留	①通过既定的杀菌程序灭菌（温度≥136℃，时间≥30min）；②后工序杀菌工艺杀灭致病菌及其他微生物	是
	化学性：无	否	—	—	否
	物理性：无	否	—	—	否
UHT产品灭菌	生物性：细菌	是	杀菌温度、时间不符合工艺要求使产品中细菌存活并繁殖或导致牛乳褐变	严格执行杀菌工艺要求	是
	化学性：无	否	—	—	否
	物理性：无	否	—	—	否
冷却	生物性：细菌	是	①不适当的杀菌造成设备、管道中细菌的残留；②冷却段系统的泄漏	①通过既定的杀菌程序灭菌（温度≥136℃，时间≥30min）；②监视压力范围，维持系统的正压	否
	化学性：无	否	—	—	否

续表

配料及加工步骤	潜在危害	潜在危害是否显著	判断依据	潜在危害的预防措施	是否为CCP
	物理性：无	否	—	—	否
包材灭菌	生物性：细菌	是	①外来细菌污染；②不适当的包材消毒程序造成包材内表面细菌残留	控制双氧水的浓度、温度、用量、接触时间	
	化学性：双氧水	是	不适当的包材消毒程序造成包材表面消毒剂残留	①监控双氧水用量；②监控热空气温度	是
	物理性：无	否	—	—	否
无菌灌装	生物性：细菌	是	①热空气温度低，没有形成无菌系统；②无菌室压力低使微生物侵入	①报警停机；②对已出产品进行评估；③调整温度、压力符合标准	是
	化学性：无	否	—	—	否
	物理性：无	否	—	—	否
封合成型	生物性：细菌	是	牛乳封口不严密，造成细菌二次污染	监控产品的密封性	是
	化学性：无	否	—	—	否
	物理性：无	否	—	—	否
装箱、入库	生物性：细菌	是	病原菌在适宜条件下繁殖	适宜的贮存时间	否
	化学性：无	否	—	—	否
	物理性：无	否	—	—	否
合格出厂	生物性：无	是	病原菌在适宜条件下繁殖	适宜的贮存时间	否
	化学性：无	否	—	—	否
	物理性：无	否	—	—	否
运输、销售	生物性：无	是	病原菌在适宜条件下繁殖	适宜的贮存时间	否
	化学性：无	否	—	—	否
	物理性：无	否	—	—	否

（六）超高温灭菌乳 HACCP 计划

通过对乳制品的原料和加工过程的危害分析（可以采用 CCP 判断树法），确定的超高温灭菌乳关键控制点为：原料乳验收（生物性和化学性危害）、CIP 清洗系统（贮奶罐、配料缸、管道及前处理系统、超高温灭菌及灌装系统，生物性和化学性危害）、超高温灭菌（生物性危害）、包材灭菌（生物性和化学性危害）、无菌罐装（生物性和化学性危害）、封合成型（生物性危害）。

在确定关键控制点后，要确定各关键控制点的关键限值，建立各关键控制点的监控程序、纠偏措施、记录和验证程序等，制定出超高温灭菌乳的 HACCP 计划表，如表 3-6 所示。

（七） HACCP 体系验证和记录保存

每 1h 由车间检验员负责 CCP 的抽查验证并做记录，每 2h 由品控部抽取成品样，做理化及微生物检验，确认受控情况。每 3 个月由 HACCP 小组对原辅料、监控记录、配方、纠偏措施及监控计量仪器精度记录、成品检验记录、一般卫生管理记录等进行核查以确认系统处于正常运转中。若一段时间出现类似的失控事故，则 HACCP 小组需要重新审查制定管制标准与措施是否得当，并责成相关部门予以修正。

记录的内容包括：原料验收记录、杀菌记录、无菌罐装记录、CIP 清洗记录等。出现失控时的内容、场所、时间、原因及调查结果以及处理方法记录；一般卫生管理的记录：车间设备机械器具消毒记录，包括频率、操作过程及所用时间和当事人等，蚊、蝇、虫、鼠等的防御措施，生产工人的卫生管理等。HACCP 记录至少保留 3 年，由资料室统一管理。

第四节 ISO 22000 食品安全管理体系

国际标准化组织（ISO）一直关注 HACCP 体系，在 2001 年，ISO 开始建立一个可审核的标准，并于 2001 年制定了 ISO 15161《食品与饮料行业 ISO 9000 应用指南》，以加强 ISO 9001 与 HACCP 体系的兼容性。2005 年，ISO 整合食品安全管理普遍认同的相互沟通、体系管理、前提方案和 HACCP 原理 4 个关键要素，制定了 ISO 22000：2005 “食品安全管理体系——食品链中任何组织的要求”，该标准进一步加深了 HACCP 在食品安全管理中的作用，将最新成型的 ISO 22000 推向了发展的顶峰。ISO 22000 标准不仅包含了 HACCP 体系建立的全部内容，而且扩展到对整个食品链中的企业建立食品安全管理体系的要求。该标准由来自食品行业的专家与专门的国际组织和国际食品法典执行委员会密切合作，共同制定。ISO 22000 标准旨在为满足食品链内商务活动的需要，协调全球范围内关于食品安全管理的要求，尤其适用于组织寻求一套重点突出、连贯且完整的食品安全管理体系，而不仅仅是满足于通常意义上的法规要求。ISO 22000 又称食品安全管理体系，英文简称 FSMS。

一、 ISO 22000 标准的产生

近年来，食品安全面临着严峻的形势。首先，食源性疾病不断出现据统计，全球每年约有 1000 万人死于食源性疾病，食源性危害的压力日益增加。其次，环境的破坏、生态的恶化、气候的变暖以及新资源、新技术、新工艺带来的一些食品安全危害因素使食品安全的控制变得

表 3-6 超高温灭菌乳 HACCP 计划

CCP	显著危害	预防措施关键限值	监控					纠偏措施	记录	验证
			对象	内容	方法	频率	人员			
原料验收	生物性 化学性	①微生物指标符合标准； ②抗生素反应阴性；重金属、农药、亚硝酸盐、硝酸盐残留、酸碱度等符合国家标准；酒精试验、掺伪试验达到标准	牛乳	微生物生长 抗生素、重金属、农药残留、硝酸盐、亚硝酸盐残留、酸碱度、掺伪、口味等	微生物检测；化学试验；感官检验；索证	每批	检验员	根据偏离情况处理： ①拒收； ②隔离； ③技术科进一步评价； ④查找原因反馈原奶事业部	供应商提供的相关证明；原料奶检验记录；拒收记录；纠偏记录	质量管理部门定期审查供应商提供的相关证明；定期审查原料奶接收检验记录；成品检验，成品保温实验
储奶罐、配料缸、管道及前处理系统 CIP 清洗	生物性 化学性	清水清洗，碱液清洗（2%～2.5%，90℃以上，10min） 清水清洗，酸液清洗（1.5%～2%，90℃以上，10min），水流量	接触乳的生产设备及管道	清洗时间、酸碱液浓度、温度、流量、压力	测定电导率，测定温度、pH，测定流量	每次	操作工	重新清洗	清洗记录；仪器校正记录	检测清洗液微生物指标，抽样检测产品微生物指标；检测清洗液 pH

UHT灭菌及罐装系统CIP清洗	生物性 化学性	清水清洗，碱液清洗（2%~2.5%，90℃以上，10min），清水清洗 酸液清洗（1.5%~2%，90℃以上，10min），清水清洗，水流量	接触乳生产设备及管道	清洗时间、酸碱液浓度、温度、流量、压力	测定电导率，测定温度、pH，测定流量	每次	操作工	重新清洗	清洗记录；仪器校正记录	检测清洗液微生物指标；抽样检测产品微生物指标；检测清洗液pH
UHT灭菌	生物性	灭菌温度：（140±2）℃，灭菌时间：4s	牛乳	时间，温度	自动温度记录仪；查看机械式温度表；查看流量计显示器	连续 半小时一次	操作工 检验员	根据偏离情况处理： ①隔离产品技术科进行评估产品； ②重新杀菌； ③修复自动回流装置； ④查找原因采取措施	灭菌记录；纠偏记录	抽样检测产品微生物指标；质量部门定期审查灭菌记录

续表

CCP	显著危害	预防措施关键限值	监控					纠偏措施	记录	验证
			对象	内容	方法	频率	人员			
包材灭菌	生物性 物理性	30% ≤ 双氧水浓度 ≤ 50%，70℃ ≤ 温度 ≤ 78℃，用量符合要求	双氧水	双氧水浓度、温度、包材走速	观察双氧水温度、用量情况、包材走速	连续	操作工	根据偏离情况处理： ①重新杀菌； ②报废； ③调整设备到最佳状态	双氧水使用记录；纠偏记录	质量部门定期检查使用记录
无菌罐装	生物性 化学性	热空气温度（360 ± 5）℃，无菌室压力符合规定	热空气，无菌室压力	无菌灌装区域工作期间始终处于无菌状态	监控热空气温度，检测无菌室压力	连续	操作工	根据偏离情况处理： ①报警停机； ②对已出成品评估； ③调整压力； ④调整设备到最佳状态	热空气灭菌记录；纠偏记录	质量部门定期检查记录

封合成型	生物性	封口严密	包装产品	包装产品封口严密性	撕拉实验	开机检查，然后每10min抽取2个检查	操作工 检验员	根据偏离情况处理： ①调整设备到最佳状态； ②隔离产品，评估其安全性； ③报废，另作它用	检查记录；纠偏记录	保温实验；质量部门定期抽检

更加困难。再次，食品方面的技术性贸易壁垒增加，严重阻碍了食品贸易的国际化和全球化。最后，近20年来，以科学的食品安全控制技术、全程监管以及过程控制预防为主的观念、各种良好的操作规范获得大力推行。

食品带来的危害除了威胁生命健康，还可能引起包括治疗、误工、保险赔付和法律赔偿等巨大的经济成本。对此，很多国家已经对食品安全制定了国家标准，而在食品行业里的公司和集团也制定了他们各自的标准或审核他们供应商的程序文件。各国有关食品安全管理的标准不断增多，造成了要求上的混淆、不统一。因此，基于HACCP原理，开发一个国际标准也成为各国食品行业的强烈需求，ISO 22000就是基于这样一个背景下产生的。ISO 22000标准不仅包含了HACCP体系建立的全部内容，而且扩展到对整个食品链中的企业建立食品安全管理体系的要求。该标准由来自食品行业的专家与专门的国际组织和国际食品法典执行委员会密切合作，共同制定。ISO 22000标准旨在为满足食品链内商务活动的需要，协调全球范围内关于食品安全管理的要求，尤其适用于组织寻求一套重点突出、连贯且完整的食品安全管理体系，而不仅仅是满足于通常意义上的法规要求。

二、食品安全管理体系的要点

食品安全管理体系的宗旨是为了确保整个食品链直至消费者的食品安全。

（一）食品安全管理体系的通用性

标准强调了它的通用性，适用于食品链中各种规模和复杂程度的所有组织。直接或间接介入的组织包括但不限于饲料生产者、动物食品生产者、野生动植物收获者、农民、辅料生产者、食品生产制造者、零售商，提供食品服务的组织、餐饮服务者，清洁和消毒服务、运输、储存和分销服务的组织，设备、清洁和消毒剂、包装材料和其他食品接触材料的供应商。

标准允许任何组织实施外部开发的食品安全管理体系内容，包括小型和/或欠发达组织（如小农场，小分包商，小零售或食品服务商）。

（二）食品安全管理体系的原则

食品安全与消费时（由消费者摄入）食品安全危害的存在状况有关。由于食品链的任何环节均可能引入食品安全危害。因此，应对整个食物链进行充分的控制。食品安全应通过食物链中所有参与方的共同努力来保证。标准明确了食品安全管理体系4个关键要素：①相互沟通；②体系管理；③前提方案；④危害分析与关键控制点（HACCP）原理。

标准是在ISO质量管理体系标准通用七项原则的基础上制定的，七项原则是：①以顾客为关注焦点；②领导作用；③全员积极参与；④过程方法；⑤改进；⑥循证决策；⑦关系管理。

（三）过程方法在食品安全管理体系中的应用

本标准采用过程方法，该方法结合了“策划-实施-检查-处置”（PDCA）循环和基于风险的思维。PDCA模式是体现科学认识论的一种具体管理手段和一套科学的工作程序。过程方法使组织能够策划过程及其相互作用。PDCA循环使组织能够确保其过程得到充分的资源和管理，确定改进机会并采取行动。基于风险的思维使组织能够确定可能导致其过程及其食品安全管理体系偏离策划结果的各种因素，采取控制措施以预防和最大限度地降低不利影响。

1. PDCA循环

PDCA循环的简要描述如下：

（1）策划（plan） 建立体系的目标及其过程，规定实现结果所需的资源，识别和应对风险和机遇。

(2) 实施 (do) 执行所做的策划。

(3) 检查 (check) 对过程以及形成的产品和服务进行监视和测量，分析和评估来自监视、测量和验证活动的信息和数据，并报告结果。

(4) 处置 (act) 必要时，采取措施提高绩效。

本标准中，过程方法在两个层面上使用 PDCA 循环的概念（图 3-5）。第一部分涵盖了食品安全管理体系的整体框架（第 4~7 项条款和第 9~10 项条款）。另一个层面（运行的策划和控制）涵盖了第 8 项条款所述的食品安全体系内的过程。因此，两个层面之间的沟通至关重要。

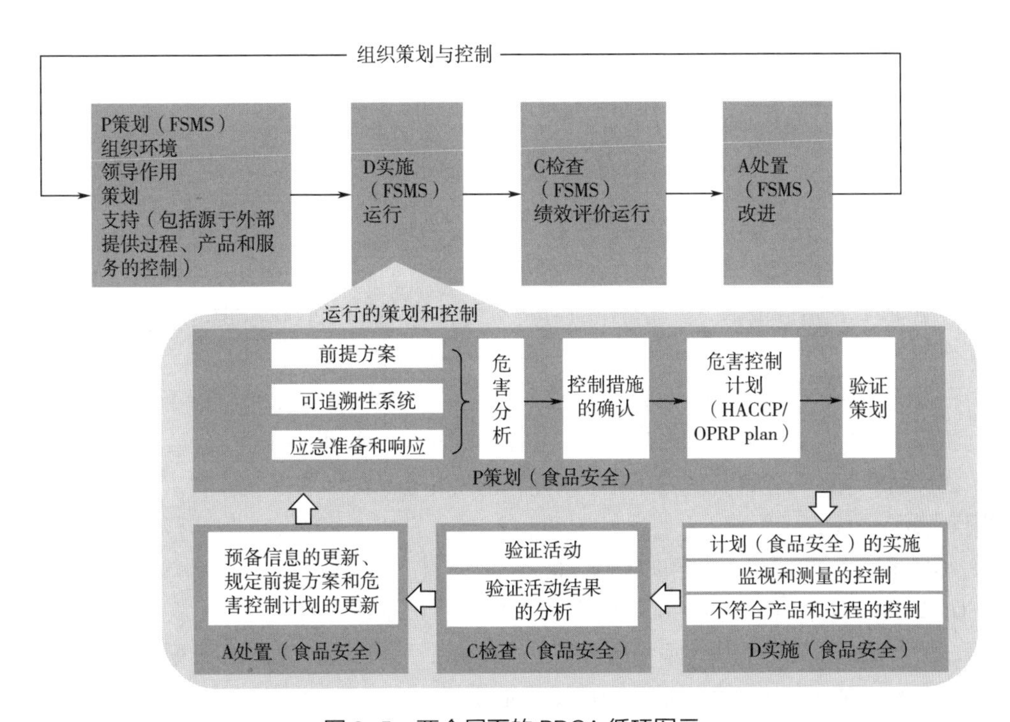

图 3-5 两个层面的 PDCA 循环图示

2. 基于风险的思维

基于风险的思维是实现食品安全管理体系有效性的基础。标准中，基于风险的思考分为两个层次，即组织和运行。

(1) 组织的风险管理 风险是不确定性的影响，不确定性可能有正面的影响，也可能有负面的影响。在组织风险管理的背景下，风险的正面影响可能提供机遇，但并非所有的正面影响均可提供机遇。为满足本标准的要求，组织策划和实施应对风险的措施以应对风险，为提高食品安全管理体系有效性、获得改进结果以及防止不利影响奠定基础。

(2) 危害分析-运行过程 标准中隐含了基于 HACCP 原理的操作层面的基于风险思维概念。HACCP 中的步骤可被视为预防危害或将危害降低到可接受水平的必要措施，以确保消费时的食品是安全的（标准第 8 项条款）。应用 HACCP 时所做的决定应基于科学、不存在偏见及文件化。标准应包括决策过程中的任何关键假设。

3. 食品安全管理体系与其他管理体系标准的关系

标准依据 ISO 高阶结构（High level Structure，HLS）制定。HLS 的目标是改善 ISO 管理体系标准之间的一致性。该标准使组织能够使用过程方法，并结合 PDCA 循环和基于风险的思维，使其食品安全管理体系方法与其他管理体系和支持标准的要求保持一致或一体化。

标准是食品安全管理体系的核心原则和框架，并为整个食品链中的组织规定了具体的食品安全管理体系要求。与食品安全、其他领域的特定说明和/或要求相关的其他指南可与该框架一起使用。

此外，ISO 还开发了一系列相关文件，其中包括：

①前提方案（ISO/TS 22002 系列），用于食品链特定位置；

②审核和认证机构的要求；

③可追溯性。

ISO 还为组织如何实施本标准和相关标准提供有关的指南文件。

三、食品安全管理体系的特点

与 HACCP 相比较，ISO 22000 标准具有下列明显的特点：

1. 标准适用范围更广

ISO 22000 标准适用范围为食品链中所有类型的组织。ISO 22000 标准表达了食品安全管理中的共性要求，适用于在食品链中所有希望建立保证食品安全体系的组织，无论其规模、类型和其所提供的产品，而不是针对食品链中任何一类组织的特定要求。它适用于农产品生产厂商、动物饲料生产厂商，食品生产厂商，批发商和零售商。它也适用于与食品有关的设备供应厂商、物流供应商、包装材料供应厂商、农业化学品和食品添加剂供应厂商、涉及食品的服务供应商和餐厅。

2. 标准采用了 ISO 9000 族标准体系结构

ISO 22000 标准采用了 ISO 9000 标准体系结构，突出了体系管理理念，将组织、资源、过程和程序融合到体系之中，使体系结构与 ISO 9001 标准完全一致，强调标准既可单独使用，也可以和 ISO 9001 质量管理体系标准整合使用，充分考虑了两者的兼容性。

3. 标准采用结合了 PDCA 循环和基于风险的思维的过程方法

标准在建立、实施食品安全管理体系和提高其有效性时采用过程方法，通过满足适用的要求增强安全的产品和服务的生产。将相互关联的过程作为一个体系加以理解和管理，有助于组织有效和高效地实现其预期结果。过程方法包括按照组织的食品安全方针和战略方向，对各过程及其相互作用进行系统的规定和管理，从而实现预期结果。可通过采用 PDCA 循环，以及基于风险的思维对过程整个体系进行管理，旨在有效利用机遇并防止发生不良后果。

4. 标准强调了前提方案、操作性前提方案的重要性

前提方案可等同于食品企业的良好操作规范。操作性前提方案则是通过危害分析确定的基本前提方案。操作性前提方案在内容上和 HACCP 相接近。但两者区别在于控制方式、方法或控制的侧重点并不相同。

5. 标准强调了“确认”和“验证”的重要性

“确认”是获取证据以证实由 HACCP 计划和操作性前提方案安排的控制措施是否有效。

ISO 22000 标准在多处明示和隐含了“确认”要求或理念。“验证”是通过提供客观证据对规定要求已得到满足的认定，证实体系和控制措施的有效性。标准要求对前提方案、操作性前提方案、HACCP 计划及控制措施组合、潜在不安全产品处置、应急准备和响应、撤回等都要进行确认和验证。

6. 标准增加了“应急准备和响应”规定

ISO 22000 标准要求最高管理者应关注有关影响食品安全的潜在紧急情况和事故，要求组织应识别潜在事故和紧急情况，组织策划应急准备和响应措施，并保证实施这些措施所需要的资源和程序。

7. 标准建立了可追溯性系统和对不安全产品实施撤回机制

标准提出了对不安全产品采取撤回手段，充分体现了现代食品安全的管理理念。要求组织建立从原料供方到直接分销商的可追溯性系统，确保交付后的不安全终产品能够及时、完全地撤回，降低和消除不安全产品对消费者的伤害。

ISO 22000：2018 附录中给出了 HACCP 原理和实施步骤与 ISO 22000：2018 标准文件的对应关系（表 3-7）。

表 3-7　　HACCP 原理和实施步骤与 ISO 22000：2018 标准文件的对应关系

HACCP 原理	HACCP 实施步骤		ISO 22000：2018	
预备步骤	组成 HACCP 小组	步骤 1	5.3	食品安全小组
	产品描述	步骤 2	8.5.1.2	原料、辅料和与产品接触材料的特性
			8.5.1.3	终产品特性
	识别预期用途	步骤 3	8.5.1.4	预期用途
	制定流程图 流程图的现场确认	步骤 4 步骤 5	8.5.1.5	流程图和过程描述
原理 1 进行危害分析	列出与各步骤有关所有潜在危害，进行危害分析，并对识别的危害考虑控制的措施	步骤 6	8.5.2	危害分析
			8.5.3	控制措施及其组合确认
原理 2 确定关键控制点（CCP）	确定关键控制点	步骤 7	8.5.4	危害控制计划
原理 3 建立关键限制	建立每个关键控制点的关键限值	步骤 8	8.5.4	危害控制计划
原理 4 建立关键控制点 CCP 的监视系统	建立每个关键控制点的监测系统	步骤 9	8.5.4.3	CCP 和操作性前提方案（OPRP）的监视系统

续表

HACCP 原理	HACCP 实施步骤		ISO 22000：2018	
原理 5 建立纠正措施，以便当监控表明某个特定关键控制点（CCP）失控时采用	建立纠偏行动	步骤 10	8.5.4	危害控制计划
			8.9.2	纠正
			8.9.3	纠正措施
原理 6 建立验证程序，以确认HACCP 体系运行的有效性	建立验证程序	步骤 11	8.7	监视和测量的控制
			8.8	有关前提方案（PRPs）和危害控制计划的验证
			9.2	内部审核
原理 7 建立有关上述原理及其在应用中的所有程序和记录的文件系统	建立文件和记录保持系统	步骤 12	7.5	文件化信息

四、 ISO 22000：2018 标准的结构和内容

ISO 22000：2018 标准的正文部分包括 10 个条款的内容，即范围、规范性引用文件、术语与定义、组织环境、领导作用、策划、支持、运行、绩效评价、改进，此外，标准还包括前言、引言、附录 A 和附录 B。标准的结构如图 3-6 所示。

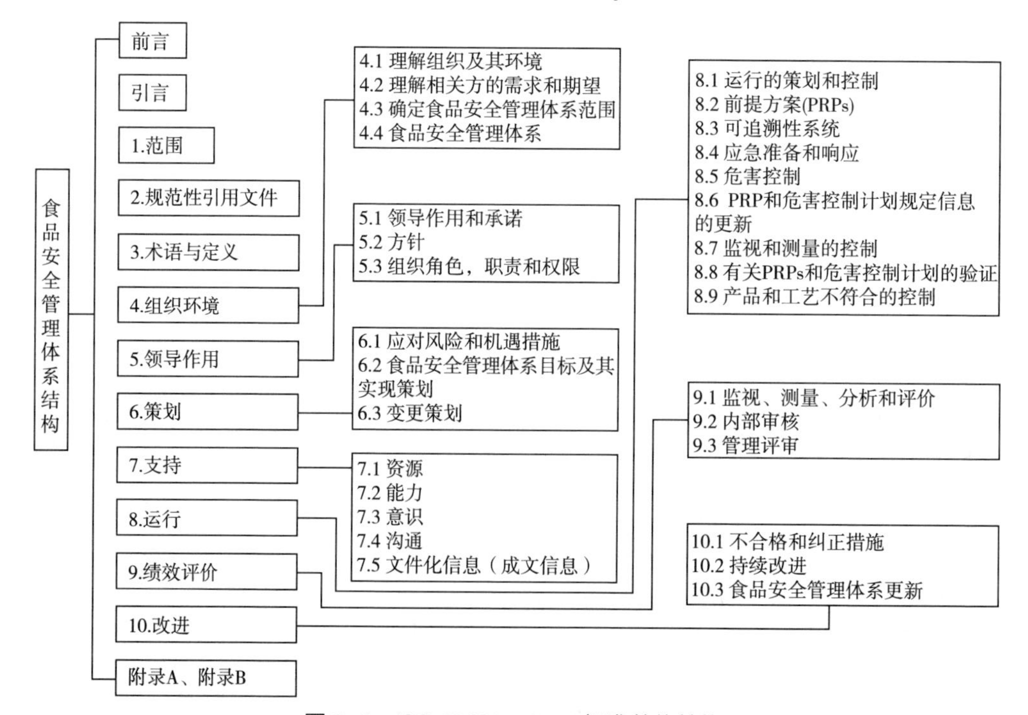

图 3-6 ISO 22000：2018 标准总体结构

ISO 22000：2018 标准的第 4~10 项条款构成了食品安全管理体系的完整要求，共包括 30 个二级条款，可称为基本要素，这些要素相互联系、相互作用构成了两个层面的 PCDA 循环，第一个层面的 PDCA 循环包括正文的第 4~10 项条款，其中第 4~7 项条款构成了食品质量安全管理体系的 P（策划）阶段；第 8 项条款构成了食品质量安全管理体系的 D（实施）阶段，实施组织所制定的策划；第 9 项条款是食品质量安全管理体系的 C（检查）阶段，对食品质量安全管理进行评价；第 10 项条款构成食品质量安全管理体系的 A（处置）阶段，通过体系的评价最后对该质量安全管理体系进行改进和更新。

标准正文第 8 项条款构成了第二个层面的 PDCA 循环，该条款内容基于 HACCP 原理并以前提条件为基础，例如良好操作规范（GMP）、良好卫生规范（GHP）、良好生产规范（GPP）、良好农业规范（GAP）等。第 8 项条款内容中前提方案（PRPs）、可追溯性系统和应急准备和响应、危害分析、控制措施确认、危害控制计划（HACCP/OPRP 计划）和验证策划构成了食品安全的 P（策划）阶段；计划（食品安全）的实施、监视和测量的控制和不符合产品和过程的控制构成了食品安全的 D（实施）阶段；验证活动和验证活动结果分析构成食品安全的 C（检查）阶段；预备信息的更新、规定前提方案和危害控制计划的更新构成食品安全的 A（处置）阶段。

思考题

1. SSOP 主要包括哪些内容？
2. HACCP 的七个原理是什么？
3. 试述 GMP、SSOP、HACCP 和 ISO 22000 之间的关系。

第四章

CHAPTER 4

食品安全风险监测与风险评估

第一节　食品安全风险监测

一、食品安全风险监测的概念和内容

（一）概念

食品安全风险监测是指通过系统地、持续地对食品污染、食品中有害因素以及影响食品安全的其他因素进行样品采集、检验、结果分析，及早发现食品安全问题，为食品安全风险研判和处置提供依据的活动，国家开展食品安全风险监测的目的在于帮助食品安全监管部门掌握国家和地区食品安全状况和食品污染水平、分布及其变化趋势；为开展食品安全风险评估，制定和修订食品安全标准以及其他食品安全相关政策的制定提供科学依据，为风险预警和风险交流工作提供科学信息。它具有系统性和持续性两大特点。

（二）基本内容

1. 食品安全风险监测的对象

食品安全风险监测的对象有三类。一是食源性疾病，包括常见的食物中毒、人畜共患传染病、肠道传染病、寄生虫病等。食源性疾病的发病率居各类疾病总发病率的前列，是全球最突出的食品安全和公共卫生问题。二是食品污染，分为生物性污染和化学性污染两大类。生物性污染是指有害细菌、真菌、病毒以及寄生虫对食品造成的污染；化学性污染是由有害有毒的化学物质对食品造成的污染。三是食品中的有害因素，主要包括食品污染物、食品添加剂、食品中天然存在的有害物质，以及食品加工、保存过程中产生的有害物质。

2. 食品安全风险监测的职责

食品安全风险监测的职责主要是发现食品中的安全风险，确认不安全食品和风险因子。监测项目主要包括健康危害较大、风险程度较高以及污染水平呈上升趋势的项目，易于对婴幼儿、孕产妇、老年人、病人造成健康影响的项目，流通范围广、消费量大的项目，以往在国内导致食品安全事故或者受到消费者关注的项目，已在国外导致健康危害并有证据表明可能在国内存在的项目。食品安全风险监测应包括食品、食品添加剂和食品相关产品。

二、国外食品安全风险监测实施的情况

食品安全风险监测作为政府实施食品安全监督管理的重要手段，承担着为政府提供技术决策、技术服务和技术咨询的重要职能。

目前，国外一些食品安全风险监测实施较好的国家或地区的现状如下：

（一）WHO/FAO

全球环境监测网的食品污染监测与评估规划（通常简称为GEMS/Food）由联合国粮农组织（FAO）、联合国环境规划署（UNEP）和世界卫生组织（WHO）联合计划实施，是一个成功的国际间合作监控范例。WHO承担该计划的实施，GEMS汇编来自不同国家的食品污染及其与人接触的资料数据。

WHO/FAO共同成立了食品法典委员会（CAC）下属的3个国际性专家委员会，即食品添加剂联合专家委员会（JECFA）、农药残留联席会议（JMPR）及微生物风险评估专家会议（JEMRA），分别负责食品添加剂、化学、天然毒素、兽药残留的风险监测与评估、农药残留的风险监测与评估和微生物的风险监测与评估，为CAC决策过程提供所需的科学技术信息。WHO还筹建了一个食品安全的国际官方网络，即国际食品安全当局网络（INFOSAN），INFOSAN主要由两部分构成：一部分是当出现对人的健康和生命安全严重威胁的食品安全紧急状况时的应急体系；另一部分是发布全球食品安全方面重要数据信息的网络体系。

（二）欧盟

欧洲食品安全局（EFSA）是欧盟进行风险监测与评估的主要机构，其评估结果直接影响欧盟成员国的食品安全政策、立法。目前EFSA主要是应欧洲委员会的请求进行风险监测与评估，同时根据新出现的食品安全问题开展一些项目研究。例如，EFSA提出转基因食品和饲料的风险评估指导性文件、鱼中汞问题、食源性致病菌的风险评估中暴露量评估相关的定量方法等项目，为化学物质风险定性定量评估方法奠定了科学基础。

欧盟每个国家都注重建立以参比实验室为依托的检测监测体系，如丹麦建立了一般监测、口岸检验、企业HACCP自检以及饲料、收获、加工、消费者的全程监测体系，调查疾病和疫情传播路径、传播方式。

（三）美国

在风险监测方面，美国建立了包含有食源性疾病主动监测网、法定疾病监测报告系统、公共卫生实验室信息系统、食源性疾病暴发监测系统等在内的食源性疾病监测系统。该系统有较完备的法律及强大的企业支持，它将政府职能与各企业食品安全体系紧密结合，担任此职责的部门主要由健康与人类服务部（HHS）、美国农业部（USDA）、动植物健康监测服务部（APHIS）、环境保护署（EPA）组成，同时海关定期检查、留样监测进口食品。此外，其他部门如疾病控制预防中心（CDC）、国家健康研究所（NIH）、农业研究服务部（ARS）等也有研究、教育、预防、监测、制定标准、对突发事件做出应急对策等责任。

其中，USDA下属的食品安全检验局（FSIS）主管肉、家禽、蛋制品的安全；美国食品药品监督管理局（FDA）则负责FSIS职责之外的对食品掺假、存在不安全因素隐患、标签夸大宣传等现象的管理工作（在美国，若某种食物中的食品添加剂或药物残留未经FDA审查通过，则该食品不准上市销售）；EPA主要维护公众及环境健康，以避免农药造成的危害，加强对宠物的管理；APHIS主要是保护动植物免受害虫和疾病的威胁。由此可见，FDA、APHIS、FSIS、

EPA 运用食品安全法律法规维护食品的安全，从而保护了消费者的身体健康。

三、我国食品安全风险监测现状

我国自 20 世纪 50 年代起，就以原卫生防疫站为基础，开始了食品卫生检验与食物中毒的流行病学调查工作。我国在 20 世纪 80 年代加入了全球环境监测网的食品污染监测与评估规划，成立了 WHO 食品污染物监测（中国）检测中心，与 WHO、FAO 等相关国际组织建立了广泛的联系。卫计委于 2000 年开始建立全国食品污染物监测网和食源性疾病监测网络并逐年扩大。为加强食品安全监管，自 2010 年起至 2013 年，卫生部会同有关部门每年制定国家食品安全风险监测计划并组织实施，初步形成了以国家食品安全风险评估中心和各级疾病预防控制机构为主体的风险监测网络。自 2013 年起，国家食品药品监管总局组织开展了本系统食品安全风险监测工作，制定《食品安全风险监测管理规范（试行）》。

2018 年国务院机构改革后，不再保留国家食品药品监督管理总局，由国家市场监督管理总局负责食品安全监督管理，组织开展食品安全监督抽检、风险监测、核查处置和风险预警、风险交流工作。国家市场监督管理总局和各省、市级市场监督管理部门通过建立自己的食品安全风险信息收集渠道收集如下各种信息：相关部委机构发布的食品安全风险监测和预警信息；省、市和级食品安全监管机构发布的食品监测和抽检信息；各高校、研究机构和质检机构的食品安全研究信息，国内外食品安全相关期刊登载的食品安全信息；国外重要食品安全监管机构发布的食品安全预警和召回信息。

省级以上市场监督管理部门收集这些食品安全信息，并认真分析，找出常见的食品安全风险因素和各类食品的风险因子，特别是未知物或危害后果不明污染物的风险信息，以总结出主要的食品安全风险规律和潜在的风险因子。

根据《食品安全法》第十四条的规定“国家建立食品安全风险监测制度，对食源性疾病、食品污染以及食品中的有害因素进行检测。国务院卫生行政部门会同国务院食品安全监督管理等部门，制定、实施国家食品安全风险监测计划。国务院食品安全监督管理部门和其他有关部门获知有关食品安全风险信息后，应当立即核实并向国务院卫生行政部门通报。对有关部门通报的食品安全风险信息以及医疗机构报告的食源性疾病等有关疾病信息，国务院卫生行政部门应当会同国务院有关部门分析研究，认为必要的，及时调整国家食品安全风险监测计划。省、自治区、直辖市人民政府卫生行政部门会同同级食品安全监督管理等部门，根据国家食品安全风险监测计划，结合本行政区域的具体情况，制定、调整本行政区域的食品安全风险监测方案，报国务院卫生行政部门备案并实施。”

食品安全风险监测计划应符合食品种类风险等级分类分级管理原则，科学合理地确定监测产品品种、监测项目、监测区域、监测频次和样品数量等，并遵循高风险食品监测优先选择原则。以下情况应作为优先考虑的因素：①健康危害较大、风险程度较高以及污染水平、问题检出率呈上升趋势的；②易对婴幼儿等特殊人群造成健康影响的；③流通范围广、消费量大的；④在国内发生过食品安全事故或社会关注度较高的；⑤已列入《食品中可能违法添加的非食用物质和易滥用的食品添加剂品种名单》的；⑥已在国外发生的食品安全问题并有证据表明可能在国内存在的。

同时，其他政府部门例如质检部门、农业部门等也分别就风险监测体系、污染物及食源性疾病监测体系做了进一步完善。国内相关部委乃至同一部委内下属不同级别的机构都形成了食品安全风险监测的理念，体现了各部委对食品安全的高度重视。

第二节 食品安全风险评估

一、风险评估相关概念和特征

（一）概念及定义

食品安全属于公共卫生问题，确保食品安全和保障公众健康是各国政府在公共卫生领域的重要目标。为了减少食源性疾病，提升国家食品安全水平，满足公众日益增长的食品安全需求，各国都需要对食品中各种危害因素带来的健康风险进行相应的科学评估与管理。自1983年美国食品药品监督管理局（FDA）首次在食品安全领域提出风险评估概念后，风险评估框架程序在40多年的发展中不断完善，有关的术语和定义也随之得以完善。

1. 危害

国际食品法典委员会（CAC）将危害定义为“食品中可能产生不良健康影响的化学性、生物性或者物理性因素或状态”。在从农田到餐桌整个食物链中，很多危害因素都可能进入食品（或其原料）中。危害共分为三类：①化学性危害。包括环境污染物（如重金属和持久性有机污染物）、天然毒素、农药兽药残留、食品添加剂、食品接触材料迁移物、过敏原等；②生物性危害。包括食源性致病菌、病毒、霉菌、寄生虫等；③物理性危害。包括碎石、骨头碎片、玻璃碴等机械物，也包括辐射危害。

不同危害因素的来源有所差异。以化学性危害为例，重金属、持久性有机污染物等主要来自环境污染；食品添加剂、农药兽药残留主要来自食品种植养殖、生产加工过程中的外源性投入；生物毒素主要由动植物自身产生或食品中的霉菌/真菌产生；烤肉中的多环芳烃、油炸淀粉制品中的丙烯酰胺主要在加工过程中产生。与化学性危害不同，大部分生物性危害可以在适宜基质的食物链中发生变化。另外，随着食品工业的快速发展和全球食品安全因素的不断变化，新的危害已引起全球的广泛关注，例如，植物油精炼过程中产生的氯丙醇酯和缩水甘油酯，抗生素作为饲料添加剂在食品加工中的使用甚至滥用导致细菌耐药问题等。

工业革命带来的环境恶化使环境（包括食品）中不可避免地存在很多污染物，现代检测技术可以检测出食品中存在的痕量物质。实际上，食品中存在危害因素是不可避免的，完全去除这些危害也是不现实的。从科学上来说，食品中存在危害并不一定会导致健康损害，只要通过相应的措施将危害控制在一定水平以下，造成健康损害的可能性很小。

国际上一些进行化学物风险评估的专业组织对危害还有另外一种定义。以国际化学品安全规划署（IPCS）为代表的组织认为，危害是指生物或者人群暴露于某种因素或状况时，该因素或者状况具有产生潜在不良健康效应的天然属性。与CAC关于危害的定义略有不同，这种定义认为危害是指化学物或者其他因素本身具有的一种属性（如毒性），而不是指化学物或者某种因素本身。按此定义，CAC定义中的危害因素（如单种化学物）可能会有多种危害（如重金属铅可以是生殖毒物和神经毒物）。尽管存在差异，但在开展风险评估或者风险分析时，这种差异一般不会影响风险评估者与风险管理者之间的交流和合作。

2. 风险

风险是指健康损害发生的可能性及其严重程度，其实质是概率性事件。任何风险都是由某种外界因素造成的，只要存在暴露于引起风险的外界因性的可能性，风险就客观存在。对于食品安全风险，其外界因素就是食品中的各种危害。人类赖以生存的各类食品中不可避免地存在很多危害，所以食品安全不存在零风险。

食品安全风险是由毒性和暴露水平构成的函数，其严重程度取决于食品中危害的毒性（或致病力）大小和机体的暴露水平。目前国际上用风险矩阵来直观表示风险的大小及其影响因素。即使毒性很大的危害，但如果暴露水平很低，其产生的健康风险也较低。

食品安全风险通常有三种表现形式，即实际的风险、评估的风险和感知的风险，通常情况下这三种风险形式无法达到完全一致。一方面，风险的本质是一种概率，并不是实际发生的事件，且受多种外界因素影响，一般很难准确发现一种危害的实际风险；另一方面，个体对风险的判断受其知识背景、社会经验，甚至情绪、情感的影响很大，因此对于同一个风险，不同个体感知的风险程度会存在很大差异。而评估的风险是利用科学信息进行科学分析的结果，受信息缺乏以及其他不确定因素的影响，评估的风险无法完全符合实际的风险程度，但却是最科学客观的风险衡量。理想的情形是，科学家评估接近实际的风险，通过风险交流，让不同个体所感知的风险趋于一致。

3. 风险分析

风险分析是一种用来估计人体健康和安全风险，并通过确定采用合适的措施来将人群暴露于某种危害的风险控制在可接受水平的方法。风险分析包含三个部分：风险评估、风险管理和风险交流。目前，这三部分构成的风险分析框架已被国际上普遍用于食品安全问题的处置和管理。

4. 风险评估

风险评估是一个系统利用现有科学数据和信息，计算或估计某种生物或人群遭受一种或多种危害引起健康风险的科学过程。风险评估包含下列四个步骤：危害识别、危害特征描述、暴露评估以及风险特征描述。危害识别是根据现有毒性和作用模式数据，确定一种因素能引起生物或（亚）人群发生不良作用的类型和属性的过程。危害特征描述是定性和定量（如可能）描述一种因素或状况引起潜在不良作用的固有特性，包括剂量-反应评估及其伴随的不确定性。暴露评估是评价一种生物或（亚）人群暴露于某种因素（及其衍生物）的程度。风险特征描述是将暴露评估与危害评估的结果相结合，定性并尽可能定量描述一种因素在具体暴露条件下对特定生物、系统或（亚）人群所产生的不良健康影响的可能性及其不确定性。

5. 风险管理

风险管理是对现有食品安全信息和备选政策措施进行权衡，并且在需要时选择和实施适当的预防和控制措施（包括制定食品安全标准、开展公众教育等）以保护消费者健康的过程。一般情况下，风险管理可以分为四个部分：风险评价、管理措施评估、管理措施实施以及实施后的监控和效果审议。

6. 风险交流

风险交流是风险管理者、风险评估者、消费者、产业界、学术界和其他利益相关方对危害、风险及其相关因素等信息和看法的互动式交流，内容包括对风险评估结果的解释以及风险管理措施的阐释等。

（二）一般特征

风险评估活动一般具有许多相似的基本特征，包括科学性、程序性、独立性、透明性、不确定性等方面。

1. 科学性

风险评估是一种科学活动，由科学家利用科学数据和科学方法开展，因此，科学性是风险评估最显著的特征，充分依据科学数据是风险评估的一个主要原则。实施风险评估的科学家应该客观，无任何个人和学术偏见，不应让非科学的观点或价值因素（例如风险的经济、政治、法律或环境方面）影响评估结果。

2. 程序性

风险评估是一项程序性很强的活动。从美国 FDA 于 1983 年首次提出风险评估概念和程序，到 CAC 在 1993 年采纳风险评估程序，风险评估在发展过程中，逐步固定了实施程序。这种程序性方法也是评估结果科学性的保证。

3. 独立性

独立性是风险评估的另一个特征。这一特征并不意味着科学家在封闭的环境中进行风险评估，不与外界进行互动交流。相反，风险评估者要与风险管理者等利益相关方进行充分沟通。但风险评估活动要独立于风险管理活动，避免后者的干预和影响。风险评估的独立性要求风险评估与风险管理职能分离，这样科学家才能独立于法规政策和价值标准之外，保证风险评估的科学性。

4. 透明性

风险评估过程必须做到公开、透明。活动过程让持不同观点的专家参与讨论，并有清晰记录。有时候，风险评估过程的某些步骤不可避免地需要根据情况运用默认假设，这些假设必须尽可能地保持客观，符合生物学原理，原则上任何假设都要进行公开说明。风险评估报告应经过同行评议，在可能的情况下，也可以让公众参与评议，尤其是当采用了新的科学方法时，外部评议更为重要以进一步增强风险评估的透明度。

5. 不确定性

任何风险评估都很难获得全部所需的理想数据。这种数据缺陷以及生物学或其他模型的局限性，会使科学家在描述风险时存在不确定性，这是风险评估的一个重要特征。风险评估的不确定性来自知识完整性、模型选择、数据测量等多个方面。风险评估者应尽可能清晰地描述不确定性的来源及其对风险评估结果（最好是定量）的影响，风险管理者在基于风险评估结果制定管理措施时也应充分考虑这一特征。

（三）基本原则

开展风险评估应遵循以下原则：

（1）风险评估的目标应当明确。评估目标决定了评估过程中的数据需求、评估方法、模型假设等。

（2）充分依据科学数据。风险评估所采用的数据必须质量良好、具有代表性、来源合理可靠并经过系统的整理。描述性和数字型的数据应当有科学文献或公认的科学方法的支持。

（3）尽可能采用高质量的可利用数据和最优方法以获得适合目标的最佳评估，但是不应追求超过实际需要的复杂性和精确度。

（4）风险评估通常要有一定的保守性（适当高估），评估结果应能保护大多数人群。即在考虑一般的具有平均代表性人群的风险时，也要考虑敏感的亚人群（如婴幼儿、老年人、免疫力低下者、过敏体质者等）和高暴露人群（如食量大的和长期食用某一品牌的人群，即所谓品牌忠诚者）。

（5）应当充分考虑暴露持续时间对健康效应的影响，相应开展急性和/或慢性暴露评估。

（6）评估中应考虑成本-效益的平衡。世界卫生组织（WHO）推荐采用分层的评估方法，采用较少的数据和保守的方法，确保没有低估风险。在初步评估结果不能确保风险处于可接受水平的情况下，再使用更多数据和更精确的方法进行风险评估。

（7）尽量利用现有数据。原则上应当尽量使用现有可得的数据，根据评估的目的和时间要求，基于现有数据得出的评估结果不足以支持管理者做出科学合理决策时再开展额外调查或研究补充数据不足，降低不确定性。

（8）应当充分而详细地描述评估过程中存在的不确定性。当数据存在不确定性时，评估所采用的假设应当倾向于更加保守。

（9）评估过程所采用的数据来源、方法、假设、模型以及不确定性等都应当及时准确地记录在案。

（10）评估前、评估后以及评估过程中都应当与管理者、消费者和业界人员等相关各方充分沟通交流，交流的内容包括评估的目的、所采用的数据来源、方法、假设、模型、评估结果及评估中的不确定性等。

（四）主要作用

食品安全风险分析框架是过去几十年里在国际上逐步发展起来的一种建立在科学之上、有助于合理有效解决食品安全问题的通用程序和方法。目前，风险分析已经在食品安全监管和食品安全问题处置中得到普遍认同和广泛应用，它是制定食品安全标准和解决国际食品贸易争端的重要依据，不仅可以保护公众健康，同时也可以在协调一致的健康保护原则下促进国际食品贸易。

风险评估是风险分析框架中的科学部分，是风险管理活动的科学基础。首先，风险评估结果是制修订食品安全标准的科学依据，从风险管理的角度来说，基于风险评估结果是制修订食品安全标准的基本原则之一；其次，风险评估可以为确定食品安全风险监测和监管重点提供科学依据。一方面，风险监测是风险评估的数据来源之一，风险评估可以将反映食品安全状况的风险监测数据转化成人群的健康风险后果，对于潜在风险较大的危害因素可以在未来制定风险监测计划时重点关注。另一方面，风险评估结果除了反映健康风险程度之外，还可以提供不同人群风险大小以及不同食物风险贡献程度方面的科学信息，这些信息可以为政府确定食品安全重点监管内容和重点关注人群提供重要参考依据。再次，风险评估可以作为评价食品安全管理措施有效性和适用性的重要手段。随着社会模式的变迁以及科学证据的积累，基于当时情形（如食物消费模式）和科学信息（如毒理学数据）制定的食品安全监管措施可能越来越不适用于现代食品工业的发展，甚至不能有效保护消费者健康，此时可以通过开展风险评估来评价这类管理措施的有效性和适用性。最后，风险评估是风险交流工作的重要信息来源。风险交流是在政府、公众、科学家等群体内进行风险相关信息的交流，包括风险大小、来源，如何在政府层面降低风险以及在消费者层面规避风险，而这些信息需要通过风险评估获得。因此，基于风险评估的科学结论，才能在利益相关方之间进行充分、有效的风险交流。

二、食品风险评估分析—膳食暴露评估

膳食暴露评估需要掌握三大类型的基础数据，即食物消费量、食物中化学物含量和人口学数据（包括性别、年龄、地区、体重等）。

（一）食物消费量数据

食物消费量数据反映了个体或群体消费固体食物、饮料（包括水）的数量。食物消费量数据可有多种来源，包括食物消费量调查、食物生产销售统计、文献数据、食品标签标识信息等。选择合适的数据对暴露评估非常关键，因此需要掌握各种来源数据的特点和用途，在评估中根据评估目的、化学物类型、资源可及性等选择合适的数据。

1. 基于个体水平的食物消费量

调查从个体水平上收集到的食物消费量数据是膳食暴露评估的最佳数据，适用于大多数食品化学物的膳食暴露评估。由于调查获得的个体信息全面、食物种类齐全，因此可以灵活使用单个食物或一类食物的消费量，并且对人群灵活分组。个体调查获得的人群消费量分布数据既可用于对消费量低（营养素）或消费量高人群（高食物量消费者）的膳食暴露进行评估，也是开展更复杂的概率风险评估的数据基础。使用个体食物消费量数据的缺点是需要开展较大规模的有代表性的调查，消耗的人、财、物、时间等成本高，地区分组或特殊亚人群（如婴幼儿）的代表性可能不足。食物消费量调查通常能获得对特定人群或个体食物消费量的准确估计，经常使用的食物消费量调查方法包括 24h 膳食回顾法、食物记录法和食物频率法。

（1）24h 膳食回顾法　最常用的食物消费量调查方法，是由经过专业训练的调查员帮助被调查者回忆过去 24h 内各类食物和饮用水的食用情况，包括食物的种类和数量，有时还包括食物来源、食物消费时间和地点等信息。调查通常采用面访的方式，也可通过电话和网络，甚至是由被调查者自主填写，但是后几种方法所得数据不如面访可靠。由于回顾性调查较多依赖于个人的回忆和对食物质量的主观估计，因此需要很好的设计来减少调查偏差。采用连续或不连续的多次 24h 膳食回顾调查有助于获得更准确反映消费者食物消费状况的数据。

（2）食物记录法（也称膳食日志法）　要求被调查者记录或报告一段时期内（通常是 7d、3d 或更少）消费的所有食物和数量以及其他相关信息。为了获取更准确的食物消费量，应尽可能通过称重法或计算容量法来确定，因此所获得结果也比 24h 膳食回顾法更准确。但是也存在着受调查者为减少称量负担而改变饮食习惯的问题。

（3）食物频率法　可以是定量、半定量以及非定量的调查。非定量的食物频率调查没有明确的食物份大小，半定量的食物频率调查规定了食物份的大小。定量的食物频率调查则让被调查者估计各种食物的消费质量。食物频率法得到的数据是否能够有效应用于膳食暴露评估中仍有争议，但是在某些膳食暴露评估工作中有一定的优势，例如食品中微生物评估或者估计那些每天消费量变异很大或食物来源很少的化学物时，食物频率法要比其他方法更准确。食物频率法还可以用来发现完全不食用某些食物的人群，这对于更精确估计长期食用某种食物所带来的健康风险非常有用。

当使用这些个体食物消费量调查数据进行某种化学物的暴露评估时，要根据需要区分两种使用情形。一种是全人群估计，即将人群中所有受调查的个体数据都用于暴露估计，而不管人群是否存在着不食用含有待评估化学物的食物的个体。另一种是某类食物的消费人群（consumer only），即那些食用了含有待评估化学物的食物的亚人群。显然，某类食物消费人群

估计得到的结果会高于全人群估计，特别是含有待评估化学物的食物属于小众食品时，消费人群比例很低。

2. 模型膳食

当缺乏个体食物消费数据或经常需要开展快速筛选评估时，可通过构建模型膳食的方法来解决。所谓模型膳食就是根据已有的食品消费信息构建的，针对被关注暴露人群设计的具有代表性的典型膳食，可以反映一般人群或者特定亚人群的膳食结构，例如澳新食品标准局（FSANZ）针对2岁以下儿童消费量数据缺失的问题，以男性婴儿的推荐能量摄入量为依据，分别构建了3月龄婴儿、9月龄婴儿和12月龄婴儿模型膳食。我国在开展婴幼儿配方乳粉中化学物风险评估时，根据多种品牌配方乳粉的推荐食用量，建立不同月龄婴幼儿的配方乳粉消费模型。该模型仅限于婴幼儿配方乳粉及冲调用水来源的危害物风险评估，未考虑其他婴幼儿辅助食品来源。可见，模型膳食是在数据有限的情况下的一种低成本而实用的人群消费量估计，不足之处是不能给出不同个体间消费量的变异并且当涉及较多的食物时，这种估计的可靠性下降。模型膳食的好坏依赖于构建模型所用的数据和研究假设，因此，在模型应用中要充分了解模型所基于的数据基础和假设情况。目前，在国际水平风险评估活动中，建立有可用于兽药评估的高食物量消费者模型膳食，用于香料评估的单份暴露技术和增份暴露技术、甜味剂替代模型、食品接触材料迁移物评估的模型膳食等。

3. 以人群为基础的食物

食物平衡表中食物消费量和进口量的总和中减去食物出口量和非食用用途的消耗量，粗略地估计一个国家或地区每年食物消费量，再结合人口总数估计出人均食物消费量。由于平衡表中食物消费数据是以原材料和半加工品的形式表示，这些数据适用于化学污染物和农兽药残留的膳食暴露评估，但不适用于食品添加剂的评估。食物平衡表法的优点是数据易于获得，利于国家间的比较和长期趋势的监测；不足是仅反映了食品供应，而不是食物消费，烹调或加工造成的损失、腐败变质、其他方面的浪费以及其他操作引起的变化等均不容易估计，因此是对整个人群食物消费量粗略的过高估计。另外，食物平衡表数据只是对人群平均水平的估计，不能用于估计个体和高暴露人群等亚人群的膳食暴露评估。

4. 以家庭为基础的方法

可以在家庭层面收集关于食物可获得性或食物消费情况的信息，包括家庭的食品原料购买种类和数量、食物消耗量或食品库存变化等。这些数据可用于比较不同社区、地域和社会经济团体的食品可获得性，追踪总人群或某一亚人群的饮食变化。但是，这些数据没有提供家庭中个体成员的食物消费分配信息，在暴露评估中应用不多。

5. 全球环境监测系统/食品污染监测与评估计划（GEMS/FOOD）消费聚类膳食物平衡表

建立了17个GEMS/FOOD消费聚类膳食，共三级分类500个食品种类，代表全球17类不同消费模式地区的人均食物消费情况。GEMS/FOOD消费聚类膳食主要被农药残留专家联席会议（JMPR）和食品添加剂联合专家委员会（JECFA）用来进行国际层面的慢性膳食暴露评估。有关GEMS/FOOD消费聚类膳食更详细的信息可查询WHO网站。

6. 其他数据来源

除上述来源的数据之外，还可以通过查阅其他研究者发表的调查报告或文献获取食品安全风险评估技术程序与应用指南评估中所需要的食物消费量和消费模式信息，但是其调查数据质量和目标人群、食物种类是否符合评估需要都要仔细审查。另外，根据生理需要量或能量需要量也可以对食物和饮用水的合理消费量进行最保守的估计，例如欧盟关于食品包装材料中化学物质迁移的评估模型认为成人每天食物的最高消费量不超过 3kg。当缺乏饮用水的数据时，根据 WHO 饮用水准则，默认成人每天饮用 2L 水。

（二）食物中化学物含量数据

食物中化学物的含量是膳食暴露评估中另一项重要数据。可从多种来源获得食物中的化学物含量数据。在收集和选择食品中化学物的含量数据时，要综合考虑风险评估的目的、待评估化学物的特点、可能涉及的食物种类、数据的可获取性、数据质量等因素。膳食暴露评估通常情况下利用现有的含量数据，必要时也可通过针对性的采样分析来收集或补充数据。

1. 粗略的理论数据

当缺乏食品中化学物的实际含量水平数据或特定目的时，可以采用标准规定的最大残留量（MRL）、限量标准（污染物、天然毒素）、特定迁移限量（食品接触材料中化学物）进行较为保守的估计，也称理论暴露评估，即假设食品化学物含量处在标准规定的限量水平上，也可采用建议的限量值对申请许可上市前的食品化学物进行理论评估。对于食品添加剂、营养强化剂，还可以使用最大使用量、规定使用量或企业调查的实际使用量进行评估，在此情形下假设生产商在食品生产中的使用量完全残留在食品中。因此，使用这些理论数据提供了一种“最坏”情况下的暴露估计，如果在这种“最坏”情况下的暴露仍低于健康指导值，则不需要收集更精确的实际检测数据进一步评估，反之则需要使用实际检测数据以评估更接近实际情况的膳食暴露。

2. 实际检测数据采集

食物样品进行分析检测能够较客观真实地反映化学物在食品中的存在状态和含量水平。针对不同的自有的多种调查检测方法，食品安全风险监测和监督抽检数据、总膳食研究和文献报道的数据适用于各种类型食品中化学物的膳食暴露评估，同时农药兽药残留、环境污染物、天然毒素、营养素和食品接触材料化学迁移物还有其各自特有的含量数据来源。

（1）食品安全风险监测　食品样品大多数来自流通、餐饮环节，通常能较好地反映消费者购买的食品中的化学物浓度。监测数据有两种类型：监督抽检和随机性监测。监督抽检通常是出于执法目的，为了解决某一特定问题（如是否超过国家限量标准）而收集，有时对检测方法灵敏度要求不高，更偏向于发现存在问题的食品，使用时要明确这些数据的代表性。随机性监测主要目的是了解市场上流通的食品中有害因素或营养素的含量水平及其长期变化趋势，为食品安全风险评估积累基础数据，因此对样品代表性和方法的灵敏性都有较高要求，能较好地应用于膳食暴露评估中。

（2）总膳食研究　总膳食研究得出的数据分析了食品加工过程（包括清洗，去除骨、皮、核等不可食部，烹调等）对食品化学物存在状态和含量的影响，反映的是最接近实际消费状态的膳食中的化学物浓度。但是为了在较少资源消耗下获取对较大人群的食品化学物膳食暴露估计，总膳食研究需要对样品进行合并混合后再检测，因而会损失很多可追溯食品中化学物来源的信息。与监测数据较大的样本量相比，总膳食研究通常只有很少的针对单个食品或食品类别的平均浓度数据，而且样品混合会产生对食品化学物的“稀释效应”，因此通常需要足够灵敏的分析检测方法，一般来说，总膳食研究所用检测方法的检测限（LOD）或定量限（LOQ）为监督执法为目的的检测方法的 1/1000～1/100。

（3）农药的监管试验和兽药的残留清除试验　农药和兽药获得批准上市必须提交的数据。

农药残留田间试验是在可以反映商业操作的特定条件下，如良好农业规范（GAP）在农作物或动物中施用农药，检测收获后的农作物或宰杀后动物组织中的农药残留的科学试验。该试验模拟注册农药的最大使用情形（包使用率、使用次数、停药间隔期等），旨在确定动物性或植物性食品在进入市场时的农药最大残留水平，并用于制定最大残留量。试验中产生的重要数据是农药上市前风险评估的基础，包括监管田间试验残留中位数（STMR）和最大残留值（HR）等。STMR 是按照最高的 GAP 条件进行一系列田间残留试验获得的残留量数据集的中位数，反映了农药在农作物中的期望残留水平。HR 则是根据最高的 GAP 条件进行田间监管试验残留水平的最高值，反映农药在食品可食部分的混合样品中残留的最高水平。另外，针对加工过程对农药的影响，按照最高的 GAP 条件使用农药和按照主要操作规范加工食品时，可获得加工食品的监管试验中位数（STMR-P）和加工食品的监管试验最大残留值（HR-P）。STMR-P 和 HR-P 既可通过加工试验获得，也可通过初级农产品的 STMR 乘以相应的加工系数计算获得。对于兽药残留，残留清除试验通常是在目标种属动物上使用商业配方和推荐的剂量规格进行试验，选择的剂量应该代表注册剂量的最大水平。该试验是用来估计兽药在动物性食品可食部分或产品中残留物的形成和清除，并用于推导 MRL 和膳食暴露量估计的基础。MRL 是残留物清除曲线上对应选定时间点的残留浓度的95%可信区间上限值由于农药田间监管试验和兽药残留清除试验都选用最大剂量进行极端情况下的残留数据分析，这些数据通常高估了膳食中农药兽药残留的实际含量，因此，这些数据不能作为评估实际膳食暴露水平的首选数据，但是可以用作产品上市前评估 MRL 的建议值的安全性首选数据。由于田间监管试验和残留清除试验结果在储存、运输、加工制备等环节的降解和损失情况，对于已批准使用的兽药和农药的慢性膳食暴露，监测数据要优于田间监管试验和清除试验数据，因为前者更接近于实际食用状态。对于农药兽药残留的急性膳食暴露评估，则要考虑监测数据的样本量是否包括市场上高残留的样品。

3. 可利用的已有数据库

（1）食物成分数据库　基于对食品中营养素的化学分析建立的各种食品和饮料的营养素含量信息数据库。由于不同国家的食品在品种、种植环境、加工方式等方面的差异，以及食物成分的鉴定、食品描述和分类、分析方法、表达方式等方面的不同，食物成分数据库一般是在国家层面建立的。食物成分表是常见的一种食物成分数据的出版形式，主要描述食物种类、成分及其含量，可作为食物营养素和植物化学物膳食摄入量评估的可靠数据来源。

（2）GEMS/FOOD 数据库　WHO 的 GEMS/FOOD 数据库项目收集并维护全球相关机构提供的食品中污染物和农药残留水平的信息数据，以及基于国际推荐程序通过总膳食研究和双份饭研究方法获得的食品中化学物膳食暴露量信息。可以在 WHO 网站上查询 GEMS/FOOD 数据库中公开的国家的数据（某些国家提供的数据是不公开的）。

4. 数据使用要注意的问题

（1）数据审核与校正　对于已有的数据，应对数据的质量以及是否满足本次评估的目的进行审核，必要时应向数据提供单位索取与数据有关的信息，如采样过程、样品制备方法、分析方法、LOD 和/或 LOQ 以及质量控制体系等。由于加工、储存、烹调会对食品中化学物浓度产生影响，必要时可在膳食暴露评估中使用校正因子对加工烹饪后食品中化学物含量进行校正，以使评估结果更接近实际的暴露水平。可通过加工试验获得加工因子，也可以根据某些加工操作效应方面的一般信息（例如，将新鲜葡萄晒干制成葡萄干过程中水分的变化）进行折算。

（2）低于 LOD/LOQ 数据的处理　数据删失程度对暴露量估计准确性和精度的影响要远大于数据的样本量，因此未检出数据或未定量数据的赋值原则对于膳食暴露评估至关重要。在保证科学合理的情况下，含量数据应充分考虑营养或毒理学意义。除非有充分理由表明待评估的化学物不存在于食品中（例如，农药未注册用于该种食品或经含有浓度低于 LOD/LOQ 的化学物。处理未定量或未检出食品中化学物浓度结果的常用方法有：指定为 0 值（即认为不含有该化学物，属于下限估计）；指定为 LOD/LOQ（上限估计）；或指定为 LOD/LOQ 的一半（中限估计），即假设真实浓度值均匀地分布在 0 到 LOD/LOQ。在膳食暴露评估中可能会列出所有处理方法的结果，并采用敏感性分析来确定不同数据处理方法对最终膳食暴露评估的影响。当化学物的污染水平、存在形式（如同系物、同分异构体）或分布在不同食品类型之间存在明显不同时，展示不同处理选择的结果将更有意义。如果未检出或未定量食品样本量很大（高度左删失），将会对计算的浓度均值和标准偏差值有重大影响。对于营养素类评估，历来认为将未检出值指定为 LOD 的一半是适当的，如此，营养素摄入量不会被有意低估或高估。

总之，对于食物中可能存在的化学物（如天然发生的污染物和营养素类），浓度均值的上限和下限都应计算，以反映暴露评估的不确定性。如果下限情形得出的估计膳食暴露量低于健康指导值（HBGV），而上限情形得出的估值高于 HBGV，那么最好是采用更敏感分析方法收集食品中化学物浓度数据。或者，可以采用更复杂的统计方法，如最大似然估计或次序统计量回归来估计食品中化学物浓度相关删失数据的均值和标准偏差。但是，这些方法大多都需要更专业的统计知识，如假定食品中化学物浓度数据符合特定的统计分布。因此，对删失值的处理方式需要根据个案情况选择并明确说明。

（3）不同来源数据的合并　评估中常常会收集到多种来源的数据，此时就需要对这些数据的优缺点进行评价，以确定哪些可以合并成一个更大更具有代表性的数据集。对多个来源的数据合并进行分析时，需要考数据集的大小、是个体数据还是汇总后的数据、不同数据集是否需要加权重、数据分析检测质量等因素，分析这些数据之间在检测方法、LOD/LOQ、食物类别等指标上是否具有可比性，并就合并对评估结果可能造成的影响等进行描述。

0 暴露评估中含量数据的选择：膳食暴露评估中通常会选择一个统计量来代表一类食品的化学物含量水平，如平均值、中位数、高端或低端百分位数值等。平均值和中位数都是反映数据集中趋势的统计量，常用于慢性暴露评估，对于正态分布的数据，这两个统计量会比较接近。当数据分布呈正偏态分布时，平均值和中位数往往存在较大的差别，有时甚至会导致得出不同的评估结论，因此选用哪种统计量来代表含量“平均”水平，往往是确定性暴露评估中经常会遇到的问题。从纯统计学角度讲，当一个数据集呈非正态性分布时，中位数能更好地反映该数据集的集中趋势。但是对化学物的慢性暴露评估，在选择参数时不仅要考虑统计学合理性，还要考虑模型的合理性和结果的保守性。如果选择中位数，由于不受高含量样本的影响，实际上默认忽略人群中个体在一生中接触高污染食物的可能性，评估结果相对偏低。而平均值能够比较敏感地反映高含量数据的影响，结果偏高，结论更保守。

从长期慢性暴露的角度讲，人体在一生中应当是有机会摄入各种含量水平的食物，理论上现有化学物含量分布始终不变的情况下，摄入每种食物的化学物含量水平的频率默认符合现有数据的经验分布，那么含量数据的平均值更接近人体终生摄入化学物的平均含量水平。因此，对于食品化学物慢性暴露评估，选择平均值更为接近实际，也更符合膳食暴露评估对保守性的要求。另外，如果样本量非常少（如总膳食研究），使用平均值也要优于中位数。国际上大多数机构，包括 JECFA、IPCS 和欧洲食品安全局较多地采用中位数。在某些情况下，如根据经验对食品化学物含量范围已有预期，数据呈高度偏态分布，或都有相当比例（如超过 50%）的结果低于检出限或定量限，那么用中位数或几何均数可能更为合适。因此，在评估时使用含量平均值还是中位数，要取决于评估目的、保守性要求、预期浓度和数据分布等。通常情况下，在慢性暴露评估采用平均含量更合适一些。

（三）人口学数据

人口学数据是针对特定人群的评估，性别、年龄、体重、居住地等都是人群特征的重要人口学数据，特别是体重直接影响着以每千克体重计的暴露评估结果值。使用消费者个体体重是最好的选择，如果没有合适的个体体重的数据，可以采用目标人群的平均体重。国际上默认成人平均体重为 60kg、儿童为 15kg，但是欧美一些国家在评估中使用成人体重 65kg，而亚洲国家成年人的平均体重一般为 55kg。我国成年人体重通常以 60kg 计算。另外，根据评估目的和目标亚人群也可能会用到其他人口学数据。通常这些人口学数据可通过食物消费量调查获得，也可通过人口普查的多种信息来源获取。

第三节　食品安全风险预警

在日常生活中，食品安全问题时刻伴随着我们，关系到每个人的健康和生命安全。而食品安全风险预警能够通过科学、准确、及时的监测和分析，提前发现和预测食品安全问题，有效预防和控制食源性疾病的发生，保护公众的健康和安全。

一、食品安全风险预警的意义

如果食品存在安全隐患，将会给人体健康带来潜在威胁，甚至可能导致疾病的发生。因此，食品安全风险预警的首要目标是预防和控制食品安全问题的出现，确保公众能够安全地食用各类食品，维护公众健康和安全。

食品产业是一个庞大且复杂的行业，涉及众多企业和品牌。如果存在食品安全问题，不仅会损害消费者的利益，还会对其他守法企业的信誉和经营带来负面影响。通过食品安全风险预警，政府可以加强对市场的监管，及时发现并处理食品安全问题，保障市场公平竞争的环境，维护产业的健康发展。

食品安全风险预警还有助于提高食品产业的整体素质。当政府加强对食品安全的管理和监督时，企业会感受到来自外部的压力，这会促使他们更加重视食品安全问题，加强内部管理，提高产品质量。同时，食品安全风险预警也会激励企业进行技术创新和研发，提高食品生产的科技含量，推动整个食品产业向更高水平发展。

食品在生产、加工、贮存、运输和销售的各个环节都可能受到污染或损坏，导致质量安全问题。通过食品安全风险预警，可以对这些环节进行全面的监控和风险评估，及时发现并纠正可能出现的质量问题，有效防范食品质量安全问题的发生。这不仅能够确保公众的饮食安全，还可以提升政府的公信力和形象。

在全球化的背景下，食品安全问题也关乎国家的形象和国际竞争力。一个国家如果拥有完善的食品安全风险预警体系，能够及时发现并处理食品安全问题，将有助于提升其在国际上的形象和贸易竞争力。同时，对于进口食品的安全风险预警，还可以保障国家进口食品安全，提高国民的生活质量。

总之，食品安全风险预警具有多重意义，既能够保障公众的健康和安全，维护市场秩序和公平竞争，提高食品产业的整体素质，又能够提升国家的国际形象和贸易竞争力，防范食品质量安全问题的发生。因此，政府和相关部门应加强对食品安全风险预警工作的重视和支持，建立健全的食品安全监管体系，促进食品行业的健康发展，提高全行业的安全水平和管理水平，确保公众的饮食安全和健康。

二、食品安全风险预警的方法

食品安全风险预警的方法主要包括以下步骤：信息监测、信息分析、风险评估、风险预测、预警发布和事后处理。

（1）信息监测　信息监测是食品安全风险预警的基础。政府和相关机构需要通过对食品生产、加工、储存、运输和销售的各个环节进行全面、持续的监测，及时发现可能存在的食品安全风险。监测信息可能来自多个渠道，包括食品药品监管部门、农业部门、卫生部门等政府部门在食品生产、加工、储存、运输和销售的各个环节进行监管，能够提供大量的食品安全信息；企业自身的食品安全管理团队可以提供关于产品品质、生产过程、储存条件等方面的信息；消费者对食品安全的关注和投诉也是食品安全风险预警的重要信息来源。进行食品安全相关研究和实验的研究机构能够提供科学和专业的信息。

（2）信息分析　在收集到大量的监测数据后，专业人员需要对这些数据进行深入的分析和研究。包括对信息的真实性进行核实、对信息的严重程度进行评估、对可能的原因进行分析等。找出数据中的异常值，判断这些异常值是由于偶然因素还是系统性的问题导致的。通过对数据的分析，可以进一步确定食品安全风险的性质和程度，找出潜在的食品安全风险，及时采取应对措施。

（3）风险评估　在分析监测数据后，专业人员需要进行风险评估，风险评估和风险预测是食品安全风险预警的核心环节。通过评估食品安全风险的可能性以及可能导致的后果，从而对风险进行量化和定性分析。评估的内容包括食品中可能存在的有害物质、食品的卫生条件、食品的储存和运输环境等。在进行风险评估时，需要考虑到不同人群的身体健康状况和风险承受能力。例如，对于孕妇、儿童、老年人等特殊人群，需要更加严格的风险评估标准。风险评估的结果将直接影响到政府对食品安全问题的决策。

（4）风险预测　风险预测是通过科学的方法对未来的食品安全风险进行预测和分析。这需要对食品生产、加工、储存、运输和销售的各个环节进行深入的了解和研究，结合历史数据和现有信息，运用数学模型和计算机模拟等技术手段进行预测。通过风险预测，可以提前发现潜在的食品安全问题，及时采取预防措施。例如，在疫情暴发期间，可以从疫情对食品安全的影响进行预测和分析，及时采取措施防止疫情在食品生产和销售环节的传播。

（5）预警发布　根据风险评估和预测的结果，政府需要制定相应的预警策略，并通过媒体、网络等多种渠道向公众发布预警信息。预警信息主要包括风险提示、应对措施等，以提醒公众注意食品安全问题，保护自身健康。有效的风险沟通可以避免信息不对称和误解，更好地动员各方力量，共同应对食品安全问题。

（6）事后处理　在发布预警后，政府及相关机构需要积极应对，采取措施消除或降低食品安全风险。加强对相关环节的监管，确保食品安全；对问题产品进行追溯、召回、销毁等处理，防止问题产品流入市场；对涉事企业和人员进行查处和处罚，严惩不法行为；加强宣传和教育，提高公众对食品安全的认识和自我保护能力等。同时，还需要对预警效果进行评估，以便改进预警策略。在采取风险应对措施时，需要注意以下几点：根据风险评估和预测的结果，针对不同环节和问题采取相应的应对措施；建立快速响应机制，确保应对措施的及时性和有效性；加强与相关部门的协调和配合，形成合力应对食品安全问题；对风险应对效果进行评估和总结，及时调整和改进应对策略。

总之，食品安全风险预警是一个复杂而重要的工作，需要政府、企业、公众等多方面的共同参与和努力。通过科学、有效的预警方法，可以更好地预防和控制食品安全问题的发生，保障公众的健康和安全。

三、食品安全风险预警的问题

目前，我国食品安全风险预警体系还存在不完善的问题。具体表现在以下几个方面：

（1）食品安全风险预警法律法规尚不健全，缺乏系统性和可操作性。现有的法律法规主要集中在食品安全标准、食品生产许可、食品标签等方面，对于食品安全风险预警的具体内容和程序缺乏明确规定。这导致在实际工作中，预警的及时性和准确性受到一定影响。

（2）食品安全风险预警信息收集与传递机制不健全。目前，食品安全信息来源较为分散，缺乏统一的信息收集与传递平台。不同部门之间的信息沟通存在障碍，导致信息共享程度不高，重复进行信息收集和分析工作，难以实现信息的及时传递和共享。由于信息无法得到及时共享，可能导致食品安全问题不能及时被发现和处理。这不仅会影响食品的质量和安全，还可能对公众的健康造成潜在威胁。

（3）食品安全风险评估和预测能力不足。虽然我国已经建立了一定的食品安全风险评估和预测体系，但是在实际操作中，评估和预测的准确性和科学性还有待提高。现有的预警方法可能无法准确识别和预测所有的食品安全风险，特别是在处理新型和复杂的食品安全问题时，可能导致在风险应对方面存在一定的滞后，影响风险沟通和应对的效果。

（4）食品安全风险沟通和应对机制尚不健全。在面对食品安全问题时，相关部门之间的沟通和协调存在一定困难，公众对食品安全问题的认知也存在不足。这导致风险沟通和应对的效果不尽如人意，难以有效应对复杂的食品安全问题。

四、探讨食品安全风险预警问题的对策

（1）建立和完善食品安全风险评估体系是完善预警法律法规和政策的重要基础。通过进一步加强国际合作与交流，借鉴国际先进的管理经验和制度，加强对国内外食品安全风险评估体系的研究和比较，完善我国的食品安全风险评估体系，提高预警的科学性和规范性。

（2）强化风险沟通和应对能力，促进全社会共同努力，形成合力，共同推动食品安全事业的发展。建立统一的信息共享平台，完善信息共享机制，加强跨部门、跨地区的信息交流与合作。实现信息共享和协作，提高预警的准确性和灵敏度。同时，加强对公众的宣传和教育，提高公众对食品安全风险的认识和防范意识。

（3）提升预警科技水平，探索新的预警方法和手段，提高预警技术的准确性和灵敏度。

制定有利于食品安全风险预警的政策措施，如加大政府对食品安全风险预警的投入，加强科研和技术创新，提高风险评估和预测能力。鼓励企业和机构开展相关研究和实验，推动科技成果的转化和应用等。

（4）加强食品安全风险预警工作是当前食品安全工作的紧迫任务。我们需要从法规、政策、技术、人才等多方面入手，不断完善我国的食品安全风险预警体系，提高预警的准确性和灵敏度，为保障公众的健康和安全踔厉奋发。

思考题

1. 浅谈食品安全风险监测与食品安全风险评估之间的关系。
2. 食品安全风险评估采用的方法有哪几种？
3. 举例说明食品安全风险评估在实际监测中的应用。

第五章 食品生产经营许可与市场准入

CHAPTER 5

第一节 食品生产许可

一、食品生产许可相关法规

（一）《食品安全法》

《食品安全法》是上位法，食品生产许可应严格遵守本法。

（二）《食品生产许可管理办法》

国家市场监管总局发布《食品生产许可管理办法》（以下简称《办法》），《办法》规定食品（含食品添加剂）生产许可实行一企一证原则，即同一个食品（含食品添加剂）生产者从事食品生产活动，应当取得一个食品生产许可证。取得食品经营许可的餐饮服务提供者在其餐饮服务场所制作加工食品，不需要取得本办法规定的食品生产许可。

（三）《食品生产许可审查通则》

《食品生产许可审查通则》（2022 版）是企业获得食品生产许可必须达到的技术要求，对指导食品生产企业完善生产条件，严格过程控制，加强原料把关和出厂检验，保证食品安全具有重要的作用。

（四）各类食品生产许可审查细则

在新的生产许可审查细则修订出台前，现有的各类食品生产许可证审查细则继续有效。《食品生产许可审查通则》（2022 版）应当与相应的食品生产许可审查细则结合使用。

（五）食品生产许可分类目录

食品生产者生产的食品不属于食品生产许可证上载明的食品类别的，视为未取得食品生产许可从事食品生产活动。因部分食品未发布生产许可审查细则，在实施许可过程中，还应根据市场监管总局《关于修订公布食品生产许可分类目录的公告》（2020 年第 8 号），根据产品配料及生产工艺，套用相应的类别及品种明细，修订后的食品生产许可分类目录中食品类别为：粮食加工品，食用油、油脂及其制品，调味品，肉制品，乳制品，饮料，方便食品，饼干，罐头，冷冻饮品，速冻食品，薯类和膨化食品，糖果制品，茶叶及相关制品，酒类，蔬菜制品，水果制品，炒货食品及坚果制品，蛋制品，可可及焙烤咖啡产品，食糖，水产制品，淀粉及淀粉制品，糕点，豆制品，蜂产品，保健食品，特殊医学用途配方食品，婴幼儿配方食品，特殊膳食食品，其他食品、食品添加剂等。

二、食品生产许可程序

（一）申请与受理

（1）申请食品（含食品添加剂）生产许可，应当先行取得营业执照等合法主体资格。企业法人、合伙企业、个人独资企业、个体工商户、农民专业合作组织等，以营业执照载明的主体作为申请人。

（2）申请食品（含食品添加剂）生产许可，应当向申请人所在地县级以上地方市场监督管理部门提交下列材料：

①生产许可申请书；

②生产设备布局图和生产工艺流程图；

③生产主要设备、设施清单；

④专职或者兼职的食品安全专业技术人员、食品安全管理人员信息和食品安全管理制度。

其中，申请保健食品、特殊医学用途配方食品、婴幼儿配方食品等特殊食品的生产许可，还应当提交与所生产食品相适应的生产质量管理体系文件以及相关注册和备案文件。

申请人在生产场所外建立或者租用外设仓库的，应当承诺符合《食品、食品添加剂生产许可现场核查评分记录表》中关于库房的要求，并提供相关影像资料。

（3）申请变更（或延续）食品生产许可的，应当提交下列申请材料：

①食品生产许可变更（或延续）申请书；

②与变更（或延续）食品生产许可事项有关的其他材料。

保健食品、特殊医学用途配方食品、婴幼儿配方食品注册或者备案的生产工艺发生变化的，应当先办理注册或者备案变更手续。

保健食品、特殊医学用途配方食品、婴幼儿配方食品的生产企业申请延续食品生产许可的，还应当提供生产质量管理体系运行情况的自查报告。

（二）现场核查

1. 免于现场核查情形

根据办法规定，县级以上地方市场监督管理部门应当对变更或者延续食品生产许可的申请材料进行审查，并按照本办法第二十一条的规定实施现场核查。申请人声明生产条件未发生变化的，县级以上地方市场监督管理部门可以不再进行现场核查。

申请保健食品、特殊医学用途配方食品、婴幼儿配方乳粉生产许可，在产品注册或者产品配方注册时经过现场核查的项目，可以不再重复进行现场核查。

2. 需现场核查情形

（1）申请生产许可的，应当组织现场核查。

（2）申请变更的，申请人声明其生产场所发生变迁，或者现有工艺设备布局和工艺流程、主要生产设备设施、食品类别等事项发生变化的，应当对变化情况组织现场核查；其他生产条件发生变化（如生产条件及周边环境发生变化），可能影响食品安全的，也应当就变化情况组织现场核查。

（3）申请延续的，申请人声明生产条件发生变化，可能影响食品安全的，应当组织对变化情况进行现场核查。

（4）申请变更、延续的，审查部门决定需要对申请材料内容、食品类别、与相关审查细则及执行标准要求相符情况进行核实的，应当组织现场核查。

（5）申请人的生产场所迁出原发证的市场监督管理部门管辖范围的，应当重新申请食品生产许可，迁入地许可机关应当依照本通则的规定组织申请材料审查和现场核查。

（6）申请人食品安全信用信息记录载明监督抽检不合格、监督检查不符合、发生过食品安全事故，以及其他保障食品安全方面存在隐患的。

（7）法律、法规和规章规定需要实施现场核查的其他情形。

3. 现场核查主要内容

现场核查范围主要包括生产场所、设备设施、设备布局与工艺流程、人员管理、管理制度及其执行情况，以及按规定需要查验试制产品检验合格报告。

在生产场所方面，核查申请人提交的材料是否与现场一致，其生产场所周边和厂区环境、布局和各功能区划分、厂房及生产车间相关材质等是否符合有关规定和要求。

在设备设施方面，核查申请人提交的生产设备设施清单是否与现场一致，生产设备设施材质、性能等是否符合规定并满足生产需要；申请人自行对原辅料及出厂产品进行检验的，是否具备审查细则规定的检验设备设施，性能和精度是否满足检验需要。

在设备布局与工艺流程方面，核查申请人提交的设备布局图和工艺流程图是否与现场一致，设备布局、工艺流程是否符合规定要求，并能防止交叉污染。实施复配食品添加剂现场核查时，核查组应当依据有关规定，根据复配食品添加剂品种特点，核查复配食品添加剂配方组成、有害物质及致病菌是否符合食品安全国家标准。

在人员管理方面，核查申请人是否配备申请材料所列明的食品安全管理人员及专业技术人员；是否建立生产相关岗位的培训及从业人员健康管理制度；从事接触直接入口食品工作的食品生产人员是否取得健康证明。

在管理制度方面，核查申请人的进货查验记录、生产过程控制、出厂检验记录、食品安全自查、不安全食品召回、不合格品管理、食品安全事故处置及审查细则规定的其他保证食品安全的管理制度是否齐全，内容是否符合法律法规等相关规定。

在试制产品检验合格报告方面，根据食品、食品添加剂所执行的食品安全标准和产品标准及细则规定，核查试制食品检验项目和结果是否符合标准及相关规定。

在现场核查时，审查细则、食品安全国家标准、产品标准等对现场核查相关内容进行细化或者有补充要求的，应当一并核查，并在《食品、食品添加剂生产许可现场核查评分记录表》中记录。

4. 需要查验试制样品检验报告的情形

对首次申请许可或者增加食品类别的变更许可的，根据食品生产工艺流程等要求，核查试制食品的检验报告。开展食品添加剂生产许可现场核查时，可以根据食品添加剂品种特点，核查试制食品添加剂的检验报告和复配食品添加剂配方等。试制食品检验可以由生产者自行检验，或者委托有资质的食品检验机构检验。

三、食品生产许可相关标准

（一）食品安全国家标准

1. 基础类

GB 29921—2021《食品安全国家标准　预包装食品中致病菌限量》属于通用标准，适用于预包装食品。其他相关规定与本标准不一致的，应当按照本标准执行。其他食品标准中如有致病菌限量要求，应当引用本标准规定或者与本标准保持一致。基础性食品安全国家标准主要包括标签、营养强化剂使用、食品添加剂使用、真菌毒素限量、污染物限量、农药残留限量、兽药残留限量、致病菌限量等标准，详见附录一。

2. 生产经营规范类

（1）通用性生产经营规范标准

GB 14881—2013《食品安全国家标准　食品生产通用卫生规范》（以下简称《食品生产通用卫生规范》）是规范食品生产行为，防止食品生产过程的各种污染，生产安全且适宜食用的食品的基础性食品安全国家标准。《食品生产通用卫生规范》既是规范企业食品生产过程管理的技术措施和要求，又是监管部门开展生产过程监管与执法的重要依据，也是鼓励社会监督食品安全的重要手段。

《食品生产通用卫生规范》为食品生产过程卫生要求标准，国内外食品安全管理的科学研究和实践经验证明，严格执行食品生产过程卫生要求标准，把监督管理的重点由检验最终产品转为控制生产环节中的潜在危害，做到关口前移，可以节约大量的监督检测成本和提高监管效率，更全面地保障食品安全。

（2）针对性的生产经营规范标准

食品生产许可审查内容，除了严格按照《食品生产通用卫生规范》外，还应查阅各类食品生产经营规范的要求，该类食品生产经营规范也具有强制性，是对 GB 14881 的补充，能进一步指导企业根据产品生产工艺特点，严格控制污染风险，确保食品安全。目前已经发布生产经营规范类的食品安全国家标准已覆盖多个食品类别，详见附录一。

3. 食品产品类

食品产品类的食品安全国家标准，其主要内容包括产品分类、生产工艺、感官要求、理化指标、微生物指标等具体要求，为食品生产、检验、技术审查提供重要的指导，食品产品类的食品安全国家标准，详见附录一。

4. 保健食品、特殊医学用途配方食品、婴幼儿配方食品、特殊膳食食品类

详见附录一。

5. 检验类

食品生产企业应当建立食品出厂检验记录制度，其中，食品生产企业履行出厂检验就涉及检验相关的食品安全国家标准。经食品安全国家标准数据检索平台查询，目前，现行有效的食品安全国家标准，理化检验方法标准共 228 份；微生物检验方法标准共 30 份；农药残留检验方法标准共 137 份；兽药残留检验方法标准共 9 份。

（二）食品安全企业标准

国家鼓励食品生产企业制定严于食品安全国家标准或者地方标准的企业标准，在本企业适用，并报省、自治区、直辖市人民政府卫生行政部门备案。同时，若申请食品生产许可的企

业，没有适用的国家标准、行业标准、地方标准，可以制定严于食品安全国家标准或者地方标准的企业标准，并先经卫生行政部门备案有效后才能用于许可申报，作为产品执行标准，为食品生产、检验的依据。

省级以上人民政府卫生行政部门应当在其网站上公布制定和备案的食品安全国家标准、地方标准和企业标准，供公众免费查阅、下载。目前，食品安全国家标准数据检索平台，可以查询食品安全国家标准。例如福建省，可在福建省卫生计生监督信息公示平台进行查阅、下载食品安全地方标准、食品安全企业标准。

四、食品生产许可应符合相关政策要求

（一）产业政策

食品生产许可申请人应当遵守国家产业政策。申请项目属于《产业结构调整指导目录》中限制类的新建项目和淘汰类项目，按照《国务院关于发布实施〈促进产业结构调整暂行规定〉的决定》，不得办理相关食品生产许可手续。地方性法规、规章或者省、自治区、直辖市人民政府有关文件对贯彻执行产业政策另有规定的，还应当遵守其规定。

（二）新资源食品和药食两用食品

食品生产企业利用新的食品原料生产食品，或者生产食品添加剂新品种、食品相关产品新品种，应当向国务院卫生行政部门提交相关产品的安全性评估材料。

食品生产企业使用的原辅料只能是传统上作为食品，以及国家卫生部门公布为药食两用或批准为新食品原料（新资源食品）的品种。产品中含有已公告的新食品原料且公告中有明确要求在标签中标示食用量和不适宜人群的，则标签应按照相关公告要求进行标示。

例如：关于批准人参（人工种植）为新资源食品的公告（卫生部 2012 年 第 17 号），同时限定人参（人工种植）来源、种属、食用部位、食用量、适用人群等要求，详见表 5-1。

表 5-1　批准人参（人工种植）为新资源食品的公告（卫生部 2012 年 第 17 号）

中文名称	人参（人工种植）
拉丁名称	*Panax Ginseng* C. A. Meyer
基本信息	来源：5 年及 5 年以下人工种植的人参 种属：五加科、人参属 食用部位：根及根茎
食用量	≤3g/d
其他需要说明的情况	1. 卫生安全指标应当符合我国相关标准要求 2. 孕妇、哺乳期妇女及 14 周岁以下儿童不宜食用，标签、说明书中应当标注不适宜人群和食用限量

生产经营的食品中不得添加药品，但是可以添加按照传统既是食品又是中药材的物质。按照传统既是食品又是中药材的物质目录由国务院卫生行政部门会同国务院食品安全监督管理部门制定、公布。其中，《卫生部关于进一步规范保健食品原料管理的通知》（卫法监发〔2002〕51 号）中既是食品又是药品的物品名单为：丁香、八角茴香、刀豆、小茴香、小蓟、山药、

山楂、马齿苋、乌梢蛇、乌梅、木瓜、火麻仁、代代花、玉竹、甘草、白芷、白果、白扁豆、白扁豆花、龙眼肉（桂圆）、决明子、百合、肉豆蔻、肉桂、余甘子、佛手、杏仁（甜、苦）、沙棘、牡蛎、芡实、花椒、赤小豆、阿胶、鸡内金、麦芽、昆布、枣（大枣、酸枣、黑枣）、罗汉果、郁李仁、金银花、青果、鱼腥草、姜（生姜、干姜）、枳椇子、枸杞子、栀子、砂仁、胖大海、茯苓、香橼、香薷、桃仁、桑叶、桑葚、橘红、桔梗、益智仁、荷叶、莱菔子、莲子、高良姜、淡竹叶、淡豆豉、菊花、菊苣、黄芥子、黄精、紫苏、紫苏籽、葛根、黑芝麻、黑胡椒、槐米、槐花、蒲公英、蜂蜜、榧子、酸枣仁、鲜白茅根、鲜芦根、蝮蛇、橘皮、薄荷、薏苡仁、薤白、覆盆子、藿香。2019 年 11 月 25 日，将当归、山柰、西红花、草果、姜黄、荜茇等 6 种物质纳入按照传统既是食品又是中药材的物质目录管理，仅作为香辛料和调味品使用。2023 年 11 月 17 日，国家卫健委、国家市场监管总局发布《关于对党参等 9 种物质开展按照传统既是食品又是中药材的物质公告》（2023 年第 9 号），将党参、肉苁蓉（荒漠）、铁皮石斛、西洋参、黄芪、灵芝、山茱萸、天麻、杜仲叶等 9 种物质纳入按照传统既是食品又是中药材的物质。2024 年 8 月 26 日，国家卫生健康委员会、国家市场监督管理总局联合发布公告，决定将地黄、麦冬、天冬、化橘红等 4 种物质正式纳入按照传统既是食品又是中药材的物质目录。

（三）初级农产品的界定

初级农产品不属于食品生产许可范围。初级农产品是指种植业、畜牧业、渔业未经过加工的产品。食用农产品是在农业活动中直接获得以及经过分拣、去皮、剥壳、粉碎、清洗、切割、冷冻、打蜡、分级、包装等加工，但未改变其基本自然性状和化学性质的产品。初级农产品包含食用农产品。

五、证书管理

食品生产者应当在生产场所的显著位置悬挂或者摆放食品生产许可证正本。食品生产许可证发证日期为许可决定作出的日期，有效期为 5 年。

食品生产许可证应当载明：生产者名称、社会信用代码、法定代表人（负责人）、住所、生产地址、食品类别、许可证编号、有效期、发证机关、发证日期和二维码。

副本还应当载明食品明细。生产保健食品、特殊医学用途配方食品、婴幼儿配方食品的，还应当载明产品或者产品配方的注册号或者备案登记号；接受委托生产保健食品的，还应当载明委托企业名称及住所等相关信息。

食品生产许可证编号由 SC（“生产”的汉语拼音字母缩写）和 14 位阿拉伯数字组成。数字从左至右依次为：3 位食品类别编码、2 位省（自治区、直辖市）代码、2 位市（地）代码、2 位县（区）代码、4 位顺序码、1 位校验码。

第二节　食品经营许可

《食品安全法》（第三十五条）规定，国家对食品生产经营实行许可制度。从事食品生产、食品销售、餐饮服务，应当依法取得许可。但是，销售食用农产品，不需要取得许可。因此，在中华人民共和国境内，从事食品销售和餐饮服务活动，应当依法取得食品经营许可。食品经营许可实行一地一证原则，即食品经营者在一个经营场所从事食品经营活动，应当取得一个食品经营许可证。

一、食品经营相关定义

（1）集中用餐单位食堂　指设于机关、事业单位、社会团体、民办非企业单位、企业等，供应内部职工、学生等集中就餐的餐饮服务提供者。

（2）预包装食品　指预先定量包装或者制作在包装材料和容器中的食品，包括预先定量包装以及预先定量制作在包装材料和容器中并且在一定限量范围内具有统一的质量或体积标识的食品。

（3）散装食品　指在经营过程中无食品生产者预先制作的定量包装或者容器、需要称重或者计件销售的食品，包括无包装以及称重或者计件后添加包装的食品。在经营过程中，食品经营者进行的包装，不属于定量包装。

（4）热食类食品　指食品原料经粗加工、切配并经过蒸、煮、烹、煎、炒、烤、炸等烹饪工艺制作，在一定热度状态下食用的即食食品，含火锅和烧烤等烹饪方式加工而成的食品等。

（5）冷食类食品　指最后一道工艺是在常温或者低温条件下进行的，包括解冻、切配、调制等过程，加工后在常温或者低温条件下即可食用的食品，含生食瓜果蔬菜、腌菜、冷加工糕点、冷荤类食品等。

（6）生食类食品　一般特指生食动物性水产品（主要是海产品）。

（7）糕点类食品　指以粮、糖、油、蛋、奶等为主要原料经焙烤等工艺现场加工而成的食品，含裱花蛋糕等。

（8）自制饮品　指经营者现场制作的各种饮料，含冰淇淋等。

（9）中央厨房　指由食品经营企业建立，具有独立场所和设施设备，集中完成食品成品或者半成品加工制作并配送给本单位连锁门店，供其进一步加工制作后提供给消费者的经营主体。

（10）集体用餐配送单位　指主要服务于集体用餐单位，根据其订购要求，集中加工、分送食品但不提供就餐场所的餐饮服务提供者。

（11）其他类食品　指区域性销售食品、民族特色食品、地方特色食品等。

二、食品经营主体业态和食品经营项目

市场监督管理部门按照食品经营主体业态、食品经营项目，并考虑风险高低对食品经营许可申请进行分类审查。

1. 食品经营主体业态

食品经营主体业态分为食品销售经营者、餐饮服务经营者、单位食堂。食品经营者申请通过网络经营、建立中央厨房或者从事集体用餐配送的，应当在主体业态后以括号标注。

2. 食品经营项目

食品经营项目分为预包装食品销售（含冷藏冷冻食品、不含冷藏冷冻食品）、散装食品销售（含冷藏冷冻食品、不含冷藏冷冻食品）、特殊食品销售（保健食品、特殊医学用途配方食品、婴幼儿配方乳粉、其他婴幼儿配方食品）、其他类食品销售、热食类食品制售、冷食类食

品制售、生食类食品制售、糕点类食品制售、自制饮品制售、其他类食品制售。如申请散装熟食销售的，应当在散装食品销售项目后以括号标注。

列入其他类食品销售和其他类食品制售的具体品种应当报国家市场监督管理总局批准后执行，并明确标注。具有热、冷、生、固态、液态等多种情形，难以明确归类的食品，可以按照食品安全风险等级最高的情形进行归类。

三、申报的要求

1. 申报主体

申请食品经营许可，应当先行取得营业执照等合法主体资格。企业法人、合伙企业、个人独资企业、个体工商户等，以营业执照载明的主体作为申请人。机关、事业单位、社会团体、民办非企业单位、企业等申办单位食堂，以机关或者事业单位法人登记证、社会团体登记证或者营业执照等载明的主体作为申请人。

2. 申报清单

申请食品经营许可应提交的材料详见表 5-2。

表 5-2　　申请食品经营许可应提交的材料

首次	延续	变更	补办	注销
①食品经营许可申请书； ②营业执照或者其他主体资格证明文件复印件； ③与食品经营相适应的主要设备设施、经营布局、操作流程等文件； ④食品安全自查、从业人员健康管理、进货查验记录、食品安全事故处置等保证食品安全的规章制度	①食品经营许可延续申请书； ②食品经营许可证正本、副本； ③与延续食品经营许可事项有关的其他材料	①食品经营许可变更申请书； ②食品经营许可证正本、副本； ③与变更食品经营许可事项有关的其他材料	①食品经营许可证补办申请书； ②书面遗失声明或者受损坏的食品经营许可证	①食品经营许可注销申请书； ②食品经营许可证正本、副本； ③与注销食品经营许可事项有关的其他材料

注：①申请人委托他人办理食品经营许可申请的，代理人应当提交授权委托书以及代理人的身份证明文件；

②利用自动售货设备从事食品销售的，申请人还应当提交自动售货设备的产品合格证明、具体放置地点，经营者名称、住所、联系方式、食品经营许可证的公示方法等材料；

③经营场所发生变化的，应当重新申请食品经营许可。

四、许可审查基本要求

下列基本要求适用于所有食品经营。

1. 经营人员

食品经营企业应当配备食品安全管理人员，食品安全管理人员应当经过培训和考核。取得国家或行业规定的食品安全相关资质的，可以免于考核。

2. 食品安全管理制度

食品经营企业应当具有保证食品安全的管理制度。食品安全管理制度应当包括：从业人员健康管理制度和培训管理制度、食品安全管理员制度、食品安全自检自查与报告制度、食品经营过程与控制制度、场所及设施设备清洗消毒和维修保养制度、进货查验和查验记录制度、食品贮存管理制度、废弃物处置制度、食品安全突发事件应急处置方案等。

3. 经营场所

食品经营者应当具有与经营的食品品种、数量相适应的食品经营和贮存场所。食品经营场所和食品贮存场所不得设在易受到污染的区域，距离粪坑、污水池、暴露垃圾场（站）、旱厕等污染源 25m 以上。

食品经营者应当根据经营项目设置相应的经营设备或设施，以及相应的消毒、更衣、盥洗、采光、照明、通风、防腐、防尘、防蝇、防鼠、防虫等设备或设施。

直接接触食品的设备或设施、工具、容器和包装材料等应当具有产品合格证明，应为安全、无毒、无异味、防吸收、耐腐蚀且可承受反复清洗和消毒的材料制作，易于清洁和保养。

食品经营者在实体门店经营的同时通过互联网从事食品经营的，除上述条件外，还应当向许可机关提供具有可现场登陆申请人网站、网页或网店等功能的设施设备，供许可机关审查。

无实体门店经营的互联网食品经营者应当具有与经营的食品品种、数量相适应的固定的食品经营场所，贮存场所视同食品经营场所，并应当向许可机关提供具有可现场登陆申请人网站、网页或网店等功能的设施设备，供许可机关审查。无实体门店经营的互联网食品经营者不得申请所有食品制售项目以及散装熟食销售。

4. 现场核查

县级以上地方市场监督管理部门应当对申请人提交的许可申请材料进行审查。需要对申请材料的实质内容进行核实的，应当进行现场核查。仅申请预包装食品销售（不含冷藏冷冻食品）的，以及食品经营许可变更不改变设施和布局的，可以不进行现场核查。

县级以上地方市场监督管理部门应当对变更或者延续食品经营许可的申请材料进行审查。申请人声明经营条件未发生变化的，县级以上地方市场监督管理部门可以不再进行现场核查。申请人的经营条件发生变化，可能影响食品安全的，市场监督管理部门应当就变化情况进行现场核查。

五、食品销售的许可审查要求

详见附录三。

六、餐饮服务的许可审查要求

详见附录二。

七、单位食堂的许可审查要求

单位食堂的许可审查，除应当符合许可审查基本要求、餐饮服务的许可审查要求的规定外，还应当符合下列要求：单位食堂备餐应当设专用操作场所，专用操作场所应当符合餐饮服务的许可审查要求（专用操作场所）的规定。单位食堂应当配备留样专用容器和冷藏设施，以及留样管理人员。职业学校、普通中等学校、小学、特殊教育学校、托幼机构的食堂原则上不得申请生食类食品制售项目。

八、许可证管理

食品经营者应当在经营场所的显著位置悬挂或者摆放食品经营许可证正本。食品经营许可证发证日期为许可决定作出的日期，有效期为5年。

食品经营许可证应当载明：经营者名称、社会信用代码（个体经营者为身份证号码）、法定代表人（负责人）、住所、经营场所、主体业态、经营项目、许可证编号、有效期、日常监督管理机构、日常监督管理人员、投诉举报电话、发证机关、签发人、发证日期和二维码。在经营场所外设置仓库（包括自有和租赁）的，还应当在副本中载明仓库具体地址。

食品经营许可证编号由JY（“经营”的汉语拼音字母缩写）和14位阿拉伯数字组成。数字从左至右依次为：1位主体业态代码、2位省（自治区、直辖市）代码、2位市（地）代码、2位县（区）代码、6位顺序码、1位校验码。

第三节　特殊食品注册与备案

《食品安全法》（第七十四条）明确规定，国家对保健食品、特殊医学用途配方食品和婴幼儿配方食品等特殊食品实行严格监督管理。因此，本章节谈到的特殊食品为保健食品、特殊医学用途配方食品和婴幼儿配方食品。

根据《保健食品注册与备案管理办法》（原国家食品药品监督管理总局令第22号）、《特殊医学用途配方食品注册管理办法》（国家市场监督管理总局令第85号）、《婴幼儿配方乳粉产品配方注册管理办法》（国家市场监督管理总局令第80号）相关规定，按特殊食品分类，将特殊食品注册与备案，要点梳理如下。

一、保健食品的注册与备案

（一）定义

保健食品注册是指食品药品监督管理部门根据注册申请人申请，依照法定程序、条件和要求，对申请注册的保健食品的安全性、保健功能和质量可控性等相关申请材料进行系统评价和审评，并决定是否准予其注册的审批过程。

保健食品备案是指保健食品生产企业依照法定程序、条件和要求，将表明产品安全性、保健功能和质量可控性的材料提交食品药品监督管理部门进行存档、公开、备查的过程。

（二）原料目录及保健功能目录

保健食品原料目录和允许保健食品声称的保健功能目录，由国务院食品安全监督管理部门会同国务院卫生行政部门、国家中医药管理部门制定、调整并公布。保健食品原料目录应当包括原料名称、用量及其对应的功效；列入保健食品原料目录的原料只能用于保健食品生产，不得用于其他食品生产。保健食品声称的保健功能应当已经列入保健食品功能目录。保健食品声称保健功能，应当具有科学依据，不得对人体产生急性、亚急性或者慢性危害。

（三）保健食品注册

1. 注册对象

生产和进口使用保健食品原料目录以外原料的保健食品和首次进口的保健食品（属于补充维生素、矿物质等营养物质的保健食品除外），应当申请保健食品注册。进口的保健食品应当是出口国（地区）主管部门准许上市销售的产品。

首次进口的保健食品，是指非同一国家、同一企业、同一配方申请中国境内上市销售的保健食品。

依法应当注册的保健食品，注册时应当提交保健食品的研发报告、产品配方、生产工艺、安全性和保健功能评价、标签、说明书等材料及样品，并提供相关证明文件。

2. 注册、延续、变更应提交的材料

保健食品注册、延续、变更应提交的材料详见表 5-3。

3. 注册证书

国产保健食品注册号格式为：国食健注 G+4 位年代号+4 位顺序号；进口保健食品注册号格式为：国食健注 J+4 位年代号+4 位顺序号。保健食品注册证书有效期为 5 年。

保健食品注册证书应当载明产品名称、注册人名称和地址、注册号、颁发日期及有效期、保健功能、功效成分或者标志性成分及含量、产品规格、保质期、适宜人群、不适宜人群、注意事项。保健食品注册证书附件应当载明产品标签、说明书主要内容和产品技术要求等。产品技术要求应当包括产品名称、配方、生产工艺、感官要求、鉴别、理化指标、微生物指标、功效成分或者标志性成分含量及检测方法、装量或者重量差异指标（净含量及允许负偏差指标）、原辅料质量要求等内容。

（四）保健食品备案

1. 备案对象

使用的原料已经列入保健食品原料目录的保健食品和首次进口的属于补充维生素、矿物质等营养物质的保健食品，上述生产和进口保健食品应当依法备案。

首次进口的属于补充维生素、矿物质等营养物质的保健食品，其营养物质应当是列入保健食品原料目录的物质。

2. 备案要求

国产保健食品的备案人应当是保健食品生产企业，原注册人可以作为备案人；进口保健食品的备案人，应当是上市保健食品境外生产厂商。

备案的产品配方、原辅料名称及用量、功效、生产工艺等应当符合法律、法规、规章、强制性标准以及保健食品原料目录技术要求的规定。

依法应当备案的保健食品，备案时应当提交产品配方、生产工艺、标签、说明书以及表明产品安全性和保健功能的材料。

保健食品备案应提交的材料详见表 5-4。

表 5-3 保健食品注册、延续、变更应提交的材料

注册	延续	变更
（1）保健食品注册申请表，以及申请人对申请材料真实性负责的法律责任承诺书； （2）注册申请人主体登记证明文件复印件； （3）产品研发报告，包括研发人、研发时间、研制过程、中试规模以上的验证数据，目录外原料及产品安全性、保健功能、质量可控性的论证报告和相关科学依据，以及根据研发结果综合确定的产品技术要求等； （4）产品配方材料，包括原料和辅料的名称及用量、生产工艺、质量标准，必要时还应当按照规定提供原料使用依据、使用部位的说明、检验合格证明、品种鉴定报告等； （5）产品生产工艺材料，包括生产工艺流程简图及说明，关键工艺控制点及说明； （6）安全性和保健功能评价材料，包括目录外原料及产品的安全性、保健功能试验评价材料，人群食用评价材料；功效成分或者标志性成分、卫生学、稳定性、菌种鉴定、菌种毒力等试验报告，以及涉及兴奋剂、违禁药物成分等检测报告； （7）直接接触保健食品的包装材料种类、名称、相关标准等； （8）产品标签、说明书样稿；产品名称中的通用名与注册的药品名称不重名的检索材料； （9）3 个最小销售包装样品； （10）其他与产品注册审评相关的材料	（1）保健食品延续注册申请表，以及申请人对申请材料真实性负责的法律责任承诺书； （2）注册申请人主体登记证明文件复印件； （3）保健食品注册证书及其附件的复印件； （4）经省级食品药品监督管理部门核实的注册证书有效期内保健食品的生产销售情况； （5）人群食用情况分析报告、生产质量管理体系运行情况的自查报告以及符合产品技术要求的检验报告	申请变更国产保健食品注册的，除提交保健食品注册变更申请表（包括申请人对申请材料真实性负责的法律责任承诺书）、注册申请人主体登记证明文件复印件、保健食品注册证书及其附件的复印件外，还应当按照下列情形分别提交材料： （1）改变注册人名称、地址的变更申请，还应当提供该注册人名称、地址变更的证明材料； （2）改变产品名称的变更申请，还应当提供拟变更后的产品通用名与已经注册的药品名称不重名的检索材料； （3）增加保健食品功能项目的变更申请，还应当提供所增加功能项目的功能学试验报告； （4）改变产品规格、保质期、生产工艺等涉及产品技术要求的变更申请，还应当提供证明变更后产品的安全性、保健功能和质量可控性与原注册内容实质等同的材料、依据及变更后 3 批样品符合产品技术要求的全项目检验报告； （5）改变产品标签、说明书的变更申请，还应当提供拟变更的保健食品标签、说明书样稿

注：①申请首次进口保健食品注册，除提交表 5-3（注册）的材料外，还应当提交下列材料：（一）产品生产国（地区）政府主管部门或者法律服务机构出具的注册申请人为上市保健食品境外生产厂商的资质证明文件；（二）产品生产国（地区）政府主管部门或者法律服务机构出具的保健食品上市销售一年以上的证明文件，或者产品境外销售以及人群食用情况的安全性报告；（三）产品生产国（地区）或者国际组织与保健食品相关的技术法规或者标准；（四）产品在生产国（地区）上市的包装、标签、说明书实样。

②由境外注册申请人常驻中国代表机构办理注册事务的，应当提交《外国企业常驻中国代表机构登记证》及其复印件；境外注册申请人委托境内的代理机构办理注册事项的，应当提交经过公证的委托书原件以及受委托的代理机构营业执照复印件。

表 5-4 保健食品备案应提交的材料

备案
申请保健食品备案，除应当提交表5-3（保健食品注册）第（四）、（五）、（六）、（七）、（八）项规定的材料外，还应当提交下列材料： （1）保健食品备案登记表，以及备案人对提交材料真实性负责的法律责任承诺书； （2）备案人主体登记证明文件复印件； （3）产品技术要求材料； （4）具有合法资质的检验机构出具的符合产品技术要求全项目检验报告； （5）其他表明产品安全性和保健功能的材料。

注：申请进口保健食品备案的，除提交上述备案规定的材料外，还应当提交表5-3（注①、注②）规定的相关材料。

3. 备案信息

国产保健食品备案号格式为：食健备 G+4 位年代号+2 位省级行政区域代码+6 位顺序编号；进口保健食品备案号格式为：食健备 J+4 位年代号+00+6 位顺序编号。

保健食品备案信息应当包括产品名称、备案人名称和地址、备案登记号、登记日期以及产品标签、说明书和技术要求。

（五）保健食品标签及说明书

申请保健食品注册或者备案的，产品标签、说明书样稿应当包括产品名称、原料、辅料、功效成分或者标志性成分及含量、适宜人群、不适宜人群、保健功能、食用量及食用方法、规格、贮藏方法、保质期、注意事项等内容及相关制定依据和说明等。保健食品的标签、说明书主要内容不得涉及疾病预防、治疗功能，并声明“本品不能代替药物”。

（六）保健食品名称

保健食品的名称由商标名、通用名和属性名组成。保健食品名称不得含有下列内容：①虚假、夸大或者绝对化的词语；②明示或者暗示预防、治疗功能的词语；③庸俗或者带有封建迷信色彩的词语；④人体组织器官等词语；⑤除“®”之外的符号；⑥其他误导消费者的词语。同时，保健食品名称不得含有人名、地名、汉语拼音、字母及数字等，但注册商标作为商标名、通用名中含有符合国家规定的含字母及数字的原料名除外。

1. 商标名

商标名是指保健食品使用依法注册的商标名称或者符合《商标法》规定的未注册的商标名称，用以表明其产品是独有的、区别于其他同类产品。

2. 通用名

通用名是指表明产品主要原料等特性的名称。备案保健食品通用名应当以规范的原料名称命名。通用名不得含有下列内容：①已经注册的药品通用名，但以原料名称命名或者保健食品注册批准在先的除外；②保健功能名称或者与表述产品保健功能相关的文字；③易产生误导的原料简写名称；④营养素补充剂产品配方中部分维生素或者矿物质；⑤法律法规规定禁止使用的其他词语。

3. 属性名

属性名是指表明产品剂型或者食品分类属性等的名称。

（七）保健食品注册申请人或者备案人

保健食品注册申请人或者备案人应当具有相应的专业知识，熟悉保健食品注册管理的法律、法规、规章和技术要求。保健食品注册申请人或者备案人应当对所提交材料的真实性、完整性、可溯源性负责，并对提交材料的真实性承担法律责任。国产保健食品注册申请人应当是在中国境内登记的法人或者其他组织；进口保健食品注册申请人应当是上市保健食品的境外生产厂商。申请进口保健食品注册的，应当由其常驻中国代表机构或者由其委托中国境内的代理机构办理。

二、特殊医学用途配方食品的注册

1. 定义

（1）特殊医学用途配方食品　特殊医学用途配方食品是指为满足进食受限、消化吸收障碍、代谢紊乱或者特定疾病状态人群对营养素或者膳食的特殊需要，专门加工配制而成的配方食品，包括适用于0月龄至12月龄的特殊医学用途婴儿配方食品和适用于1岁以上人群的特殊医学用途配方食品。

适用于0月龄至12月龄的特殊医学用途婴儿配方食品包括无乳糖配方食品或者低乳糖配方食品、乳蛋白部分水解配方食品、乳蛋白深度水解配方食品或者氨基酸配方食品、早产或者低出生体重婴儿配方食品、氨基酸代谢障碍配方食品和母乳营养补充剂等。

适用于1岁以上人群的特殊医学用途配方食品，包括全营养配方食品、特定全营养配方食品、非全营养配方食品。

全营养配方食品是指可以作为单一营养来源满足目标人群营养需求的特殊医学用途配方食品。

特定全营养配方食品是指可以作为单一营养来源满足目标人群在特定疾病或者医学状况下营养需求的特殊医学用途配方食品。常见特定全营养配方食品有：糖尿病全营养配方食品，呼吸系统疾病全营养配方食品，肾病全营养配方食品，肿瘤全营养配方食品，肝病全营养配方食品，肌肉衰减综合征全营养配方食品，创伤、感染、手术及其他应激状态全营养配方食品，炎性肠病全营养配方食品，食物蛋白过敏全营养配方食品，难治性癫痫全营养配方食品，胃肠道吸收障碍、胰腺炎全营养配方食品，脂肪酸代谢异常全营养配方食品，肥胖、减脂手术全营养配方食品。

非全营养配方食品，是指可以满足目标人群部分营养需求的特殊医学用途配方食品，不适用于作为单一营养来源。常见非全营养配方食品有：营养素组件（蛋白质组件、脂肪组件、碳水化合物组件），电解质配方，增稠组件，流质配方和氨基酸代谢障碍配方。

（2）特殊医学用途配方食品注册　特殊医学用途配方食品注册是指国家市场监督管理总局根据申请，依照《特殊医学用途配方食品注册管理办法》规定的程序和要求，对特殊医学用途配方食品的产品配方、生产工艺、标签、说明书以及产品安全性、营养充足性和特殊医学用途临床效果进行审查，并决定是否准予注册的过程。

2. 注册对象

特殊医学用途配方食品注册申请人（以下简称申请人）应当为拟在我国境内生产并销售

特殊医学用途配方食品的生产企业和拟向我国境内出口特殊医学用途配方食品的境外生产企业。

申请人应当具备与所生产特殊医学用途配方食品相适应的研发、生产能力、检验能力，设立特殊医学用途配方食品研发机构，配备专职的产品研发人员、食品安全管理人员和食品安全专业技术人员，按照良好生产规范要求建立与所生产食品相适应的生产质量管理体系，具备按照特殊医学用途配方食品国家标准规定的全部项目逐批检验的能力。研发机构中应当有食品相关专业高级职称或者相应专业能力的人员。

3. 注册、延续、变更应提交的材料

特殊医学用途配方食品注册、延续、变更应提交的材料详见表5-5。

表5-5 特殊医学用途配方食品注册、延续、变更应提交的材料

注册	延续	变更
（1）特殊医学用途配方食品注册申请书； （2）申请人主体资质文件； （3）产品研发报告； （4）产品配方及其设计依据； （5）生产工艺资料； （6）产品标准和技术要求； （7）产品标签、说明书样稿； （8）产品检验报告； （9）研发能力、生产能力、检验能力的材料； （10）其他表明产品安全性、营养充足性以及特殊医学用途临床效果的材料	（1）特殊医学用途配方食品延续注册申请书； （2）申请人主体资质文件； （3）企业研发能力、生产能力、检验能力情况； （4）企业生产质量管理体系自查报告； （5）产品安全性、营养充足性和特殊医学临床效果方面的跟踪评价情况； （6）生产企业所在地省、自治区、直辖市市场监督管理部门延续注册意见书； （7）与延续注册有关的其他材料	（1）特殊医学用途配方食品变更注册申请书； （2）产品变更论证报告； （3）与变更事项有关的其他材料

注：①申请特定全营养配方食品注册，还应当提交临床试验报告。申请人委托符合要求的临床试验机构出具临床试验报告。临床试验报告应当包括完整的统计分析报告和数据。

②申请人应当对其申请材料的真实性负责。

4. 注册证书

特殊医学用途配方食品注册号的格式为：国食注字TY+4位年号+4位顺序号，其中TY代表特殊医学用途配方食品。

特殊医学用途配方食品注册证书有效期限为5年。

特殊医学用途配方食品注册证书及附件应当标明下列事项：①产品名称；②企业名称、生产地址；③注册号批准日期及有效期；④产品类别；⑤产品配方；⑥生产工艺；⑦产品标签、说明书样稿；⑧产品其他技术要求。

5. 标签及说明书

特殊医学用途配方食品的标签，应当依照法律、法规、规章和食品安全国家标准的规定进行标注。特殊医学用途配方食品的标签和说明书的内容应当一致，涉及特殊医学用途配方食品注册证书内容的，应当与注册证书内容一致，并标明注册号。标签已经涵盖说明书全部内容的，可以不另附说明书。特殊医学用途配方食品标签、说明书应当真实准确、清晰持久、醒目易读。特殊医学用途配方食品标签、说明书不得含有虚假内容，不得涉及疾病预防、治疗功能。生产企业对其提供的标签、说明书的内容负责。特殊医学用途配方食品的名称应当反映食品的真实属性，使用食品安全国家标准规定的分类名称或者等效名称。

特殊医学用途配方食品标签、说明书应当按照食品安全国家标准的规定在醒目位置标示下列内容：①请在医生或者临床营养师指导下使用；②不适用于非目标人群使用；③本品禁止用于肠外营养支持和静脉注射。

三、婴幼儿配方乳粉产品配方注册

1. 定义

婴幼儿配方乳粉产品配方，是指生产婴幼儿配方乳粉使用的食品原料、食品添加剂及其使用量，以及产品中营养成分的含量。

婴幼儿配方乳粉产品配方注册，是指国家市场监督管理总局依据《婴幼儿配方乳粉产品配方注册管理办法》规定的程序和要求，对申请注册的婴幼儿配方乳粉产品配方进行审评，并决定是否准予注册的活动。

2. 注册对象

申请人应当为拟在中华人民共和国境内生产并销售婴幼儿配方乳粉的生产企业或者拟向中华人民共和国出口婴幼儿配方乳粉的境外生产企业。

申请人应当具备与所生产婴幼儿配方乳粉相适应的研发能力、生产能力、检验能力，符合粉状婴幼儿配方食品良好生产规范要求，实施危害分析与关键控制点体系，对出厂产品按照有关法律法规和婴幼儿配方乳粉食品安全国家标准规定的项目实施逐批检验。

已经取得婴幼儿配方乳粉产品配方注册证书及生产许可的企业集团母公司或者其控股子公司可以使用同一企业集团内其他控股子公司或者企业集团母公司已经注册的婴幼儿配方乳粉产品配方。组织生产前，企业集团母公司应当充分评估配方调用的可行性，确保产品质量安全，并向国家市场监督管理总局提交书面报告。

3. 注册、延续、变更应提交的材料

婴幼儿配方乳粉产品配方注册、延续、变更应提交的材料详见表5-6。

4. 注册证书

婴幼儿配方乳粉产品配方注册号格式为：国食注字 YP+4 位年代号+4 位顺序号，其中 YP 代表婴幼儿配方乳粉产品配方。

婴幼儿配方乳粉产品配方注册证书有效期为 5 年。婴幼儿配方乳粉产品配方注册证书及附件应当标明下列事项：①产品名称；②企业名称、法定代表人、生产地址；③注册号、批准日期及有效期；④生产工艺类型；⑤产品配方。

表 5-6　婴幼儿配方乳粉产品配方注册、延续、变更应提交的材料

注册	延续	变更
（1）婴幼儿配方乳粉产品配方注册申请书； （2）申请人主体资质证明文件； （3）原辅料的质量安全标准； （4）产品配方，及其研发与论证报告； （5）生产工艺说明； （6）产品检验报告； （7）研发能力、生产能力、检验能力的证明材料； （8）其他表明配方科学性、安全性的材料	（1）婴幼儿配方乳粉产品配方延续注册申请书； （2）申请人主体资质证明文件； （3）企业研发能力、生产能力、检验能力情况； （4）企业生产质量管理体系自查报告； （5）产品营养、安全方面的跟踪评价情况； （6）生产企业所在地省、自治区、直辖市市场监督管理部门延续注册意见书； （7）婴幼儿配方乳粉产品配方注册证书及附件	（1）婴幼儿配方乳粉产品配方变更注册申请书； （2）婴幼儿配方乳粉产品配方注册证书及附件； （3）产品配方变更论证报告； （4）与变更事项有关的证明材料

注：①同一企业申请注册两个以上同年龄段产品配方时，产品配方之间应当有明显差异，并经科学证实。每个企业原则上不得超过 3 个配方系列 9 种产品配方，每个配方系列包括婴儿配方乳粉（0~6 月龄，1 段）、较大婴儿配方乳粉（6~12 月龄，2 段）、幼儿配方乳粉（12~36 月龄，3 段）。

②申请人申请婴幼儿配方乳粉产品配方注册的，应当提交标签和说明书样稿及标签、说明书中声称的说明、证明材料。

5. 标签及说明书

标签和说明书涉及婴幼儿配方乳粉产品配方的，应当与获得注册的产品配方的内容一致，并标注注册号。

产品名称中有动物性来源的，应当根据产品配方在配料表中如实标明使用的生乳、乳粉、乳清（蛋白）粉等乳制品原料的动物性来源。使用的乳制品原料有两种以上动物性来源时，应当标明各种动物性来源原料所占比例。声称生乳、原料乳粉等原料来源的，应当如实标明具体来源地或者来源国，不得使用“进口奶源”“源自国外牧场”“生态牧场”“进口原料”等模糊信息。声称应当注明婴幼儿配方乳粉适用月龄，可以同时使用“1 段”“2 段”“3 段”的方式标注。

配料表应当将原辅料具体的品种名称按照加入量的递减顺序标注。营养成分表应当按照婴幼儿配方乳粉食品安全国家标准规定的营养素顺序列出，并按照能量、蛋白质、脂肪、碳水化合物、维生素、矿物质、可选择性成分等类别分类列出。

标签和说明书不得含有下列内容：①涉及疾病预防、治疗功能；②明示或者暗示具有保健作用；③明示或者暗示具有益智、增加抵抗力或者免疫力、保护肠道等功能性表述；④对于按照食品安全标准不应当在产品配方中含有或者使用的物质，以“不添加”“不含有”“零添加”等字样强调未使用或者不含有；⑤虚假、夸大、违反科学原则或者绝对化的内容；⑥与产品配方注册的内容不一致的声称；⑦使用“进口奶源”“源自国外牧场”“生态牧场”“进口原料”

“原生态奶源”“无污染奶源”等模糊信息；⑧使用婴儿和妇女的形象，“人乳化”“母乳化”或者近似术语表述；⑨其他不符合法律、法规、规章和食品安全国家标准规定的内容。

第四节 食品广告审查

为加强保健食品和特殊医学用途配方食品广告监督管理，规范广告审查工作，维护广告市场秩序，保护消费者合法权益，根据《中华人民共和国广告法》等法律、行政法规，国家市场监督管理总局制定《药品、医疗器械、保健食品、特殊医学用途配方食品广告审查管理暂行办法》（总局令第21号）（以下简称“办法”），并于2019年12月24日公布，2020年3月1日起施行。

该《办法》明确规定，一是未经审查不得发布保健食品和特殊医学用途配方食品广告。二是保健食品和特殊医学用途配方食品广告中只宣传产品名称的，不再对其内容进行审查。三是保健食品和特殊医学用途配方食品广告批准文号的有效期与产品注册证明文件、备案凭证或者生产许可文件最短的有效期一致。产品注册证明文件、备案凭证或者生产许可文件未规定有效期的，广告批准文号有效期为两年。

一、保健食品和特殊医学用途配方食品广告要求

1. 基本要求

（1）保健食品和特殊医学用途配方食品广告应当真实、合法，不得含有虚假或者引人误解的内容。

（2）保健食品和特殊医学用途配方食品广告应当显著标明广告批准文号。

（3）保健食品和特殊医学用途配方食品广告中应当显著标明的内容，其字体和颜色必须清晰可见、易于辨认，在视频广告中应当持续显示。

（4）《办法》第二十一条规定，依法停止或者禁止生产、销售或者使用的保健食品和特殊医学用途配方食品，不得发布广告。

（5）《办法》第十一条规定，保健食品和特殊医学用途配方食品广告，不得违反《中华人民共和国广告法》第九条、第十六条、第十七条、第十八条、第十九条规定，不得包含下列情形：①使用或者变相使用国家机关、国家机关工作人员、军队单位或者军队人员的名义或者形象，或者利用军队装备、设施等从事广告宣传；②使用科研单位、学术机构、行业协会或者专家、学者、医师、药师、临床营养师、患者等的名义或者形象作推荐、证明；③违反科学规律，明示或者暗示可以治疗所有疾病、适应所有症状、适应所有人群，或者正常生活和治疗病症所必需等内容；④引起公众对所处健康状况和所患疾病产生不必要的担忧和恐惧，或者使公众误解不使用该产品会患某种疾病或者加重病情的内容；⑤含有“安全”“安全无毒副作用”“毒副作用小”；明示或者暗示成分为“天然”，因而安全性有保证等内容；⑥含有“热销、抢购、试用”“家庭必备、免费治疗、免费赠送”等诱导性内容，“评比、排序、推荐、指定、选用、获奖”等综合性评价内容，“无效退款、保险公司保险”等保证性内容，怂恿消费者任意、过量使用保健食品和特殊医学用途配方食品的内容；⑦含有医疗机构的名称、地址、联系

方式、诊疗项目、诊疗方法以及有关义诊、医疗咨询电话、开设特约门诊等医疗服务的内容；⑧法律、行政法规规定不得含有的其他内容。

2. 保健食品广告的具体要求

保健食品广告的内容应当以市场监督管理部门批准的注册证书或者备案凭证、注册或者备案的产品说明书内容为准，不得涉及疾病预防、治疗功能。保健食品广告涉及保健功能、产品功效成分或者标志性成分及含量、适宜人群或者食用量等内容的，不得超出注册证书或者备案凭证、注册或者备案的产品说明书范围。

保健食品广告应当显著标明“保健食品不是药物，不能代替药物治疗疾病”，声明本品不能代替药物，并显著标明保健食品标志、适宜人群和不适宜人群。

3. 特殊医学用途配方食品广告的具体要求

特殊医学用途配方食品广告的内容应当以国家市场监督管理总局批准的注册证书和产品标签、说明书为准。特殊医学用途配方食品广告涉及产品名称、配方、营养学特征、适用人群等内容的，不得超出注册证书、产品标签、说明书范围。

特殊医学用途配方食品广告应当显著标明适用人群、“不适用于非目标人群使用”“请在医生或者临床营养师指导下使用”。

《办法》第二十二条规定，特殊医学用途配方食品中的特定全营养配方食品广告只能在国务院卫生行政部门和国务院药品监督管理部门共同指定的医学、药学专业刊物上发布。

不得利用特定全营养配方食品的名称为各种活动冠名进行广告宣传。不得使用与特定全营养配方食品名称相同的商标、企业字号在医学、药学专业刊物以外的媒介变相发布广告，也不得利用该商标、企业字号为各种活动冠名进行广告宣传。

特殊医学用途婴儿配方食品广告不得在大众传播媒介或者公共场所发布。

二、广告主（申请人）的相关要求

1. 申请对象

保健食品和特殊医学用途配方食品注册证明文件或者备案凭证持有人及其授权同意的生产、经营企业为广告申请人。

特殊医学用途配方食品广告审查申请应当依法向生产企业或者进口代理人等广告主所在地广告审查机关提出。保健食品广告审查申请应当依法向生产企业或者进口代理人所在地广告审查机关提出。

2. 主体责任

广告主应当对保健食品和特殊医学用途配方食品广告内容的真实性和合法性负责。

《办法》第十九条规定，申请人有下列情形的，不得继续发布审查批准的广告，并应当主动申请注销保健食品和特殊医学用途配方食品广告批准文号：

（1）主体资格证照被吊销、撤销、注销的；

（2）产品注册证明文件、备案凭证或者生产许可文件被撤销、注销的；

（3）法律、行政法规规定应当注销的其他情形。

《办法》第二十条规定，广告主、广告经营者、广告发布者应当严格按照审查通过的内容发布保健食品和特殊医学用途配方食品广告，不得进行剪辑、拼接、修改。已经审查通过的广告内容需要改动的，应当重新申请广告审查。

3. 申请材料

申请保健食品、特殊医学用途配方食品广告审查，应当依法提交《广告审查表》、与发布内容一致的广告样件，以及下列合法有效的材料：

（1）申请人的主体资格相关材料，或者合法有效的登记文件；

（2）产品注册证明文件或者备案凭证、注册或者备案的产品标签和说明书，以及生产许可文件；

（3）广告中涉及的知识产权相关有效证明材料。

经授权同意作为申请人的生产、经营企业，还应当提交合法的授权文件；委托代理人进行申请的，还应当提交委托书和代理人的主体资格相关材料。

三、广告审查机关的相关要求

国家市场监督管理总局负责组织指导保健食品和特殊医学用途配方食品广告审查工作。

各省、自治区、直辖市市场监督管理部门、药品监督管理部门（以下称广告审查机关）负责保健食品和特殊医学用途配方食品广告审查，依法可以委托其他行政机关具体实施广告审查。

经审查批准的保健食品和特殊医学用途配方食品广告，广告审查机关应当通过本部门网站以及其他方便公众查询的方式，在十个工作日内向社会公开。公开的信息应当包括广告批准文号、申请人名称、广告发布内容、广告批准文号有效期、广告类别、产品名称、产品注册证明文件或者备案凭证编号等内容。

广告审查机关发现申请人不得继续发布审查批准的广告情形的，应当依法注销其药品、医疗器械、保健食品和特殊医学用途配方食品广告批准文号。

市场监督管理部门对违反办法规定的行为作出行政处罚决定后，应当依法通过国家企业信用信息公示系统向社会公示。

四、行政处罚

1. 按《中华人民共和国广告法》第五十九条处罚

违反办法规定，未显著、清晰表示广告中应当显著标明内容的。

2. 按《中华人民共和国广告法》第五十八条处罚

（1）未经审查发布保健食品和特殊医学用途配方食品广告；

（2）违反《办法》第十九条规定（不得继续发布审查批准的广告的情形）或者广告批准文号已超过有效期，仍继续发布保健食品和特殊医学用途配方食品广告；

（3）违反《办法》第二十条规定，未按照审查通过的内容发布保健食品和特殊医学用途配方食品广告；

（4）违反《办法》第十一条第二项至第五项规定，发布保健食品和特殊医学用途配方食品广告的。

3. 按《中华人民共和国广告法》第五十五条处罚

构成虚假广告的。

4. 按《中华人民共和国广告法》第五十七条处罚

违反《办法》第十一条第一项、第二十一条、第二十二条规定的。

5. 按《中华人民共和国广告法》第六十五条处罚

(1) 隐瞒真实情况或者提供虚假材料申请保健食品和特殊医学用途配方食品广告审查的；

(2) 以欺骗、贿赂等不正当手段取得保健食品和特殊医学用途配方食品广告批准文号的。

6. 其他

违反《办法》第十一条第六项至第八项规定，发布保健食品和特殊医学用途配方食品广告的，《中华人民共和国广告法》及其他法律法规有规定的，依照相关规定处罚，没有规定的，由县级以上市场监督管理部门责令改正；对负有责任的广告主、广告经营者、广告发布者处以违法所得三倍以下罚款，但最高不超过三万元；没有违法所得的，可处一万元以下罚款。

思考题

1. 食品生产许可应遵守的法规有哪些？

2. 根据现场核查主要内容，相关食品生产企业如何做好筹备迎检工作？

3. 食品经营主体业态和经营项目分别有哪些？

4. 特殊食品包括哪些产品？能否以某一品种为例，说明该类产品的标签、说明书及广告设计过程。

第六章

食用农产品安全监督管理

第一节　食用农产品市场销售过程中常见的风险因素

农业作为基础产业，具有高风险性，农产品的生产经营面临着各种风险。一方面，自然、气候灾害等环境条件的恶化会给农产品生产造成不利影响；另一方面，随着农业市场化与国际化的深入发展，农产品经营面临多样而复杂的市场风险。市场风险是指由于市场因素导致食用农产品在销售过程中可能产生的损失或不确定性。

本节所要阐述的农产品市场风险是指农产品在生产、储运、销售的过程中，由于市场行情及消费需求等不确定因素的变化，导致农户实际收益与预期收益产生偏差。食用农产品市场销售风险根据表现形式不同，主要可以分为价格风险和滞销风险。

价格风险是指农产品价格波动对市场销售带来的影响。在社会主义市场经济条件下，产品价格是由供求关系决定的，价格围绕价值上下波动是一种客观规律。食用农产品的价格波动也符合这一客观规律，但又存在一定差异性。由于农产品自身具有生物生长周期特性，当期价格影响的是农产品下一收获周期的供给，具有一定的滞后性。因此，食用农产品市场价格发生异常波动将会严重影响当期消费需求，给生产者下期生产决策造成错误的指导。反之，生产者根据市场价格的波动变化增加或减少食用农产品的供给又将影响当期市场上农产品的销售价格。如此相互影响、循环往复，食用农产品生产将难以达到市场供求平衡状态，从而形成价格风险和滞销风险。

滞销风险是指在市场销售过程中，由于供需失衡、消费者需求变化、营销策略不当等原因，导致产品销售不畅，库存积压，从而给企业带来资金流、运营等方面压力的风险。

另外，除价格风险和滞销风险外，还有很多常见的食用农产品市场销售风险因素。例如，网络食品销售、微商等食品销售模式往往入网信息审核不规范，经营商地址模糊、隐蔽，自制食品、分装食品等易发生问题的食品泛滥，且出现问题后现场检查取证困难，存在监管死区，缺少与其相适应的网络筛选、入网监控等手段，需要建立与有关互联网主管部门加强合作；食品（尤其是食用农产品）销售从业门槛低，从业人员文化水平不高，规范意识不强，对食品安全相关制度的落实不理解、难落实，发生食品安全问题源头难以追溯；食用农产品市场销售质量监管缺乏有效的源头控制，食用农产品质量检测、认证体系等仍处于逐步建立中，基地化协议采购目前还很难实现，检验合格证明，产地证明等证明文件很难提供；进口食品，仿进口食品的品种数量迅速猛增长，进口渠道、产地复杂，中文标签与外文标签不一致或关键项无法对照，无中文标签标识，无相应海关文件等现象比较普遍等。

为了降低食用农产品市场销售过程中的风险，可加强食用农产品市场风险监测预警能力建设，做好食用农产品市场信息采集汇总，优化食用农产品市场监测预警指标，拓宽市场监测预警信息渠道传播，提高检测预警人才队伍的整体素质，加大国家政策与财政支持的力度。提高监测预警能力可以科学的缓解食用农产品市场风险，这不仅需要完善的系统建设，还需要政策、财政和人才的支持。要深入贯彻党的十九届五中全会精神，切实落实《中共中央国务院关于全面推进乡村振兴加快农业农村现代化的意见》要求和中央农村工作会议部署，加快构建农产品现代流通体系，提升农产品流通效率，保障市场供应，助力乡村振兴，促进消费升级，为构建新发展格局提供有力支撑，提高市场调控能力，降低市场风险。

第二节　食用农产品批发市场监督管理

大型批发市场具有规模化、集约化、区域化的特点，是中国食用农产品流通的主要载体。

一、国内大型食用农产品批发市场发展现状

目前，中国70%以上的鲜活农产品由批发市场流通，部分大中城市鲜活农产品的占比甚至超过80%。近年来，中国食用农产品批发市场行业集中度日趋增强，大规模、跨区域、辐射范围广的大型食用农产品批发市场在市场体系中处于中心地位。就区域分布而言，北京、广东、江苏、山东等省市大型食用农产品批发市场数量和规模处于全国前列；就基础设施而言，这些大型市场的信息化建设、冷库总容量、废弃物处理、自检室建设等也相对较为完善。

作为食用农产品输入和输出大省的北京、上海、广东、山东等城市，均把食用农产品市场体系建设作为重要的民生工程，近年来成效明显。北京市约90%的食用农产品由外埠供应，其70%通过农产品批发市场集散。目前，北京市有一些大型食用农产品批发市场，交易量占农产品批发市场总交易量70%以上，有力保障了首都城市生活供应，并在中国北方地区农产品流通网络中发挥重要作用。其中，北京新发地农副产品批发市场交易规模最大，其蔬菜水果供应量占到全市总需求量的70%以上。近几年，北京市不断推动食用农产品市场升级改造，完善冷藏保鲜、检验检测、安全监控、加工配送、废弃物处理等市场基础设施及配套设施。

根据2023年的数据，上海市全年食用农产品总消费量约为2600万吨，其中80%源自外埠，在浦东新区，每天约有80%的农产品通过批发市场流向消费终端，其中上农批是浦东农副产品流通的主渠道。该批发市场与其他批发市场如三林批等共同承担着供应蔬菜等食用农产品的责任，日均供应蔬菜量达到近1000吨。上海市近年来不断推进建设和提升食用农产品批发市场食品安全可追溯体系、检测设备、冷链物流、废弃物处理设施，在全国率先颁布实施《重点监管食用农产品动态清单管理办法》。2023年起，将豇豆、生姜、鳊鱼、黄鳝、鲫鱼等五类食用农产品列入《重点监管食用农产品动态清单》，开展专项治理。

深圳市则以国资控股的深圳市农产品股份有限公司为核心，构建全国性农产品流通网络，

覆盖全国 22 个城市。深圳布吉农产品中心批发市场覆盖区域和辐射范围囊括了整个珠江三角洲乃至港澳地区和东南亚一些国家，集散和交易功能非常突出。

山东省 70%左右农产品交易由批发市场承担，拥有全国百强市场，并通过升级改造农产品批发市场，完善仓储物流等基础设施和检验检测系统，推动农产品批发市场规范发展。

在当前农产品大流通、大市场格局情况下，跨区域或区域性的大型食用农产品批发市场承载了当地农产品主要流通任务，辐射并带动了整个区域农产品流通，在食用农产品从生产领域流转到消费领域过程中起到了不可或缺的作用，也是食用农产品质量安全监管工作的重点和关键环节。

二、国内大型食用农产品批发市场质量安全管理要求

（一）相关要求

中国政府高度重视食用农产品质量安全，2022 年中央一号文件《中共中央国务院关于做好 2022 年全面推进乡村振兴重点工作的意见》中强调坚决守住农产品质量安全底线。近几年国务院办公厅印发的年度食品安全重点工作安排中均包括督促食用农产品批发市场开办者落实食品安全管理责任、规范经营，确保“菜篮子”产品安全等内容。2015 年 12 月 8 日，国家食品药品监督管理总局局务会议审议通过了《食用农产品市场销售质量安全监督管理办法》，并于 2016 年 1 月 5 日公布。《食用农产品市场销售质量安全监督管理办法》分总则、集中交易市场开办者义务、销售者义务、监督管理、法律责任、附则共 6 章 60 条，自 2016 年 3 月 1 日起施行。此后为进一步规范食用农产品市场销售行为，提高市场销售食用农产品质量安全管理水平，根据《食品安全法》有关规定，2019 年市场监管总局组织对《食用农产品市场销售质量安全监督管理办法》（原国家食品药品监督管理总局令第 20 号）进行了修订，起草了《食用农产品市场销售质量安全监督管理办法（修订征求意见稿）》，进一步强化监管。另外，北京、上海、广东、山东、陕西、浙江等省市积极落实该办法，并结合实际情况制定出台一系列法规措施细化辖区农产品批发市场监管要求，同时也采取了各具特色的创新举措，具体见表 6-1。

表 6-1　中国部分省市关于食用农产品批发市场质量安全管理要求或措施一览表

省市名称	质量安全管理要求或措施
北京	制定《加强食用农产品质量安全监管工作方案》（京食药安〔2016〕2 号）等文件，细化食用农产品入市流通监管内容，制定 12 项制度，覆盖供应商资质备案，进货查验，销售者管理档案，产品质量监测等关键环节，并将推进农产品产地准出、市场准入衔接，试点开展产销衔接，“场厂挂钩”等作为工作重点，实现农产品全程监管
上海	制定《上海市食用农产品安全监管暂行办法》（关于实施食用农产品产地准出和市场准入制度的意见）（沪食药监食流〔2017〕220 号）、《上海市标准化菜市场经理办法》等，围绕卫生，安全等关键环节，明确批发市场责任，建立健全食品安全追溯体系，具体规定食用农产品产地准出和市场准入要求

续表

省市名称	质量安全管理要求或措施
广东	制定《食用农产品批发市场质量安全管理办法》，细化市场准入，农产品包装和标识，批发市场开办者管理责任，入场销售者主体责任，监督管理和监督抽检等方面要求，以有效落实监督管理办法。同时，要求实施场厂挂钩，场地挂钩的市场开办者应当源头实地考察食用农产品种植养殖基地
山东	以监督管理办法为基础，制定《山东省食用农产品批发市场质量安全监督管理暂行办法》，进一步要求批发市场开办者建立质量安全检测制度，分类确定检测频率
陕西	专门针对大型批发市场，制定《大型批发市场食用农产品质量安全监督管理规范（试行）》，除了明确市场开办者和入场经验者主体责任、监管部门监督检查职责外，详细规定各类食用农产品抽样检测项目，以促进检验工作的规范性、科学性。此外，陕西省还制定《陕西省食用农产品市场销售质量安全快速检测工作规范》，规定快检设施设备、检测项目和工作流程要求，不仅规范和推动各级监督部门的快检工作，也可更好指导食用农产品市场开办者落实自检工作
浙江	制定《关于加强食用农产品批发市场食品安全规范化建设的意见》，聚焦产地准入准出、检验检测、日常监管、问题处置等重点环节完善长效机制，促进对全省食用农产品批发市场实施科学化、规范化、信息监管

（二）国内大型食用农产品批发市场质量安全管理主要措施

1. 建立健全食品安全管理相关基本制度

中国不仅要求大型食用农产品批发市场将建立健全安全管理、进货查验、日常检查、标签标识、信息公布等相关制度作为最基本管理措施，还要求市场配备相应的食品安全管理人员、专业技术人员并明确责任，以及针对上述人员加强食品安全知识培训。一些省市还探索建设农产品市场信用体系，推动农产品生产经营者建立信用记录，实施不同信用等级主体的差异化、针对性管理。上述基本制度，为大型批发市场农产品质量安全管理提供了有力的制度依据和保障。

2. 严格落实食用农产品准入

做好食用农产品准入是实现风险源头防控的关键环节。监督管理办法明确要求入市销售的食用农产品，应当具备有效的产地证明或购货凭证或合格证明。按要求提供检验检疫合格证、检验检测合格证。同时，还要求推进产地准出与市场准入衔接。不少省市在此基础上实施产销衔接、场厂挂钩、场地挂钩制度等，有效消除食用农产品源头风险。北京市根据食用农产品输入为主、对外埠食品依存度高的特点，深入实施产地准出与市场准入相关制度。一是指导、支持各批发市场成立“食品安全保障共建联合体”自律组织，统一对畜禽肉、水产品、熟食、豆制品等风险较高食品的供应企业实行准入、实地验收、惩戒退出等措施。二是推动产销衔接。选择河北省及天津市供应量较大、基础较好的食用农产品种植基地，如选择河北保定地区作为产地准出试点单位；以丰台区农产品批发市场（如新发地农副产品批发市场）为销地准入试点，探索建立水果、蔬菜等试点品种的京津冀食用农产品产销协作机制，做到产地证明、购货凭证、检测合格证明文件统一互认，快速检测项目、标准、方法和结论等统一互认，强化了源头监管和安全保障。三是“场厂挂钩”。支持、组织、引导本市主要批发市场与津冀两地畜产品屠宰加工企业建立“场厂挂钩”产销合作，探索建立了有效的牛羊肉类产品风险防控机制，有力源头保障了批发市场食用农产品质量安全。

3. 建立可追溯体系

食品安全可追溯体系是实现食用农产品全程风险可控的重要手段。越来越多的省市重视推行食用农产品可追溯制度，选择重点食用农产品，制定追溯技术规则，规范追溯流程，试点构建追溯平台，先后建立了“山东蔬菜可追溯信息系统”“新疆吐鲁番哈密瓜追溯信息系统”“江西脐橙产品溯源信息系统”及“远山河田鸡供应链跟踪与追溯体系”等。厦门建立了“厦门市生鲜食品安全监管信息系统”，由批发市场开办者向系统上传生鲜食品产地、检测等信息，系统自动生成“生鲜食品上市凭证”，将市场申报、食品检测、打印凭证、市场查验等交易流程转化为数据流传输，使相关食品安全信息可视、可读、可管理，实现通过信息化追溯链条，产品来源可查、去向可追、责任可究。截至2019年，我国58个大中型城市已经建成肉菜流通追溯体系，涉及8.6万家企业、52.4万商户，覆盖猪牛羊鸡肉、500余种蔬菜、部分水果和水产。

4. 建立产品检测体系

目前，大多数省市建立了批发市场自检、监管部门快检和农产品质量安全抽检三位一体的产品检测体系，强化食用农产品的质量安全。还有一些批发市场委托第三方检验机构对入场销售的食用农产品开展检验。北京各批发市场建立“自检室”，每天快检销售的重点食用农产品；属地市场监管部门指导市场开展食品快检；市、区两级食药监管部门组织有针对性、靶向性的质量监测。通过整合各方力量，织牢一张检测监测防护网，有效提升食用农产品安全保障水平。湖北省建立产地自检、市场对缺少证明材料的食用农产品补检、监管部门按计划开展快检和抽检的三位一体、四道关口的质量检验体系，确保食用农产品质量安全。绍兴市实施农批市场“准入检”、农贸市场“巡回检”和监管部门“法定检”等三面检，实现快速检全覆盖。其中，“巡回检”在市场主办方每日自检的基础上，通过政府购买服务委托第三方检测机构，按照比例对各地农贸市场的农产品进行巡检；“法定检”在强化法定监督抽检力度的同时，对市场主体和第三方机构的部分检测批次进行抽查、复核比对，杜绝“准入检”和“巡回检”中出现弄虚作假、敷衍了事等问题。

三、中国大型食用农产品批发市场质量安全管理不足

1. 法律标准体系与质量安全管理要求不完全适应

法律标准是大型食用农产品批发市场质量安全管理的根本依据，中国一直不断完善相关法律标准体系，但仍然存在一些薄弱环节。一是在国家层面上没有针对大型食用农产品批发市场制定专门的法律；二是《食用农产品市场销售质量安全监督管理办法》没有对产地准出条件进行详细规定，造成各地要求不一，与准入衔接存在一定困难；三是随着电子商务的发展，一些农产品批发市场开展线上线下相结合的一体化经营，但尚未制定相关法律法规进行规范要求，易出现监管盲区；四是农产品流通标准体系不完善，适用性不强；五是中国农残、兽残限量标准与发达国家存在一定差距，指标数量偏少，检验方法标准与限量指标不完全配套，还需进一步完善；六是未有效发挥认证在市场准入和提升农产品质量安全中作用。

2. 食用农产品冷链物流薄弱

中国食用农产品冷链物流起步晚，一是冷链技术单一、标准化和智能化程度低，基础设施较为薄弱，无法保障食品在物流过程中始终处于适宜环境，易造成品质劣变。二是冷链物流相对覆盖率较低，全国果蔬、肉类、水产品冷链覆盖率分别仅达到5%，15%，23%，且存在区域、环节分布不平衡。三是缺乏专业型、综合型的冷链物流中心，一些大型农产品批发市场、区域性农产品配送中心等关键物流节点冷冻冷藏设施不足，冷链物流技术落后，造成不少产品在生产、屠宰环节实施冷链处理，在运输销售环节却出现“断链”，造成腐败损耗，严重影响食用农产品质量安全。

3. 食用农产品追溯体系不完善

中国食品安全追溯制度建设起步晚，一是缺乏统一的追溯标准规范，对追溯标识、信息记录和交换等没有一致要求，尚未建立全流程的追溯数据库。二是缺乏全国层面的顶层设计，一些省市、部门开展了追溯体系试点建设，但局限于一定的食品品种、环节和区域，造成追溯体系呈现“碎片化”建设状态，既不利于统一监管，也造成重复建设、资源浪费。三是对追溯数据信息未能共享，未充分挖掘数据信息的应用价值。

4. 检验检测能力相对滞后

一是相较普通食品检验，鲜活的食用农产品检测时限要求短，且其中农残、兽残等有害物质含量较低，对检验工作提出了较高的要求。但不少批发市场的产品自检体系不健全，专业检测人员少，业务水平不高，检测设备简陋落后，检验能力较为薄弱，存在“检不了、检不出、检不准”的问题。二是大多数省市对抽检品种、项目、频率没有统一标准，部分市场易选择检测成本低的项目，而不考虑风险大小。三是检验数据信息未实现共享，存在重复检验，也不利于有效发挥数据价值和效益。

5. 缺乏食品安全风险交流预警

部分大型市场主办方、经营者虽然认识到食品安全重要性，但对如何加强食用农产品质量安全管理、发挥自身作用认识模糊，且对国内外食品安全形势知晓和理解较为滞后。监管部门制定管理制度，并掌握各种食品安全信息、检验数据的第一手资料，虽开展了食品安全风险公布、食品安全警示发布等工作，但与市场缺乏针对性信息反馈渠道，影响了食品安全风险交流预警作用发挥。

四、大型食用农产品批发市场质量安全管理提升建议

中国大型食用农产品批发市场质量安全管理体系已基本形成，但仍处于发展阶段，制度建设、冷链物流、追溯体系、检测体系、预警交流等方面问题依然存在。可从以下方面予以改进。

1. 健全法律标准和认证体系

在法律体系方面，针对大型食用农产品批发市场质量安全管理需求和薄弱环节，制定针对性相关法律法规，统一产地准出条件和合格证明文件制式，确保农产品产地准出与市场准入无缝衔接；完善农产品批发市场线上经营等新兴流通模式监管要求，填补监管盲区。在标准体系方面，进一步完善农产品流通标准体系，要求入市销售农产品质量等级化、包装和标识规范化；加强修订农兽药残留相关限量标准，构建与国际接轨的农兽药残留相关标准体系，并建立相匹配的检测方法。在认证体系方面，大力提升食用农产品“三品一标”覆盖率，对一些重点农产

品可实施强制性认证，守住安全底线；其他品种可自愿认证，促进产品优化升级。鼓励大型特别是区域性、综合性农产品批发市场开展良好农业规范（GAP）、危害分析与关键控制点（HACCP）等认证，推动农产品流通优质高效发展，提升区域农产品质量安全保障水平。

2. 加强农产品冷链物流

一是加强高效绿色制冷技术、微环境智能化监控技术等研究，运用先进的冷链物流管理理念、标准和绿色制冷技术与设备，控制冷链贮运重点环节风险隐患，建立专业化、绿色的农产品冷链物流系统。二是加强大型农产品批发市场冷库、冷藏车辆等冷链物流基础设施建设，有效提升冷链覆盖率。三是依托大型农产品批发市场，强化跨区域农产品低温配送和处理能力，建立畜禽肉、水产品、蔬菜等重点农产品冷链物流集散中心，结合智能化信息监控技术，建立农产品全程冷链和智能监控物流体系。

3. 完善信息化追溯体系

针对食用农产品生产流通特性，规范追溯标准，明确追溯数据采集、传输、标识等技术统一要求，在全国统筹构建食用农产品质量安全全程追溯体系，建立追溯大数据库，实现不同环节、不同区域追溯信息互联互通。促进大型批发市场按照追溯标准建立信息化追溯体系，将流通环节追溯数据接入统一追溯管理信息平台，并推动追溯管理与市场准入相衔接。集中管理采集的追溯信息数据，加强数据挖掘分析，在监管部门、市场、行业协会、消费者间开放共享。

4. 提升检验检测体系

升级快检、检测技术和设备，加强人员技术培训，强化市场自检能力，提升药物残留检测水平，引导具备相应资质的第三方检验检测机构入驻批发市场，完善市场自检、委托检验、抽检三位一体的检测体系。统一检测品种、项目和频率，提高农产品抽检和自检的针对性和效能。搭建检测信息共享平台，有效整合市场、第三方检测机构、监管部门抽检等数据信息，可在更大范围内实现共享，避免重复检测。完善区域检测结果互认机制，促进快速进场入市，优化营商环境。

5. 加强风险交流预警

联合监管部门、行业、市场、检验机构、科研机构、媒体，构建大型食用农产品批发市场风险交流预警平台，加强对国内外舆情信息监测和共享，建立风险信息定期通报和交流制度，强化对食用农产品质量安全风险发展趋势的研判、分析、预警，助力市场及时发现问题隐患，主动采取措施降低、控制风险，并实现市场之间联动。此外，依托平台，加大对市场经营主体关于食品安全法律法规、责任告知等培训力度，并建立农产品生产经营主体“黑名单”制度，实现共享共治。

第三节　食用农产品市场准入管理

食用农产品市场准入管理是指在食用农产品进入市场销售前，对其进行质量和安全审查、检验、监管等一系列管理措施，以确保食用农产品质量安全，保障消费者健康。市场准入管理主要涉及对农产品的产地、生产环节、包装、标识、检验、销售环节等方面的监管。2006 年我国颁布《农产品质量安全法》，2015 年实施新《食品安全法》，2016 年颁布实施《食用农产品市场销售质量安全监督管理办法》，我国食用农产品的市场准入体系正式建立。

一、 农产品市场准入的范围

农产品市场准入的范围重点在城区的大型批发市场、农贸市场、大型商场、超市、连锁店，准入的品种主要包括蔬菜、水果、肉类、禽蛋、水产品等初级农产品。

二、 农产品市场准入的作用

1. 安全消费的保障作用

由于市场准入制度的建立和有力实施，给农产品入市设立了安全门槛，这就意味着，只要是进入正规市场的农产品，一般来说都是安全的。不允许不安全农产品入市，给广大消费者建立了农产品消费的安全保障，创造了放心消费的空间与环境。

2. 安全生产的倒逼作用

农产品的安全生产对于保障人民群众“舌尖上的安全”至关重要。在实践中，通过一系列措施对农产品安全生产产生倒逼作用，使不安全农产品失去市场空间，可以有效地倒逼农产品安全生产的提升，保障人民群众的饮食安全，促进农业产业的可持续发展。市场准入如同一个安全助推器，用倒逼机制迫使生产者按照农产品质量安全标准进行生产，落实质量安全保障措施，也迫使经营者按照市场准入规则进行经营活动。由于市场领域的净化促进了生产领域的净化，这就形成了农产品质量安全的市场倒逼功能，不断发挥这种功能可最大程度促进农产品质量安全措施落实在各个领域。

3. 优质优价的拉动作用

农产品的质量优势首先就是质量安全可靠的优势，但许多安全可靠的优质农产品在市场环境中发挥不出质量优势，也就体现不出效益优势。究其原因，主要是没有实施好市场准入，没有形成农产品分层次的价格机制，质量安全的高端优质农产品卖不出应有的高端价格。如果发挥好市场准入，市场准入必定带来标识化流通，这就使不同层次的质量标准产品亮明身份，有机、绿色、无公害、地理标志的“三品一标”产品与其他普通合格产品就可以形成差价机制，意味着在市场领域设置了安全效益体现平台，有可能改变目前存在的优质不能优价，高质不能高效的被动局面，拉动“三品一标”等优质产品加快发展。

4. 安全责任的追溯作用

市场准入环节上连生产者，下连经营者和消费者，形成生产、经营、消费的全程化和系列化，加上规范化的制度设计要求，把每一环节的安全状况和安全责任分得清清楚楚。一旦出现不安全状况，市场准入这个环节就像一个分水岭，能追溯与传导安全责任和质量状况。

5. 安全风险的化解作用

随着市场准入广度和深度推进，农产品质量信息的产生、反馈与传导日益量大、面广而快速，迫使农产品质量安全的风险评估逐步全面深化，做到风险评估精准，风险交流迅速，风险管理到位，将整个质量安全风险控制在市场外。同时，也能通过采取措施，将安全隐患排除在生产经营之前。

三、落实农产品准入的主要措施

1. 全国各地协调推动

现在农产品都是没有地域界限的大流通，不同地域的农产品都有可能在异地大交汇。所以，一个地方推进市场准入，就要首先解决好与各地的协作问题，共同努力，协调推进。

2. 严格统一规则与质量标准

市场准入的规则包括农产品进入市场的检验检测规则、免检直通规则、标识规则、产地验证规则、产品放置规则、交易规则、信息公布规则、产品处置规则、质量追溯规则等，市场准入的规则必须坚持全国的统一性规则，并向全社会公布，使生产经营者和广大消费者心中有数，其质量标准更应坚持全国市场的统一性。

3. 推进标识化流通

标识化流通是确保农产品质量安全的一个重要操作系统。不同质量标准的农产品验证后亮明身份进入市场，供消费者按其喜好广泛选购，在生产者与消费者之间架起了诚信桥梁。这就需要以检验检测、认证认可为基础，以监管执法为保障，不断建立和完善诚信体系。

4. 规范市场主体

对农产品经营者的销售商、加工商、餐饮商、交易场地商以及农产品电商，都应设定规范化要求，共同营造良好的交易秩序和环境。

5. 规范生产主体

进入市场流通的农产品，必须是有着良好操作规范和标准化生产的农产品，可以经得起产地环境、投入品管控、技术措施、生产管理、采收贮运全程化操作查验与追溯。因此，应严加规范生产主体和生产技术措施。

6. 抓好监管执法

入市农产品质量安全保障，仅凭生产经营主体自律是不够的，目前情况下还很难做到位，应该依靠强有力的行政管理和严格执法来促进其自律和诚信。当前特别要切实贯彻落实好《农产品质量安全法》和《食品安全法》，并以此为依据，进一步建立健全推进市场准入的制度体系，以制度的约束力净化农产品市场流通环境与生产环境。

7. 放眼国际市场

推行农产品市场准入，既要充分考虑我国的基本国情，又要充分考虑国际市场实行准入制度的基本情况和 WTO 规则的基本要求，严密而又科学合理地处理好国内、国际两个市场准入规则的衔接。特别是“一带一路”倡议的实施，在农产品质量安全的市场准入上，要有国际视野，在具体操作中切中国际要领。

8. 完善保障体系

市场准入应当健全保障体系，主要应在 3 个方面做好保障工作。一是队伍保障，应该建立一支政策水平高、法治意识浓、业务能力强的监管队伍。二是投入保障，牵涉市场准入的基础设施建设、检验检测、认证认可、标准制定、实验研究等领域都需要公共财政支出，一定要保障投入。三是制度保障，应以有关法律法规为依据，建立健全一系列制度体系，以制度的约束力规范和促进市场准入的各项工作落到实处。

四、农产品质量安全市场准入的意义

1. 发挥着市场反射作用

农产品不符合安全标准，不能入市，并及时处理不符合安全标准的农产品，减少不安全农产品的市场空间。

2. 发挥着市场对接作用

促进农产品在质量安全、需求及价格等信息的传播，在利用信息传播的过程中，加强市场经营主体与生产经营主体之间的沟通，有利于其互利合作。

3. 发挥着市场安全消费保障作用

为农产品进入市场设置了安全性门槛，只有安全的农产品才能在正规化市场售卖，让人们消费农产品时变得更加安全。

通过食用农产品市场准入管理，我国旨在保障消费者食用农产品的质量安全，维护消费者健康。这一管理措施有利于提高农产品生产、流通和销售环节的质量安全管理水平，促进农业产业的发展。

第四节 食用农产品市场销售监督管理要求

食用农产品市场销售监督管理要求是市场监督管理总局发布的《食用农产品市场销售质量安全监督管理办法》中对地方市场监督管理部门在农产品市场销售监督管理提出的要求。

一、食品药品监督管理职责

《食用农产品市场销售质量安全监督管理办法》对地方市场监督管理部门在农产品市场销售监督管理作出规定，相关部门依据相关条文进行监管，需要做以下几点：

（1）按照当地人民政府制定的本行政区域食品安全年度监督管理计划，开展食用农产品市场销售质量安全监督管理工作。

（2）根据年度监督检查计划、食用农产品风险程度等，确定监督检查的重点、方式和频次，对本行政区域的集中交易市场开办者、销售者、贮存服务提供者进行日常监督检查。

（3）建立本行政区域集中交易市场开办者、销售者、贮存服务提供者食品安全信用档案，如实记录日常监督检查结果、违法行为查处等情况，依法向社会公布并实时更新。对有不良信用记录的集中交易市场开办者、销售者、贮存服务提供者增加监督检查频次；将违法行为情节严重的集中交易市场开办者、销售者、贮存服务提供者及其主要负责人和其他直接责任人的相关信息，列入严重违法者名单，并予以公布。

（4）建立销售者市场准入前信用承诺制度，要求销售者以规范格式向社会作出公开承诺，如存在违法失信销售行为将自愿接受信用惩戒。信用承诺纳入销售者信用档案，接受社会监督，并作为事中事后监督管理的参考。

（5）当食用农产品在销售过程中存在质量安全隐患，未及时采取有效措施消除的，对集中交易市场开办者、销售者、贮存服务提供者的法定代表人或者主要负责人进行责任约谈并监

督进行整改并计入安全信用档案。

（6）应当将食用农产品监督抽检纳入年度检验检测工作计划，对食用农产品进行定期或者不定期抽样检验，并依据有关规定公布检验结果。

（7）应当准确、及时、客观公布食用农产品监督管理信息并进行必要的解释说明，避免误导消费者和社会舆论。

（8）发现批发市场有本办法禁止销售的食用农产品，在依法处理的同时，应当及时追查食用农产品来源和流向，查明原因、控制风险并报告上级市场监督管理部门，同时通报所涉地同级市场监督管理部门；涉及种植养殖和进出口环节的，还应当通报相关农业行政部门和出入境检验检疫部门。

（9）在监督管理中发现食用农产品质量安全事故，或者接到有关食用农产品质量安全事故的举报，应当立即会同相关部门进行调查处理，采取措施防止或者减少社会危害，按照应急预案的规定报告当地人民政府和上级市场监督管理部门，并在当地人民政府统一领导下及时开展调查处理。

二、日常监督检查内容

地方市场监督管理部门按照地方政府属地管理要求，可以依法采取下列措施，对集中交易市场开办者、销售者、贮存服务提供者遵守《食用农产品市场销售质量安全监督管理办法》进行日常监督检查，检查内容主要有以下几点：

（1）对食用农产品销售、贮存和运输等场所进行现场检查；

（2）对食用农产品进行抽样检验；

（3）向当事人和其他有关人员调查了解与食用农产品销售活动和质量安全有关的情况；

（4）检查食用农产品进货查验记录制度落实情况，查阅、复制与食用农产品质量安全有关的记录、协议、发票以及其他资料；

（5）对有证据证明不符合食品安全标准或者有证据证明存在质量安全隐患以及用于违法生产经营的食用农产品，有权查封、扣押、监督销毁；

（6）查封违法从事食用农产品销售活动的场所；

（7）集中交易市场开办者、销售者、贮存服务提供者对市场监督管理部门实施的监督检查应当予以配合，不得拒绝、阻挠、干涉。

第五节　食用农产品市场销售违法行为及法律适用

《食用农产品市场销售质量安全监督管理办法》对集中交易市场开办者、批发市场开办者、销售者等相关人员做出要求及约束。食用农产品市场销售质量安全的违法行为，食品安全法等法律法规已有规定的，依照其规定执行。

一、集中交易市场开办者

《食用农产品市场销售质量安全监督管理办法》对集中交易市场开办者相关行为作了规

定，集中交易市场开办者有下列情形之一的，由县级以上市场监督管理部门责令改正，给予警告；拒不改正的，处5000元以上3万元以下罚款：

（1）未建立或者落实食品安全管理制度的；

（2）未按要求配备食品安全管理人员、专业技术人员，或者未组织食品安全知识培训的；

（3）未制定食品安全事故处置方案的；

（4）未按食用农产品类别实行分区销售的；

（5）环境、设施、设备等不符合有关食用农产品质量安全要求的；

（6）未按要求建立入场销售者档案，或者未按要求保存和更新销售者档案的；

（7）未如实向所在地县级市场监督管理部门报告市场基本信息的；

（8）未查验并留存入场销售者的社会信用代码或者身份证复印件、食用农产品产地证明或者购货凭证、合格证明文件的；

（9）未进行抽样检验或者快速检测，允许无法提供食用农产品产地证明或者购货凭证、合格证明文件的销售者入场销售的；

（10）发现食用农产品不符合食品安全标准等违法行为，未依照集中交易市场管理规定或者与销售者签订的协议处理的；

（11）未在醒目位置及时公布食用农产品质量安全管理制度、食品安全管理人员、食用农产品抽样检验结果以及不合格食用农产品处理结果、投诉举报电话等信息的。

二、批发市场开办者

批发市场开办者未与入场销售者签订食用农产品质量安全协议，或者未印制统一格式的食用农产品销售凭证的，由县级以上市场监督管理部门责令改正，给予警告；拒不改正的，处1万元以上3万元以下罚款。

三、销售者

《食用农产品市场销售质量安全监督管理办法》对销售者相关人员做出要求及约束。食品安全法已有明确规定的，依据其相关法律条文执行，未作明确规定的则依据《食用农产品市场销售质量安全监督管理办法》执行。

《食品安全法》对农产品市场销售监督管理违法行为作出了相关规定，销售者有下列情形之一的：①使用国家禁止的兽药和剧毒、高毒农药，或者添加食品添加剂以外的化学物质和其他可能危害人体健康的物质的；②病死、毒死或者死因不明的禽、畜、兽、水产动物肉类；③未按规定进行检疫或者检疫不合格的肉类；④国家为防病等特殊需要明令禁止销售的；⑤致病性微生物、农药残留、兽药残留、生物毒素、重金属等污染物质以及其他危害人体健康的物质含量超过食品安全标准限量的；⑥超范围、超限量使用食品添加剂的；⑦腐败变质、油脂酸败、霉变生虫、污秽不洁、混有异物、掺假掺杂或者感官性状异常的；⑧标注虚假生产日期、保质期或者超过保质期的；⑨使用的保鲜剂、防腐剂等食品添加剂和包装材料等食品相关产品不符合食品安全国家标准的；⑩被包装材料、容器、运输工具等污染的。依据《食品安全法》，由县级以上人民政府食品安全监督管理部门没收违法所得和违法生产经营的食品，并可以没收用于违法生产经营的工具、设备、原料等物品；违法生产经营的食品货值金额不足1万元的，并处10万元以上15万元以下罚款；货值金额1万元以上的，并处货值金额五倍至三十倍罚款；情节严重的，吊销许可证，并可以由公安机关对其直接负责的主管人员和其他直接责任人员处五日以上十五日以下拘留。

销售者有下列情形之一的：①销售者未按要求配备与销售品种相适应的冷藏、冷冻设施，或者温度、湿度和环境等不符合特殊要求的；②未按要求选择贮存服务提供者，或者贮存服务提供者；③未履行食用农产品贮存相关义务的；④未按要求进行包装或者附加标签的；⑤销售者销售未按规定进行检验的肉类，或者销售标注虚假的食用农产品产地、生产者名称、生产者地址，标注伪造、冒用的认证标志等质量标志的食用农产品的；⑥未按要求公布食用农产品相关信息的，则由县级以上市场监督管理部门责令改正，给予警告；拒不改正的，处5000以上3万元以下罚款。

销售者需履行《食用农产品市场销售质量安全监督管理办法》规定的食用农产品进货查验等义务，有充分证据证明其不知道所采购的食用农产品不符合食品安全标准，并能如实说明其进货来源的，可以免予处罚，但应当依法没收其不符合食品安全标准的食用农产品；造成人身、财产或者其他损害的，依法承担赔偿责任。

县级以上地方市场监督管理部门未履行食用农产品质量安全监督管理职责，或者滥用职权、玩忽职守、徇私舞弊的，依法追究直接负责的主管人员和其他直接责任人员的行政责任。违法销售食用农产品涉嫌犯罪的，由县级以上地方市场监督管理部门依法移交公安机关追究刑事责任。

思考题

1. 根据表现形式不同，食用农产品市场销售风险主要可以分为几种？
2. 国内大型食用农产品批发市场质量安全管理主要措施是什么？
3. 食用农产品市场准入的范围及作用是什么？
4. 结合生活中的实际案例，浅谈如何落实食用农产品准入。
5. 谈谈你对食用农产品市场销售监督管理的看法。
6. 就食用农产品市场销售违法行为，谈谈你的解决办法。

第七章

CHAPTER 7

食品生产企业监督管理

第一节　食品生产企业生产环境条件要求

企业生产环境是食品生产环节影响食品质量的重要因素，符合要求的生产环境为食品安全提供了基础保障，同时也是生产高品质食品的关键。《食品生产通用卫生规范》和《加强食品质量安全监督管理工作实施意见》对企业生产环境条件作了具体要求。

一、《加强食品质量安全监督管理工作实施意见》对企业生产环境条件的要求

食品生产加工企业申请《食品生产许可证》，应当符合必备的条件，其中生产环境条件包括以下几点：

（1）必须具备保证产品质量的环境条件。

（2）必须具备保证产品质量的生产设备、工艺装备和相关辅助设备，具有与保证产品质量相适应的原料处理、加工、贮存等厂房或者场所。

（3）食品加工工艺流程应当科学、合理，生产加工过程应当严格、规范，防止生食品与熟食品，原料与半成品、成品，陈旧食品与新鲜食品等的交叉污染。

（4）贮存、运输和装卸食品的容器包装、工具、设备必须无毒、无害，保持清洁，防止对食品造成污染。

二、《食品生产通用卫生规范》对企业生产环境要求

《食品生产通用卫生规范》对企业生产环境中的厂址与厂区、厂房与车间、辅助设施、设备等作了具体规定。

（一）选址及厂区环境

（1）厂区不应选择对食品有显著污染的区域。如某地对食品安全和食品宜食用性存在明显的不利影响，且无法通过采取措施加以改善，应避免在该地址建厂。

（2）厂区不应选择有害废弃物以及粉尘、有害气体、放射性物质和其他扩散性污染源不能有效清除的地址。

（3）厂区不宜选择易发生洪涝灾害的地区，难以避开时应设计必要的防范措施。

（4）厂区周围不宜有虫害大量孳生的潜在场所，难以避开时应设计必要的防范措施。

（5）应考虑环境给食品生产带来的潜在污染风险，并采取适当的措施将其降至最低水平。

（6）厂区应合理布局，各功能区域划分明显，并有适当的分离或分隔措施，防止交叉污染。

（7）厂区内的道路应铺设混凝土、沥青或者其他硬质材料；空地应采取必要措施，如铺设水泥、地砖或铺设草坪等方式，保持环境清洁，防止正常天气下扬尘和积水等现象的发生。

（8）厂区绿化应与生产车间保持适当距离，植被应定期维护，以防止虫害的孳生。

（9）厂区应有适当的排水系统。

（10）宿舍、食堂、职工娱乐设施等生活区应与生产区保持适当距离或分隔。

（二）厂房与车间

（1）厂房和车间的内部设计和布局应满足食品卫生操作要求，避免食品生产中发生交叉污染。

（2）厂房和车间的设计应根据生产工艺合理布局，预防和降低产品受污染的风险。

（3）厂房和车间应根据产品特点、生产工艺、生产特性以及生产过程对清洁程度的要求合理划分作业区，并采取有效分离或分隔。通常可划分为清洁作业区、准清洁作业区和一般作业区；或清洁作业区和一般作业区等。一般作业区应与其他作业区域分隔。

（4）厂房内设置的检验室应与生产区域分隔。

（5）厂房的面积和空间应与生产能力相适应，便于设备安置、清洁消毒、物料存储及人员操作。

（6）建筑内部结构应易于维护、清洁或消毒。应采用适当的耐用材料建造。

（7）顶棚应使用无毒、无味、与生产需求相适应、易于观察清洁状况的材料建造；若直接在屋顶内层喷涂涂料作为顶棚，应使用无毒、无味、防霉、不易脱落、易于清洁的涂料。

（8）顶棚应易于清洁、消毒，在结构上不利于冷凝水垂直滴下，防止虫害和霉菌孳生。

（9）蒸汽、水、电等配件管路应避免设置于暴露食品的上方；如确需设置，应有能防止灰尘散落及水滴掉落的装置或措施。

（10）墙面、隔断应使用无毒、无味的防渗透材料建造，在操作高度范围内的墙面应光滑、不易积累污垢且易于清洁；若使用涂料，应无毒、无味、防霉、不易脱落、易于清洁。

（11）墙壁、隔断和地面交界处应结构合理、易于清洁，能有效避免污垢积存。例如设置漫弯形交界面等。

（12）门窗应闭合严密。门的表面应平滑、防吸附、不渗透，并易于清洁、消毒。应使用不透水、坚固、不变形的材料制成。

（13）清洁作业区和准清洁作业区与其他区域之间的门应能及时关闭。

（14）窗户玻璃应使用不易碎材料。若使用普通玻璃，应采取必要的措施防止玻璃破碎后对原料、包装材料及食品造成污染。

（15）窗户如设置窗台，其结构应能避免灰尘积存且易于清洁。可开启的窗户应装有易于清洁的防虫害窗纱。

（16）地面应使用无毒、无味、不渗透、耐腐蚀的材料建造。地面的结构应有利于排污和清洗的需要。

（17）地面应平坦防滑、无裂缝、并易于清洁、消毒，并有适当的措施防止积水。

（三）辅助设施

1. 供水设施

（1）应能保证水质、水压、水量及其他要求符合生产需要。

（2）食品加工用水的水质应符合 GB 5749 的规定，对加工用水水质有特殊要求的食品应符合相应规定。间接冷却水、锅炉用水等食品生产用水的水质应符合生产需要。

（3）食品加工用水与其他不与食品接触的用水（如间接冷却水、污水或废水等）应以完全分离的管路输送，避免交叉污染。各管路系统应明确标识以便区分。

（4）自备水源及供水设施应符合有关规定。供水设施中使用的涉及饮用水卫生安全产品还应符合国家相关规定。

2. 排水设施

（1）排水系统的设计和建造应保证排水畅通、便于清洁维护；应适应食品生产的需要，保证食品及生产、清洁用水不受污染。

（2）排水系统入口应安装带水封的地漏等装置，以防止固体废弃物进入及浊气逸出。

（3）排水系统出口应有适当措施以降低虫害风险。

（4）室内排水的流向应由清洁程度要求高的区域流向清洁程度要求低的区域，且应有防止逆流的设计。

（5）污水在排放前应经适当方式处理，以符合国家污水排放的相关规定。

3. 清洁消毒设施

应配备足够的食品、工器具和设备的专用清洁设施，必要时应配备适宜的消毒设施。应采取措施避免清洁、消毒工器具带来的交叉污染。

4. 废弃物存放设施

应配备设计合理、防止渗漏、易于清洁的存放废弃物的专用设施；车间内存放废弃物的设施和容器应标识清晰。必要时应在适当地点设置废弃物临时存放设施，并依废弃物特性分类存放。

5. 个人卫生设施

（1）生产场所或生产车间入口处应设置更衣室；必要时特定的作业区入口处可按需要设置更衣室。更衣室应保证工作服与个人服装及其他物品分开放置。

（2）生产车间入口及车间内必要处，应按需设置换鞋（穿戴鞋套）设施或工作鞋靴消毒设施。如设置工作鞋靴消毒设施，其规格尺寸应能满足消毒需要。

（3）应根据需要设置卫生间，卫生间的结构、设施与内部材质应易于保持清洁；卫生间内的适当位置应设置洗手设施。卫生间不得与食品生产、包装或贮存等区域直接连通。

（4）应在清洁作业区入口设置洗手、干手和消毒设施；如有需要，应在作业区内适当位置加设洗手和（或）消毒设施；与消毒设施配套的水龙头其开关应为非手动式。

（5）洗手设施的水龙头数量应与同班次食品加工人员数量相匹配，必要时应设置冷热水混合器。洗手池应采用光滑、不透水、易清洁的材质制成，其设计及构造应易于清洁消毒。应在临近洗手设施的显著位置标示简明易懂的洗手方法。

（6）根据对食品加工人员清洁程度的要求，必要时应可设置风淋室、淋浴室等设施。

6. 通风设施

（1）应具有适宜的自然通风或人工通风措施；必要时应通过自然通风或机械设施有效控制生产环境的温度和湿度。通风设施应避免空气从清洁度要求低的作业区域流向清洁度要求高的作业区域。

（2）应合理设置进气口位置，进气口与排气口和户外垃圾存放装置等污染源保持适宜的距离和角度。进、排气口应装有防止虫害侵入的网罩等设施。通风排气设施应易于清洁、维修或更换。

（3）若生产过程需要对空气进行过滤净化处理，应加装空气过滤装置并定期清洁。

（4）根据生产需要，必要时应安装除尘设施。

7. 照明设施

（1）厂房内应有充足的自然采光或人工照明，光泽和亮度应能满足生产和操作需要；光源应使食品呈现真实的颜色。

（2）如需在暴露食品和原料的正上方安装照明设施，应使用安全型照明设施或采取防护措施。

8. 仓储设施

（1）应具有与所生产产品的数量、贮存要求相适应的仓储设施。

（2）仓库应以无毒、坚固的材料建成；仓库地面应平整，便于通风换气。仓库的设计应能易于维护和清洁，防止虫害藏匿，并应有防止虫害侵入的装置。

（3）原料、半成品、成品、包装材料等应依据性质的不同分设贮存场所或分区域码放，并有明确标识，防止交叉污染。必要时仓库应设有温、湿度控制设施。

（4）贮存物品应与墙壁、地面保持适当距离，以利于空气流通及物品搬运。

（5）清洁剂、消毒剂、杀虫剂、润滑剂、燃料等物质应分别安全包装，明确标识，并应与原料、半成品、成品、包装材料等分隔放置。

9. 温控设施

（1）应根据食品生产的特点，配备适宜的加热、冷却、冷冻等设施，以及用于监测温度的设施。

（2）根据生产需要，可设置控制室温的设施。

（四）生产设备

（1）应配备与生产能力相适应的生产设备，并按工艺流程有序排列，避免引起交叉污染。

（2）与原料、半成品、成品接触的设备与用具，应使用无毒、无味、抗腐蚀、不易脱落的材料制作，并应易于清洁和保养。

（3）设备、工器具等与食品接触的表面应使用光滑、无吸收性、易于清洁保养和消毒的材料制成，在正常生产条件下不会与食品、清洁剂和消毒剂发生反应，并应保持完好无损。

（4）所有生产设备应从设计和结构上避免零件、金属碎屑、润滑油或其他污染因素混入食品，并应易于清洁消毒、易于检查和维护。

（5）设备应不留空隙地固定在墙壁或地板上，或在安装时与地面和墙壁间保留足够空间，以便清洁和维护。

（6）配备用于监测、控制、记录的监控设备，如压力表、温度计、记录仪等，定期校准、维护。

第二节　食品生产过程控制

食品生产过程是指食品原料经一定加工工艺制成产品的全过程，食品生产过程控制包括食品原料、食品添加剂和相关产品管理与控制，生产过程质量控制，不合格产品召回。

一、食品原料

原料是决定食品质量的基础，食品生产企业应根据国家相关规定建立食品原料采购质量标准和原料验收、运输、贮存等管理制度。如实记录食品原料的名称、规格、数量、生产日期或者生产批号、保质期、进货日期以及供货者名称、地址、联系方式等内容，并保存相关凭证。

《食品生产通用卫生规范》对食品原料管理作了具体规定：

（1）采购的食品原料应当查验供货者的许可证和产品合格证明文件；对无法提供合格证明文件的食品原料，应当依照食品安全标准进行检验。

（2）食品原料必须经过验收合格后方可使用。经验收不合格的食品原料应在指定区域与合格品分开放置并明显标记，并应及时进行退、换货等处理。

（3）加工前宜进行感官检验，必要时应进行实验室检验；检验发现涉及食品安全项目指标异常的，不得使用；只应使用确定适用的食品原料。

（4）食品原料运输及贮存中应避免日光直射、备有防雨防尘设施；根据食品原料的特点和卫生需要，必要时还应具备保温、冷藏、保鲜等设施。

（5）食品原料运输工具和容器应保持清洁、维护良好，必要时应进行消毒。食品原料不得与有毒、有害物品同时装运，避免污染食品原料。

（6）食品原料仓库应设专人管理，建立管理制度，定期检查质量和卫生情况，及时清理变质或超过保质期的食品原料。仓库出货顺序应遵循先进先出的原则，必要时应根据不同食品原料的特性确定出货顺序。

另外还可以从原料生产环节入手，加强原料管理，主要表现在以下几个方面：

（1）建立健全的食品原料管理机制，加强食品原料生产源头治理，强化农业投入品的监管，确保有害农资化学品的使用量和残留量低于允许水平。

（2）加强疫病与微生物风险控制，运用科学方法在源头生产过程对动物疫病与微生物进行监测，评估食品风险因素，从而建立预防性措施。

（3）建立食品原料监控体系，建立食品原料生产环境、质量认证、监督管理、市场流通等全方位食品原料质量控制体系。

（4）建立完善的食品原料检测技术体系，建立食品原料中化学、生物危害物的快速检测方法。

二、食品添加剂

食品添加剂是指经国务院卫生行政部门批准并以标准、公告等方式公布的可以作为改善食品品质和色、香、味以及为防腐、保鲜和加工工艺需要而加入食品的人工合成或者天然物质。

食品添加剂生产者应建立食品添加剂出厂检验记录制度，查验出厂产品的检验合格证和安全状况，如实记录食品添加剂的名称、规格、数量、生产日期或者生产批号、保质期、检验合格证号，销售日期以及购负者名称、地址、联系方式等相关内容，并保存相关凭证。记录和凭证保存期限不得少于产品保质期满后6个月；没有明确保质期的，保存期限不得少于两年。

食品添加剂的使用应符合GB 2760—2024《食品安全国家标准　食品添加剂使用标准》。

《食品生产通用卫生规范》对食品添加剂的管理作了具体规定：

（1）采购食品添加剂应当查验供货者的许可证和产品合格证明文件。食品添加剂必须经过验收合格后方可使用。

（2）运输食品添加剂的工具和容器应保持清洁、维护良好，并能提供必要的保护，避免污染食品添加剂。

（3）食品添加剂的贮藏应有专人管理，定期检查质量和卫生情况，及时清理变质或超过保质期的食品添加剂。仓库出货顺序应遵循先进先出的原则，必要时应根据食品添加剂的特性确定出货顺序。

三、食品相关产品

食品相关产品包括包装材料、容器、洗涤剂、消毒剂等，加工过程中这些产品与食品接触，因此，食品相关产品的科学管理是食品安全的保证。《食品生产通用卫生规范》对食品相关产品管理作了具体规定：

（1）采购食品包装材料、容器、洗涤剂、消毒剂等食品相关产品应当查验产品的合格证明文件，实行许可管理的食品相关产品还应查验供货者的许可证。食品包装材料等食品相关产品必须经过验收合格后方可使用。

（2）运输食品相关产品的工具和容器应保持清洁、维护良好，并能提供必要的保护，避免污染食品原料和交叉污染。

（3）食品相关产品的贮藏应有专人管理，定期检查质量和卫生情况，及时清理变质或超过保质期的食品相关产品。仓库出货顺序应遵循先进先出的原则。

四、生产过程质量控制

食品生产企业应建立健全的食品质量安全管理体系，为产品质量安全提供保障。

（一）食品生产过程控制

国家鼓励食品生产经营企业符合良好生产规范（GMP或GHP）要求，实施危害分析与关键控制点体系（HACCP），提高食品安全管理水平。食品生产经营企业通过危害分析与关键控制点体系（HACCP）明确生产过程中的食品安全关键环节，并利用科学方法或行业经验建立食品生产过程质量控制措施，从而加强食品生产环节风险因素控制。

《食品生产通用卫生规范》对食品生产过程的食品安全控制作了具体规定：

1. 产品污染风险控制

（1）应通过危害分析方法明确生产过程中的食品安全关键环节，并设立食品安全关键环节的控制措施。在关键环节所在区域，应配备相关的文件以落实控制措施，如配料（投料）表、岗位操作规程等。

（2）鼓励采用危害分析与关键控制点体系（HACCP）对生产过程进行食品安全控制。

2. 生物污染的控制

（1）应根据原料、产品和工艺的特点，针对生产设备和环境制定有效的清洁消毒制度，降低微生物污染的风险。

（2）清洁消毒制度应包括以下内容：清洁消毒的区域、设备或器具名称；清洁消毒工作的职责；使用的洗涤、消毒剂；清洁消毒方法和频率；清洁消毒效果的验证及不符合的处理；清洁消毒工作及监控记录。

（3）应确保实施清洁消毒制度，如实记录；及时验证消毒效果，发现问题及时纠正。

（4）根据产品特点确定关键控制环节进行微生物监控；必要时应建立食品加工过程的微生物监控程序，包括生产环境的微生物监控和过程产品的微生物监控。

（5）食品加工过程的微生物监控程序应包括：微生物监控指标、取样点、监控频率、取样和检测方法、评判原则和整改措施等。

（6）微生物监控应包括致病菌监控和指示菌监控，食品加工过程的微生物监控结果应能反映食品加工过程中对微生物污染的控制水平。

3. 化学污染的控制

（1）应建立防止化学污染的管理制度，分析可能的污染源和污染途径，制定适当的控制计划和控制程序。

（2）应当建立食品添加剂和食品工业用加工助剂的使用制度，按照 GB 2760 的要求使用食品添加剂。

（3）不得在食品加工中添加食品添加剂以外的非食用化学物质和其他可能危害人体健康的物质。

（4）生产设备上可能直接或间接接触食品的活动部件若需润滑，应当使用食用油脂或能保证食品安全要求的其他油脂。

（5）建立清洁剂、消毒剂等化学品的使用制度。除清洁消毒必需和工艺需要，不应在生产场所使用和存放可能污染食品的化学制剂。

（6）食品添加剂、清洁剂、消毒剂等均应采用适宜的容器妥善保存，且应明显标识、分类贮存；领用时应准确计量、作好使用记录。

（7）应当关注食品在加工过程中可能产生有害物质的情况，鼓励采取有效措施降低其风险。

4. 物理污染的控制

（1）应建立防止异物污染的管理制度，分析可能的污染源和污染途径，并制订相应的控制计划和控制程序。

（2）应通过采取设备维护、卫生管理、现场管理、外来人员管理及加工过程监督等措施，最大程度地降低食品受到玻璃、金属、塑胶等异物污染的风险。

（3）应采取设置筛网、捕集器、磁铁、金属检查器等有效措施降低金属或其他异物污染食品的风险。

（4）当进行现场维修、维护及施工等工作时，应采取适当措施避免异物、异味、碎屑等污染食品。

（二）HACCP 体系

HACCP 体系是一种运用食品工艺学、微生物学、化学、物理学、质量控制与危险性评价等原理与方法，对整个食品产业链（种植、养殖、收获、加工、流通、消费）中实际存在的和潜在的危害进行危险性评价，找出对终产品质量安全有重大影响的关键控制点，并采取相应的预防控制手段，在危害发生之前控制它的措施，HACCP 体系提供了一种系统、科学、严谨、适应性强的控制食品生物性、化学性和物理性危害的措施。

（三）健全质量检验体系

质量检验是确保食品质量与安全的重要手段，它包括原料检验、半成品检验和成品检验，生产企业应根据产品要求建立完整的质量品质评价体系。

五、不合格产品召回

根据《食品安全法》及其实施条例等法律法规的规定，中华人民共和国境内，食品生产经营者应当建立健全相关管理制度，收集、分析食品安全信息，依法履行不安全食品的停止生产经营、召回和处置义务。《食品生产通用卫生规范》对产品召回管理作了具体规定：

（1）应根据国家有关规定建立产品召回制度。

（2）当发现生产的食品不符合食品安全标准或存在其他不适于食用的情况时，应当立即停止生产，召回已经上市销售的食品，通知相关生产经营者和消费者，并记录召回和通知情况。

（3）对被召回的食品，应当进行无害化处理或者予以销毁，防止其再次流入市场。对因标签、标识或者说明书不符合食品安全标准而被召回的食品，应采取能保证食品安全且便于重新销售时向消费者明示的补救措施。

（4）应合理划分记录生产批次，采用产品批号等方式进行标识，便于产品追溯。

根据食品安全风险的严重和紧急程度，食品召回分为三级：

（1）一级召回食用后已经或者可能导致严重健康损害甚至死亡的，食品生产者应当在收到食品安全风险后 24h 内启动召回，并向食品药品监督管理部门报告召回计划。食品生产者应当自公告发布之日起 10 个工作日内完成召回。

（2）二级召回食用后已经或者可能导致一般健康问题，食品生产者应当在收到食品安全风险后 48h 内启动召回，并向食品药品监督管理部门报告召回计划。食品生产者应当自公告发布之日起 20 个工作日内完成召回。

（3）三级召回标签、标志存在虚假标注的食品，食品生产者应当在收到食品安全风险后 72h 内启动召回，并向食品药品监督管理部门报告召回计划。食品生产者应当自公告发布之日起 30 个工作日内完成召回。

第三节　食品标签标识管理

食品标签是食品的重要组成部分，指包装食品容器上的文字、图形、符号以及一切说明物，用来引导、指导消费者选购食品、促进商家销售、保护消费者的利益和健康以及用来维护食品制造者的合法利益。

食品标签监管与食品质量安全检验通常整合在一起，作为食品安全检验的一个指标项目来进行，监管的主要依据为 GB 7718—2011《食品安全国家标准　预包装食品标签通则》、GB 28050—2011《食品安全国家标准　预包装食品营养标签通则》和 GB 13432—2013《食品安全国家标准　预包装特殊膳食用食品标签》。

一、GB 7718—2011《食品安全国家标准　预包装食品标签通则》

（一）基本要求

（1）应符合法律、法规的规定，并符合相应食品安全标准的规定。

（2）应清晰、醒目、持久，应使消费者购买时易于辨认和识读。

（3）应通俗易懂、有科学依据，不得标示封建迷信、色情、贬低其他食品或违背营养科学常识的内容。

（4）应真实、准确，不得以虚假、夸大、使消费者误解或欺骗性的文字、图形等方式介绍食品，也不得利用字号大小或色差误导消费者。

（5）不应直接或以暗示性的语言、图形、符号，误导消费者将购买的食品或食品的某一性质与另一产品混淆。

（6）不应标注或者暗示具有预防、治疗疾病作用的内容，非保健食品不得明示或者暗示具有保健作用。

（7）不应与食品或者其包装物（容器）分离。

（8）应使用规范的汉字（商标除外）。具有装饰作用的各种艺术字，应书写正确，易于辨认。

①可以同时使用拼音或少数民族文字，拼音不得大于相应汉字。

②可以同时使用外文，但应与中文有对应关系（商标、进口食品的制造者和地址、国外经销者的名称和地址、网址除外）。所有外文不得大于相应的汉字（商标除外）。

（9）预包装食品包装物或包装容器最大表面面积大于 $35cm^2$ 时，强制标示内容的文字、符号、数字的高度不得小于 1.8mm。

（10）一个销售单元的包装中含有不同品种、多个独立包装可单独销售的食品，每件独立包装的食品标识应当分别标注。

（11）若外包装易于开启识别或透过外包装物能清晰地识别内包装物（容器）上的所有强制标示内容或部分强制标示内容，可不在外包装物上重复标示相应的内容；否则应在外包装物上按要求标示所有强制标示内容。

（二）标示内容

1. 直接向消费者提供的预包装食品标签标示内容

直接向消费者提供的预包装食品标签标示应包括食品名称、配料表、净含量和规格、生产者和（或）经销者的名称、地址和联系方式、生产日期和保质期、贮存条件、食品生产许可证编号、产品标准代号及其他需要标示的内容。

2. 非直接提供给消费者的预包装食品标签标示内容

非直接提供给消费者的预包装食品标签应按照“直接向消费者提供的预包装食品标签标示内容”的相应要求标示食品名称、规格、净含量、生产日期、保质期和贮存条件，其他内容如未在标签上标注，则应在说明书或合同中注明。

3. 标示内容的豁免

（1）下列预包装食品可以免除标示保质期：酒精度大于等于10%的饮料酒、食醋、食用盐、固态食糖类、味精。

（2）当预包装食品包装物或包装容器的最大表面面积小于10cm^{2}时，可以只标示产品名称、净含量、生产者（或经销商）的名称和地址。

4. 推荐标示内容

（1）批号，根据产品需要，可以标示产品的批号。

（2）食用方法，根据产品需要，可以标示容器的开启方法、食用方法、烹调方法、复水再制方法等对消费者有帮助的说明。

（3）致敏物质，以下食品及其制品可能导致过敏反应，如果用作配料，宜在配料表中使用易辨识的名称，或在配料表邻近位置加以提示：①含有麸质的谷物及其制品（如小麦、黑麦、大麦、燕麦、斯佩耳特小麦或它们的杂交品系）；②甲壳纲类动物及其制品（如虾、龙虾、蟹等）；③鱼类及其制品；④蛋类及其制品；⑤花生及其制品；⑥大豆及其制品；⑦乳及乳制品（包括乳糖）；⑧坚果及其果仁类制品。如加工过程中可能带入上述食品或其制品，宜在配料表临近位置加以提示。

5. 其他

按国家相关规定需要特殊审批的食品，其标签标识按照相关规定执行。

二、 GB 28050—2011《食品安全国家标准　预包装食品营养标签通则》

（一）基本要求

（1）预包装食品营养标签标示的任何营养信息，应真实、客观，不得标示虚假信息，不得夸大产品的营养作用或其他作用。

（2）预包装食品营养标签应使用中文。如同时使用外文标示的，其内容应当与中文相对应，外文字号不得大于中文字号。

（3）营养成分表应以一个“方框表”的形式表示（特殊情况除外），方框可为任意尺寸，并与包装的基线垂直，表题为“营养成分表”。

（4）食品营养成分含量应以具体数值标示，数值可通过原料计算或产品检测获得。

（5）食品企业可根据食品的营养特性、包装面积的大小和形状等因素选择使用营养标签格式。

（6）营养标签应标在向消费者提供的最小销售单元的包装上。

（二）强制标示内容

（1）所有预包装食品营养标签强制标示的内容包括能量、核心营养素的含量值及其占营养素参考值（NRV）的百分比。当标示其他成分时，应采取适当形式使能量和核心营养素的标示更加醒目。

（2）对除能量和核心营养素外的其他营养成分进行营养声称或营养成分功能声称时，在营养成分表中还应标示出该营养成分的含量及其占营养素参考值（NRV）的百分比。

（3）使用了营养强化剂的预包装食品，除了标示能量、核心营养素的含量值及其占营养素参考值（NRV）的百分比外，在营养成分表中还应标示强化后食品中该营养成分的含量值及其占营养素参考值（NRV）的百分比。

(4) 食品配料含有或生产过程中使用了氢化和(或)部分氢化油脂时,在营养成分表中还应标示出反式脂肪(酸)的含量。

(5) 上述未规定营养素参考值(NRV)的营养成分仅需标示含量。

(三)豁免强制标示营养标签的预包装食品

下列预包装食品豁免强制标示营养标签:

(1) 生鲜食品,如包装的生肉、生鱼、生蔬菜和水果、禽蛋等。

(2) 乙醇含量≥0.5%的饮料酒类。

(3) 包装总表面积≤100cm² 或最大表面面积≤20cm² 的食品。

(4) 现制现售的食品。

(5) 包装的饮用水。

(6) 每日食用量≤10g 或 10mL 的预包装食品。

(7) 其他法律法规标准规定可以不标示营养标签的预包装食品。豁免强制标示营养标签的预包装食品,如果在其包装上出现任何营养信息时,应按照本标准执行。

(四)其他

上述未列出的情况,按 GB 28050—2011 和其他相关规定执行。

三、GB 13432—2013《食品安全国家标准 预包装特殊膳食用食品标签》

(一)基本要求

预包装特殊膳食用食品的标签应符合 GB 7718—2011 规定的基本要求的内容,还应符合以下要求:

(1) 不应涉及疾病预防、治疗功能。

(2) 应符合预包装特殊膳食用食品相应产品标准中标签、说明书的有关规定。

(3) 不应对 0~6 月龄婴儿配方食品中的必需成分进行含量声称和功能声称。

(二)强制标示内容

(1) 一般要求,预包装特殊膳食用食品标签的标示内容应符合 GB 7718—2011 中相应条款的要求。

(2) 食品名称,只有符合"特殊膳食用食品"定义的食品才可以在名称中使用"特殊膳食用食品"或相应的描述产品特殊性的名称。

(三)能量和营养成分的标示

(1) 应以"方框表"的形式标示能量、蛋白质、脂肪、碳水化合物和钠,以及相应产品标准中要求的其他营养成分及其含量。方框可为任意尺寸,并与包装的基线垂直,表题为"营养成分表"。如果产品根据相关法规或标准,添加了可选择性成分或强化了某些物质,则还应标示这些成分及其含量。

(2) 预包装特殊膳食用食品中能量和营养成分的含量应以每 100g 和(或)每 100mL 和(或)每份食品可食部中的具体数值来标示。当用份标示时,应标明每份食品的量,份的大小可根据食品的特点或推荐量规定。如有必要或相应产品标准中另有要求的,还应标示出每 100kJ(千焦)产品中各营养成分的含量。

(3) 能量或营养成分的标示数值可通过产品检测或原料计算获得。在产品保质期内,能量和营养成分的实际含量不应低于标示值的 80%,并应符合相应产品标准的要求。

（4）当预包装特殊膳食用食品中的蛋白质由水解蛋白质或氨基酸提供时，“蛋白质”项可用“蛋白质”“蛋白质（等同物）”或“氨基酸总量”任意一种方式来标示。

（四）食用方法和适宜人群的标示

（1）应标示预包装特殊膳食用食品的食用方法、每日或每餐食用量，必要时应标示调配方法或复水再制方法。

（2）应标示预包装特殊膳食用食品的适宜人群。对于特殊医学用途婴儿配方食品和特殊医学用途配方食品，适宜人群按产品标准要求标示。

（五）贮存条件的标示

（1）应在标签上标明预包装特殊膳食用食品的贮存条件，必要时应标明开封后的贮存条件。

（2）如果开封后的预包装特殊膳食用食品不宜贮存或不宜在原包装容器内贮存，应向消费者特别提示。

（六）标示内容的豁免

当预包装特殊膳食用食品包装物或包装容器的最大表面面积小于 $10cm^2$ 时，可只标示产品名称、净含量、生产者（或经销者）的名称和地址、生产日期和保质期。

（七）可选择标示内容

1. 能量和营养成分占推荐摄入量或适宜摄入量的质量百分比

在标示能量值和营养成分含量值的同时，可依据适宜人群，标示每 100g 和（或）每 100mL 和（或）每份食品中的能量和营养成分含量占《中国居民膳食营养素参考摄入量》中的推荐摄入量（RNI）或适宜摄入量（AI）的质量百分比。无推荐摄入量（RNI）或适宜摄入量（AI）的营养成分，可不标示质量百分比，或者用“—”等方式标示。

2. 能量和营养成分的含量声称

（1）能量或营养成分在产品中的含量达到相应产品标准的最小值或允许强化的最低值时，可进行含量声称。

（2）某营养成分在产品标准中无最小值要求或无最低强化量要求的，应提供其他国家和（或）国际组织允许对该营养成分进行含量声称的依据。

（3）含量声称用语包括“含有”“提供”“来源”“含”“有”等。

3. 能量和营养成分的功能声称

（1）符合含量声称要求的预包装特殊膳食用食品，可对能量和（或）营养成分进行功能声称。功能声称的用语应选择使用 GB 28050—2011 中规定的功能声称标准用语。

（2）对于 GB 28050—2011 中没有列出功能声称标准用语的营养成分，应提供其他国家和（或）国际组织关于该物质功能声称用语的依据。

第四节　食品生产企业从业人员管理

食品从业人员是食品生产的直接实施者，从业人员的科学管理是实现安全生产和保障产品质量的关键，从业人员管理主要包括管理制度与人员培训、食品加工人员健康管理与卫生要求，《食品生产通用卫生规范》对此作了相关规定。

一、管理制度与人员培训

（1）应配备食品安全专业技术人员、管理人员，并建立保障食品安全的管理制度。

（2）食品安全管理制度应与生产规模、工艺技术水平和食品的种类特性相适应，应根据生产实际和实施经验不断完善食品安全管理制度。

（3）管理人员应了解食品安全的基本原则和操作规范，能够判断潜在的危险，采取适当的预防和纠正措施，确保有效管理。

（4）应建立食品生产相关岗位的培训制度，对食品加工人员以及相关岗位的从业人员进行相应的食品安全知识培训。

（5）应通过培训促进各岗位从业人员遵守食品安全相关法律法规标准和执行各项食品安全管理制度的意识和责任，提高相应的知识水平。

（6）应根据食品生产不同岗位的实际需求，制订和实施食品安全年度培训计划并进行考核，做好培训记录。

（7）当食品安全相关的法律法规标准更新时，应及时开展培训。

（8）应定期审核和修订培训计划，评估培训效果，并进行常规检查，以确保培训计划的有效实施。

二、食品加工人员健康管理

（1）应建立并执行食品加工人员健康管理制度。

（2）食品加工人员每年应进行健康检查，取得健康证明；上岗前应接受卫生培训。

（3）食品加工人员如患有痢疾、伤寒、甲型病毒性肝炎、戊型病毒性肝炎等消化道传染病，以及患有活动性肺结核、化脓性或者渗出性皮肤病等有碍食品安全的疾病，或有明显皮肤损伤未愈合的，应当调整到其他不影响食品安全的工作岗位。

三、食品加工人员卫生要求

（1）进入食品生产场所前应整理个人卫生，防止污染食品。

（2）进入作业区域应规范穿着洁净的工作服，并按要求洗手、消毒；头发应藏于工作帽内或使用发网约束。

（3）进入作业区域不应配戴饰物、手表，不应化妆、染指甲、喷洒香水；不得携带或存放与食品生产无关的个人用品。

（4）使用卫生间、接触可能污染食品的物品或从事与食品生产无关的其他活动后，再次从事接触食品、食品工器具、食品设备等与食品生产相关的活动前应洗手消毒。

（5）来访者，非食品加工人员不得进入食品生产场所，特殊情况下进入时应遵守和食品加工人员同样的卫生要求。

（6）工作服管理

①进入作业区域应穿着工作服。

②应根据食品的特点及生产工艺的要求配备专用工作服，如衣、裤、鞋靴、帽和发网等，必要时还可配备口罩、围裙、套袖、手套等。

③应制定工作服的清洗保洁制度，必要时应及时更换；生产中应注意保持工作服干净完好。

④工作服的设计、选材和制作应适应不同作业区的要求，降低交叉污染食品的风险；应合理选择工作服口袋的位置、使用的连接扣件等，降低内容物或扣件掉落污染食品的风险。

第五节　抽样检验与监督检查

一、抽样检验

抽样是食品质量控制的必需环节，国家市场监督管理总局令第 15 号公布了《食品安全抽样检验管理办法》，对食品抽样检验作了相应规定。

（一）抽样

（1）市场监督管理部门可以自行抽样或者委托承检机构抽样。食品安全抽样工作应当遵守随机选取抽样对象、随机确定抽样人员的要求。县级以上地方市场监督管理部门应当按照上级市场监督管理部门的要求，配合做好食品安全抽样工作。

（2）食品安全抽样检验应当支付样品费用。

（3）抽样单位应当建立食品抽样管理制度，明确岗位职责、抽样流程和工作纪律，加强对抽样人员的培训和指导，保证抽样工作质量。抽样人员应当熟悉食品安全法律、法规、规章和食品安全标准等的相关规定。

（4）抽样人员执行现场抽样任务时不得少于 2 人，并向被抽样食品生产经营者出示抽样检验告知书及有效身份证明文件。由承检机构执行抽样任务的，还应当出示任务委托书。案件稽查、事故调查中的食品安全抽样活动，应当由食品安全行政执法人员进行或者陪同。承担食品安全抽样检验任务的抽样单位和相关人员不得提前通知被抽样食品生产经营者。

（5）抽样人员现场抽样时，应当记录被抽样食品生产经营者的营业执照、许可证等可追溯信息。抽样人员可以从食品经营者的经营场所、仓库以及食品生产者的成品库待销产品中随机抽取样品，不得由食品生产经营者自行提供样品。抽样数量原则上应当满足检验和复检的要求。

（6）风险监测、案件稽查、事故调查、应急处置中的抽样，不受抽样数量、抽样地点、被抽样单位是否具备合法资质等限制。

（7）食品安全监督抽检中的样品分为检验样品和复检备份样品。现场抽样的，抽样人员应当采取有效的防拆封措施，对检验样品和复检备份样品分别封样，并由抽样人员和被抽样食品生产经营者签字或者盖章确认。抽样人员应当保存购物票据，并对抽样场所、贮存环境、样品信息等通过拍照或者录像等方式留存证据。

（8）市场监督管理部门开展网络食品安全抽样检验时，应当记录买样人员以及付款账户、注册账号、收货地址、联系方式等信息。买样人员应当通过截图、拍照或者录像等方式记录被抽样网络食品生产经营者信息、样品网页展示信息，以及订单信息、支付记录等。抽样人员收到样品后，应当通过拍照或者录像等方式记录拆封过程，对递送包装、样品包装、样品贮运条件等进行查验，并对检验样品和复检备份样品分别封样。

(9) 抽样人员应当使用规范的抽样文书，详细记录抽样信息。记录保存期限不得少于2年。现场抽样时，抽样人员应当书面告知被抽样食品生产经营者依法享有的权利和应当承担的义务。被抽样食品生产经营者应当在食品安全抽样文书上签字或者盖章，不得拒绝或者阻挠食品安全抽样工作。

(10) 现场抽样时，样品、抽样文书以及相关资料应当由抽样人员于5个工作日内携带或者寄送至承检机构，不得由被抽样食品生产经营者自行送样和寄送文书。因客观原因需要延长送样期限的，应当经组织抽样检验的市场监督管理部门同意。对有特殊贮存和运输要求的样品，抽样人员应当采取相应措施，保证样品贮存、运输过程符合国家相关规定和包装标示的要求，不发生影响检验结论的变化。

(11) 抽样人员发现食品生产经营者涉嫌违法、生产经营的食品及原料没有合法来源或者无正当理由拒绝接受食品安全抽样的，应当报告有管辖权的市场监督管理部门进行处理。

（二）检验与结果报送

(1) 食品安全抽样检验的样品由承检机构保存。承检机构接收样品时，应当查验、记录样品的外观、状态、封条有无破损以及其他可能对检验结论产生影响的情况，并核对样品与抽样文书信息，将检验样品和复检备份样品分别加贴相应标识后，按照要求入库存放。对抽样不规范的样品，承检机构应当拒绝接收并书面说明理由，及时向组织或者实施食品安全抽样检验的市场监督管理部门报告。

(2) 食品安全监督抽检应当采用食品安全标准规定的检验项目和检验方法。没有食品安全标准的，应当采用依照法律法规制定的临时限量值、临时检验方法或者补充检验方法。风险监测、案件稽查、事故调查、应急处置等工作中，在没有前款规定的检验方法的情况下，可以采用其他检验方法分析查找食品安全问题的原因。所采用的方法应当遵循技术手段先进的原则，并取得国家或者省级市场监督管理部门同意。

(3) 食品安全抽样检验实行承检机构与检验人负责制。承检机构出具的食品安全检验报告应当加盖机构公章，并有检验人的签名或者盖章。承检机构和检验人对出具的食品安全检验报告负责。承检机构应当自收到样品之日起20个工作日内出具检验报告。市场监督管理部门与承检机构另有约定的，从其约定。未经组织实施抽样检验任务的市场监督管理部门同意，承检机构不得分包或者转包检验任务。

(4) 食品安全监督抽检的检验结论合格的，承检机构应当自检验结论作出之日起3个月内妥善保存复检备份样品。复检备份样品剩余保质期不足3个月的，应当保存至保质期结束。检验结论不合格的，承检机构应当自检验结论作出之日起6个月内妥善保存复检备份样品。复检备份样品剩余保质期不足6个月的，应当保存至保质期结束。

(5) 食品安全监督抽检的检验结论合格的，承检机构应当在检验结论作出后7个工作日内将检验结论报送组织或者委托实施抽样检验的市场监督管理部门。抽样检验结论不合格的，承检机构应当在检验结论作出后2个工作日内报告组织或者委托实施抽样检验的市场监督管理部门。

(6) 国家市场监督管理总局组织的食品安全监督抽检的检验结论不合格的，承检机构除按照相关要求报告外，还应当通过食品安全抽样检验信息系统及时通报抽样地以及标称的食品生产者住所地市场监督管理部门。地方市场监督管理部门组织或者实施食品安全监督抽检的检验结论不合格的，抽样地与标示食品生产者住所地不在同一省级行政区域的，抽样地市场监督管理部门应当在收到不合格检验结论后通过食品安全抽样检验信息系统及时通报标称的食品生产者住所地同级市场监督管理部门。同一省级行政区域内不合格检验结论的通报按照抽检地省级市场监督管理部门规定的程序和时限通报。通过网络食品交易第三方平台抽样的，除按照前两款的规定通报外，还应当同时通报网络食品交易第三方平台提供者住所地市场监督管理部门。

（7）食品安全监督抽检的抽样检验结论表明不合格食品可能对身体健康和生命安全造成严重危害的，市场监督管理部门和承检机构应当按照规定立即报告或者通报。案件稽查、事故调查、应急处置中的检验结论的通报和报告，不受本办法规定时限限制。

（8）县级以上地方市场监督管理部门收到监督抽检不合格检验结论后，应当按照省级以上市场监督管理部门的规定，在5个工作日内将检验报告和抽样检验结果通知书送达被抽样食品生产经营者、食品集中交易市场开办者、网络食品交易第三方平台提供者，并告知其依法享有的权利和应当承担的义务。

二、监督检查

《食品生产经营日常监督检查管理办法》规定了监督检查事项与要求。

（一）监督检查事项

（1）食品生产环节监督检查事项包括食品生产者的生产环境条件、进货查验结果、生产过程控制、产品检验结果、贮存及交付控制、不合格品管理和食品召回、从业人员管理、食品安全事故处置等情况。除前款规定的监督检查事项外，保健食品生产环节监督检查事项还包括生产者资质、产品标签及说明书、委托加工、生产管理体系等情况。

（2）食品销售环节监督检查事项包括食品销售者资质、从业人员健康管理、一般规定执行、禁止性规定执行、经营过程控制、进货查验结果、食品贮存、不安全食品召回、标签和说明书、特殊食品销售、进口食品销售、食品安全事故处置、食用农产品销售等情况，以及食用农产品集中交易市场开办者、柜台出租者、展销会举办者、网络食品交易第三方平台提供者、食品贮存及运输者等履行法律义务的情况。

（3）餐饮服务环节监督检查事项包括餐饮服务提供者资质、从业人员健康管理、原料控制、加工制作过程、食品添加剂使用管理及公示、设备设施维护和餐饮具清洗消毒、食品安全事故处置等情况。

（二）监督检查要求

（1）市、县级市场监督管理部门应当按照市、县人民政府食品安全年度监督管理计划，根据食品类别、企业规模、管理水平、食品安全状况、信用档案记录等因素，编制年度日常监督检查计划，实施食品安全风险管理。日常监督检查计划应当包括检查事项、检查方式、检查频次以及抽检食品种类、抽查比例等内容。检查计划应当向社会公开。

（2）国家市场监督管理总局根据法律、法规、规章和食品安全国家标准有关食品生产经营者义务的规定，制定日常监督检查要点表。省级市场监督管理部门可以根据需要，对日常监督检查要点表进行细化、补充。市、县级市场监督管理部门应当按照日常监督检查要点表，对食品生产经营者实施日常监督检查。

（3）县级以上地方市场监督管理部门应当对监督检查人员进行食品安全法律、法规、规章、标准、专业知识以及监督检查要点的培训与考核。

(4) 市、县级市场监督管理部门实施日常监督检查，应当由2名以上（含2名）监督检查人员参加。监督检查人员应当由市场监督管理部门随机选派。监督检查人员应当当场出示有效执法证件。

(5) 根据日常监督检查计划，市、县级市场监督管理部门可以随机抽取日常监督检查要点表中的部分内容进行检查，并可以随机进行抽样检验。相关检查内容应当在实施检查前由市场监督管理部门予以明确，检查人员不得随意更改检查事项。

(6) 市、县级市场监督管理部门每年对本行政区域内食品生产经营者的日常监督检查，原则上应当覆盖全部项目。

(7) 实施食品生产经营日常监督检查，对重点项目应当以现场检查方式为主，对一般项目可以采取书面检查的方式。

(8) 鼓励食品生产经营者选择食品安全第三方专业机构对自身的食品生产经营管理体系进行评价，评价结果作为日常监督检查的参考。

(9) 监督检查人员应当按照日常监督检查要点表和检查结果记录表的要求，对日常监督检查情况如实记录，并综合进行判定，确定检查结果。监督检查结果分为符合、基本符合与不符合3种形式。日常监督检查结果应当记入食品生产经营者的食品安全信用档案。

(10) 食品生产经营者应当按照市场监督管理部门的要求，开放食品生产经营场所，回答相关询问，提供相关合同、票据、账簿和其他有关资料，协助生产经营现场检查和抽样检验。

(11) 食品生产经营者应当按照监督检查人员要求，在现场检查、询问和抽样检验等文书上签字或者盖章。被检查单位拒绝在日常监督检查结果记录表上签字或者盖章的，监督检查人员应当在日常监督检查结果记录表上注明原因，并可以邀请有关人员作为见证人签字、盖章，或者采取录音、录像等方式进行记录，作为监督执法的依据。

(12) 市、县级市场监督管理部门应当于日常监督检查结束后2个工作日内，向社会公开日常监督检查时间、检查结果和检查人员姓名等信息，并在生产经营场所醒目位置张贴日常监督检查结果记录表。食品生产经营者应当将张贴的日常监督检查结果记录表保持至下次日常监督检查。

(13) 对日常监督检查结果属于基本符合的食品生产经营者，市、县级市场监督管理部门应当就监督检查中发现的问题书面提出限期整改要求。被检查单位应当按期进行整改，并将整改情况报告市场监督管理部门。监督检查人员可以跟踪整改情况，并记录整改结果。

(14) 日常监督检查结果为不符合，有发生食品安全事故潜在风险的，食品生产经营者应当立即停止食品生产经营活动。

(15) 市、县级市场监督管理部门在日常监督检查中发现食品生产经营者存在食品安全隐患，未及时采取有效措施消除的，可以对食品生产经营者的法定代表人或者主要负责人进行责任约谈。责任约谈情况和整改情况应当记入食品生产经营者食品安全信用档案。

(16) 市、县级市场监督管理部门实施日常监督检查，有权采取下列措施，被检查单位不得拒绝、阻挠、干涉：

①进入食品生产经营等场所实施现场检查；

②对被检查单位生产经营的食品进行抽样检验；

③查阅、复制有关合同、票据、账簿以及其他有关资料；

④查封、扣押有证据证明不符合食品安全标准或者有证据证明存在安全隐患以及用于违法生产经营的食品、工具和设备；

⑤查封违法从事生产经营活动的场所；

⑥法律法规规定的其他措施。

（17）市、县级市场监督管理部门在日常监督检查中发现食品安全违法行为的，应当进行立案调查处理。立案调查制作的笔录，以及拍照、录像等的证据保全措施，应当符合食品药品行政处罚程序相关规定。

（18）市、县级市场监督管理部门在日常监督检查中发现违法案件线索，对不属于本部门职责或者超出管辖范围的，应当及时移送有权处理的部门；涉嫌构成犯罪的，应当及时移送公安机关。

第六节 食品安全风险分级管理

食品安全风险是指由于食品中的某种危害而导致的有害于人群健康的可能性和副作用的严重性。食品安全风险分级管理是指食品药品监督管理部门以风险分析为基础，结合食品生产经营者的食品类别、经营业态及生产经营规模、食品安全管理能力和监督管理记录情况，按照风险评价指标，划分食品生产经营者风险等级，并结合当地监管资源和监管能力，对食品生产经营者实施的不同程度的监督管理。

一、实施风险分级管理意义

我国食品行业产品种类多、风险隐患多，监管资源有限，监管工作存在平均用力、不分主次、缺少精准度等现象。为了解决这些问题，原国家食品药品监督管理总局提出了食品风险分级分类监管模式，制定了《食品生产经营风险分级管理办法（试行）》，已于 2016 年 12 月 1 日正式实施。风险分级管理是对影响食品质量安全的风险进行识别、定位、排序并消除，根本目的是保障食品质量安全。

二、食品安全分级管理

《食品生产经营风险分级管理办法（试行）》对风险分级与结果运用作了具体规定。

（一）风险分级

（1）市场监督管理部门对食品生产经营风险等级划分，应当结合食品生产经营企业风险特点，从生产经营食品类别、经营规模、消费对象等静态风险因素和生产经营条件保持、生产经营过程控制、管理制度建立及运行等动态风险因素，确定食品生产经营者风险等级，并根据对食品生产经营者监督检查、监督抽检、投诉举报、案件查处、产品召回等监督管理记录实施动态调整。食品生产经营者风险等级从低到高分为 A 级风险、B 级风险、C 级风险、D 级风险四个等级。

（2）市场监督管理部门确定食品生产经营者风险等级，采用评分方法进行，以百分制计算。其中，静态风险因素量化分值为 40 分，动态风险因素量化分值为 60 分。分值越高，风险等级越高。

(3) 食品生产经营静态风险因素按照量化分值划分为Ⅰ档、Ⅱ档、Ⅲ档和Ⅳ档。

(4) 静态风险等级为Ⅰ档的食品生产经营者包括：

①低风险食品的生产企业；

②普通预包装食品销售企业；

③从事自制饮品制售、其他类食品制售等餐饮服务企业。

(5) 静态风险等级为Ⅱ档的食品生产经营者包括：

①较低风险食品的生产企业；

②散装食品销售企业；

③从事不含高危易腐食品的热食类食品制售、糕点类食品制售、冷食类食品制售等餐饮服务企业；

④复配食品添加剂之外的食品添加剂生产企业。

(6) 静态风险等级为Ⅲ档的食品生产经营者包括：

①中等风险食品的生产企业，应当包括糕点生产企业、豆制品生产企业等；

②冷冻冷藏食品的销售企业；

③从事含高危易腐食品的热食类食品制售、糕点类食品制售、冷食类食品制售、生食类食品制售等餐饮服务企业；

④复配食品添加剂生产企业。

(7) 静态风险等级为Ⅳ档的食品生产经营者包括：

①高风险食品的生产企业，应当包括乳制品生产企业、肉制品生产企业等；

②专供婴幼儿和其他特定人群的主辅食品生产企业；

③保健食品的生产企业；

④主要为特定人群（包括病人、老人、学生等）提供餐饮服务的餐饮服务企业；

⑤大规模或者为大量消费者提供就餐服务的中央厨房、用餐配送单位、单位食堂等餐饮服务企业。

(8) 生产经营多类别食品的，应当选择风险较高的食品类别确定该食品生产经营者的静态风险等级。

(9)《食品生产经营静态风险因素量化分值表》（以下简称为《静态风险表》）由国家市场监督管理总局制定。省级市场监督管理部门可根据本行政区域实际情况，对《静态风险表》进行调整，并在本行政区域内组织实施。

(10) 对食品生产企业动态风险因素进行评价应当考虑企业资质、进货查验、生产过程控制、出厂检验等情况；特殊食品还应当考虑产品配方注册、质量管理体系运行等情况；保健食品还应当考虑委托加工等情况；食品添加剂还应当考虑生产原料和工艺符合产品标准规定等情况。对食品销售者动态风险因素进行评价应当考虑经营资质、经营过程控制、食品贮存等情况。对餐饮服务提供者动态风险因素进行评价应考虑经营资质、从业人员管理、原料控制、加工制作过程控制等情况。

(11) 省级市场监督管理部门可以参照《食品生产经营日常监督检查要点表》制定《食品生产经营动态风险因素评价量化分值表》（以下简称为《动态风险评价表》），并组织实施。但是，制定食品销售环节动态风险因素量化分值，应参照《食品销售环节动态风险因素量化分值表》。

（12）市场监督管理部门应当通过量化打分，将食品生产经营者静态风险因素量化分值，加上生产经营动态风险因素量化分值之和，确定食品生产经营者风险等级。风险分值之和为0~30（含）分的，为A级风险；风险分值之和为30~45（含）分的，为B级风险；风险分值之和为45~60（含）分的，为C级风险；风险分值之和为60分以上的，为D级风险。

（13）市场监督管理部门可以根据食品生产经营者年度监督管理记录，调整食品生产经营者风险等级。

（二）分级结果运用

（1）市场监督管理部门根据食品生产经营者风险等级，结合当地监管资源和监管水平，合理确定企业的监督检查频次、监督检查内容、监督检查方式以及其他管理措施，作为制订年度监督检查计划的依据。

（2）市场监督管理部门应当根据食品生产经营者风险等级划分结果，对较高风险生产经营者的监管优先于较低风险生产经营者的监管，实现监管资源的科学配置和有效利用。

①对风险等级为A级风险的食品生产经营者，原则上每年至少监督检查1次；

②对风险等级为B级风险的食品生产经营者，原则上每年至少监督检查1~2次；

③对风险等级为C级风险的食品生产经营者，原则上每年至少监督检查2~3次；

④对风险等级为D级风险的食品生产经营者，原则上每年至少监督检查3~4次。

具体检查频次和监管重点由各省级食品药品监督管理部门确定。

（3）市县级市场监督管理部门应当统计分析行政区域内食品生产经营者风险分级结果，确定监管重点区域、重点行业、重点企业。及时排查食品安全风险隐患，在监督检查、监督抽检和风险监测中确定重点企业及产品。

（4）市县级市场监督管理部门应当根据风险等级对食品生产经营者进行分类，可以建立行政区域内食品生产经营者的分类系统及数据平台，记录、汇总、分析食品生产经营风险分级信息，实行信息化管理。

（5）市县级市场监督管理部门应当根据食品生产经营者风险等级和检查频次，确定本行政区域内所需检查力量及设施配备等，并合理调整检查力量分配。

（6）各级市场监督管理部门的相关工作人员在风险分级管理工作中不得滥用职权、玩忽职守、徇私舞弊。

（7）食品生产经营者应当根据风险分级结果，改进和提高生产经营控制水平，加强落实食品安全主体责任。

第七节　食品安全信用信息管理

食品安全信用信息的规范管理有助于提高食品安全监督管理效能，增强食品生产经营者诚信自律意识和信用水平，促进食品安全信用信息公开，加快食品安全信用体系建设，切实保障食品安全。2016年8月，原国家食品药品监督管理总局印发了《食品安全信用信息管理办法》，对信用信息形成、信用信息公开和信用信息使用等作了具体规定。

一、信用信息形成

（1）食品安全信用信息包括食品生产经营者基础信息、行政许可信息、检查信息、食品监督抽检信息、行政处罚信息等。

（2）食品生产经营者基础信息包括食品生产经营者名称、地址、法定代表人（负责人）、食品安全管理人员姓名、身份证号码等信息。行政许可信息包括食品生产经营者许可、许可变更事项等应当公示的各项许可事项相关信息。检查信息包括日常检查、专项检查、飞行检查和跟踪检查发现问题、整改情况及责任约谈等信息。食品监督抽检信息包括合格和不合格食品的品种、生产日期或批号等信息，以及不合格食品的项目和检测结果。行政处罚信息包括食品生产经营者受到的行政处罚种类、处罚结果、处罚依据、作出行政处罚的部门等信息，以及作出行政处罚决定的部门认为应当公示的信息。

（3）县级以上地方市场监督管理部门应当指定责任人，在行政许可、行政检查、监督抽检、行政处罚等工作完成后2个工作日内记录并及时导入食品安全信用信息记录。

（4）县级以上地方市场监督管理部门应当建立信用信息安全管理制度，采取必要的技术措施，加强对信用信息的管理和维护，保证信用信息的安全，不得擅自修改、删除食品安全信用信息。如需对食品安全信用信息进行修改，应当在数据系统中注明修改的理由以及批准修改的负责人。

二、信用信息公开

（1）食品安全信用信息如涉及其他行政机关的，应当与有关行政机关进行沟通、确认，保证公开的信息准确一致，涉及身份证号码信息时，应当隐去最后6位。食品药品监督管理部门应当公开食品安全信用信息，方便公民、法人和社会组织等依法查询、共享、使用。

（2）市场监督管理部门应当将主动公开的食品安全信用信息，通过本单位网站或者报刊、广播、电视、网络等便于公众知晓的方式公开。属于主动公开范围的食品安全信用信息，应当按总局规定及时予以公开。法律法规另有规定的，从其规定。

（3）市场监督管理部门发现其公开的信息不准确或者公开不应当公开的信息，应当及时更正或撤销。公民、法人或者其他组织有证据证明市场监督管理部门公开的信用信息与事实不符或者依照有关法律法规规定不得公开的，可以提出书面异议申请，并提交证据。市场监督管理部门自收到异议申请后应当在3个工作日内进行核查。经核查属实的，应当立即更正或撤销，并在核实后2个工作日内将处理结果告知申请人。

三、信用信息使用

（1）县级以上地方市场监督管理部门应当对检查、抽检发现问题并作出处罚的食品生产经营者增加检查和抽检频次，并依据相关规定，将其提供给其他相关部门实施联合惩戒。

（2）县级以上市场监督管理部门根据本行政区域信用征信管理的相关规定，向有关部门提供信用信息。

（3）县级以上地方市场监督管理部门应当建立健全食品安全信用信息管理考核制度，定期对本行政区域信用信息管理工作进行考核。

思考题

1.《食品生产通用卫生规范》从哪些方面对食品企业生产环境作了具体要求？

2. 在生产环节，可以从哪些方面入手加强原料管理？

3. 食品加工过程与食品接触的产品包括哪些？

4. GB 7718—2011 规定可能导致过敏反应的食品及其制品用作配料时，需要在配料表中使用易辨识的名称，或在配料表邻近位置加以提示，这些食品及其制品包括哪些？

5.《食品生产通用卫生规范》从哪些方面对从业人员管理作了详细规定？

6. 抽样人员进行抽样时，应详细记录抽样信息，记录保存期限是多久？

7.《食品生产经营日常监督检查管理办法》规定的食品生产环节监督检查事项包括哪些？

第八章

食品销售企业监督管理

CHAPTER 8

市场监督管理部门应落实新修订的《食品安全法》及其实施条例等法律法规要求，顺应食品经营领域新发展，适应基层监管需求，解决企业相关政策困惑，坚持以人民为中心的发展思想，严格落实食品安全“四个最严”要求，始终坚持问题导向，聚焦破解食品经营许可工作中的重点难点问题，更好地规范食品经营许可和备案工作，优化食品经营许可条件，简化食品经营许可流程，强化风险分级防控，落实食品经营者主体责任，进一步增强食品经营许可制度的可操作性，不断提高食品安全依法、科学、严格监管水平，以高水平安全促进行业高质量发展，推动实现审批更简、服务更优的政务和营商环境，保障人民群众“舌尖上的安全”。

近年来，国家市场监督管理总局修订发布《食品经营许可和备案管理办法》（国家市场监督管理总局令第 78 号）、《食品经营许可审查通则》（国家市场监督管理总局 2024 年第 12 号公告）等部门规章。

本章依据法规、标准为《食品安全法》《食品安全法实施条例》《食品经营许可管理办法》《网络食品安全违法行为查处办法》《食品经营许可审查通则》《食品销售者食品安全主体责任指南（试行）》、GB 31621—2014《食品安全国家标准　食品经营过程卫生规范》等。食品销售企业日常监督检查应涵盖以上法规、标准相关要求。

第一节　食品销售企业日常监督检查要点

食品销售者的基本责任有以下几点：

（一）许可证制度

（1）依法取得许可　从事食品销售活动，应当依法申请取得食品经营许可证。销售食用农产品、食品添加剂，不需要取得食品经营许可证。许可事项发生变化的，应当在变化后 10 个工作日内向原发证的市场监管部门申请变更经营许可。经营场所发生变化的，应当重新申请经营许可。

（2）按照许可证载明事项开展经营活动　应当在许可有效期（5年）内开展经营活动。有效期届满30个工作日前，应当向原发证的市场监管部门提出延续申请。按照许可证载明的经营场所、主体业态、经营项目开展销售活动。利用自动售货设备从事销售活动的，设备放置地点应当与许可申请材料中标明的地点一致。

（二）建立并执行食品安全管理制度

食品安全管理制度应包括的主要内容：①从业人员食品安全知识培训要求；②食品安全管理人员的配备、培训、考核要求，记录培训和考核情况；③建立食品安全责任制，明确企业主要负责人、食品安全管理人员、其他与食品相关人员，以及食品安全管理机构的食品安全管理责任及分工；④食品检验工作要求；⑤其他需要明确的管理要求。

（三）人员管理

（1）主要负责人履职情况　落实企业食品安全管理制度，对本企业的食品安全工作全面负责。建立并落实食品安全责任制，督促检查相关人员落实岗位职责情况，落实供货商管理、进货查验、食品安全自查、追溯体系建立、经营过程控制等环节要求情况等。

（2）食品安全管理人员履职情况　配备专职或兼职食品安全管理人员。参加企业组织安排的食品安全法律法规、标准和专业知识培训和考核，经考核应当具备食品安全管理能力。培训和考核情况应当记录。执行岗位职责，协助企业主要负责人做好食品安全管理工作。配合市场监督管理部门随机进行的监督抽查考核。

（3）从业人员健康管理　除了开展食品安全知识培训外，建立从业人员健康管理制度，并落实以下内容：①从业人员健康情况的检查方式、频次和负责人员；②体检上岗要求：从事接触直接入口食品工作的人员应当每年进行健康体检，取得健康证明后方可上岗工作。对经营制售类食品、销售直接入口散装食品的从业人员，应当在每天上岗前对其进行健康状况检查并记录检查情况。鼓励对其他从业人员进行每日上岗前健康检查；③健康证明管理要求：健康证明应当在有效期内，且人证一致；④经营过程中的人员健康管理要求；⑤其他需要明确的内容。

（四）禁止从业的情形

被吊销许可证的食品生产经营者及其法定代表人、直接负责的主管人员和其他直接责任人员自处罚决定作出之日起五年内不得申请食品经营许可，或者从事食品销售管理工作、担任食品销售企业食品安全管理人员。因食品安全犯罪被判处有期徒刑以上刑罚的，终身不得从事食品生产经营管理工作，也不得担任食品销售企业食品安全管理人员。

（五）场所及设施要求

场所及设施具体要求，详见表8-1。

表8-1　场所及设施具体要求

场所环境	1. 与有毒、有害场所以及其他污染源保持规定的距离
	2. 具有与销售的食品品种、数量相适应的场所
	3. 保持场所环境整洁卫生。有良好的通风、排气装置，并避免日光直接照射。地面应做到硬化，平坦防滑并易于清洁消毒，并有适当措施防止积水、积霜

续表

布局	1. 具有合理的设备布局和工艺流程，防止待加工食品与直接入口食品、原料与成品交叉污染，避免食品接触有毒物、不洁物
	2. 食品分类分架、离墙离地放置。不得将食品挤压存放
	3. 食品贮存应当设置专门区域。食品应当有固定的存放位置和标识。食品贮存区域不得设在易受到污染的区域
	4. 销售场所分类设置区域：（1）食品销售区域和非食品销售区域分开，特别是食品、食用农产品与其他日用百货、五金类产品混业经营的，应当分区域销售；（2）生食区域和熟食区域分开，待加工食品区域与直接入口食品区域分开；（3）散装食品放置于相对独立的区域或有隔离措施，散装直接入口食品应当与生鲜畜禽、水产品分区设置，并有一定距离的物理隔离；（4）食用农产品按类别实行分区销售。水产品销售区域与其他食品销售区域分开
	5. 食品销售场所和食品贮存场所应当与生活区分（隔）开
设备设施和包装材料、容器	1. 具有与销售的食品品种、数量相适应的设施设备，配备相应的消毒、更衣、盥洗、采光、照明、通风、防腐、防尘、防蝇、防鼠、防虫等设备设施
	2. 直接接触食品的工具、容器和包装材料等应当具有符合食品安全标准的产品合格证明。直接入口的食品应当使用无毒、清洁的包装材料和容器。食品与非食品、生食与熟食的贮存容器不得混用
	3. 采用物理、化学或者生物制剂进行虫害消杀处理时，不应影响食品安全，不应污染食品（接触表面、设备、工具、容器及包装材料）
	4. 自动售货设备内部定期清洗消毒，并记录清洗消毒情况
温度全程控制	应当配备与冷藏冷冻食品品种、数量相适应的冷藏冷冻设施设备。冷藏冷冻设施设备应当设有有效的温度控制装置，设有可正确显示内部温度的温度监测设备。设施设备应当定期清洁、校准、维护，确保持续有效运行。冷藏冷冻库外部应具备便于监测和控制温度的设备仪器。鼓励在销售场所使用非敞开式冷藏冷冻设施设备

注：温度全程控制仅限于需要冷藏冷冻及其他有温度、湿度等要求的食品。

（六）购销过程控制

1. 进货查验

（1）查验供货者的许可证和食品出厂检验合格证或者其他合格证明：①从生产单位采购食品、食品添加剂的，查看其食品、食品添加剂生产许可证或其复印件，查看生产单位出具的食品出厂检验合格证，或检验机构出具的检验合格报告等其他合格证明。采购散装熟食制品的，还应当查验挂钩生产单位签订合作协议（合同）。②从经营单位采购食品的，查看其食品经营许可证或其复印件，查看食品出厂检验合格证或检验合格报告等其他合格证明。采购进口食品，还应当查看海关出具的入境货物检验检疫证明，应做到每一批次货证相符。③从经营单位采购食品添加剂的，查看其营业执照，查看产品合格证明文件。④采购食用农产品，从食用农产品生产者、收购者、屠宰厂（场）采购的，查验购货凭证、合格证明文件等；从批发市场采购的，查验该市场或市场经营户出具的销售凭证。采购按照规定需要检疫和肉品品质检验的肉类，还需查验有关检验检疫合格证明。采购进口食用农产品，还应当查验入境货物检验检疫证明等证明文件。

（2）查验所采购食品、食品添加剂的感官性状等质量安全状况。

（3）记录所采购食品（食品添加剂）的名称、规格、数量、生产日期或者生产批号、保质期、进货日期以及供货者名称、地址、联系方式等内容；记录所采购食用农产品的名称、数量、进货日期以及供货者名称、地址、联系方式等内容，并保存相关凭证，以确保产品可追溯、责任可追究。

（4）记录和凭证保存期限不得少于产品保质期满后6个月；没有明确保质期的，保存期限不得少于2年（从进货日起计）。进货查验资料应当及时更新。许可证、合格证明文件等相关资料应在有效期内。

（5）建立食品进货查验记录制度，明确并落实以下主要内容：①进货查验的方式、内容、项目、负责人等要求；②记录方式、内容、负责人等要求；③相关记录和凭证保存的方式和时限等要求；④实行统一配送经营方式的销售企业，还应当明确以下主要内容：总部和各门店开展进货查验记录的方式、内容及责任分工等要求；经总部统一开展进货查验记录的，门店可仅保存配送清单以及相应的合格证明文件。

（6）建立食用农产品进货查验记录制度，明确并落实以下主要内容：①进货查验的方式、内容、项目、负责人等要求；②记录方式、内容、负责人等要求，应当如实记录食用农产品的名称、数量、进货日期以及供货者名称、地址、联系方式等内容；③相关记录和凭证保存的方式和时限等要求，记录和凭证保存期限不得少于6个月。

2. 散装食品

（1）散装食品的容器、外包装上应当标明食品的名称、生产日期或者生产批号、保质期以及生产经营者名称、地址、联系方式等内容。散装熟食制品还应当标明保存条件和温度。保质期不超过72h的，应当标注到小时，并采用24h制标注。标注的生产日期应当与生产者在出厂时标注的生产日期一致。

（2）直接入口的散装食品应当使用加盖或非敞开式容器盛放。不得未采取任何防护措施销售直接入口的散装食品。避免在销售过程中仅使用覆盖塑料膜等简单方式进行防护。

（3）应当采取相关措施避免消费者直接接触直接入口的散装食品。鼓励对直接入口的散装食品以适宜方式简单包装后进行销售，可在包装上加贴标签，并注明食品名称、生产日期和保质期等事项，但不得更改原有的生产日期或延长保质期。

（七）贮存过程控制

1. 报告

经营场所外设置仓库（包括自有和租赁）的，应当向发证地市场监管部门报告，并在副本上载明仓库具体地址。外设仓库地址发生变化的，应当在变化后10个工作日内向原发证的市场监管部门报告。

2. 委托贮存

委托贮存食品的，应当选择具有合法资质的贮存服务提供者，查验其资质情况、食品安全保障能力，并留存相关证明文件。委托非食品生产经营者贮存有温度、湿度等特殊要求食品的，还应当审查其备案情况。建立贮存服务提供者档案，记录贮存服务提供者姓名、食品生产经营许可证编号（贮存服务提供者为非食品生产经营者的，记录其备案信息）、联系方式、贮存地址、贮存时间、贮存食品品种和数量等信息。通过与贮存服务提供者签订合同、协议等形式，明确双方的食品安全管理责任、保障食品安全的措施要求。监督贮存服务提供者按照合同、协议等明确的保证食品安全的要求贮存食品，并留存监督记录。委托贮存冷藏冷冻食品的，还应当留存冷藏冷冻食品温度记录。相关记录和证明文件保存期限不少于贮存结束后2年。

3. 存放标识

食品与非食品、生食与熟食应当有适当的分隔措施、固定的存放位置和标识，贮存容器不得混用。不得将食品与有毒有害物品同库存放。在散装食品贮存位置应当标明食品的名称、生产日期或者生产批号、保质期、生产者名称及联系方式等内容。

（八）运输过程控制

1. 一般要求

食品运输工具不得运输有毒有害物质，防止食品污染。食品不宜与非食品同车运输。运输工具和装卸食品的容器、工具和设备应保持清洁和定期消毒。同一运输工具运输不同食品时，应当做好分装、分离或分隔，防止交叉污染。严格控制冷藏冷冻食品装卸货时间，装卸货期间食品温度升高幅度不超过3℃。

2. 委托运输

委托运输食品的，应当选择具有合法资质的运输服务提供者，查验其资质情况、食品安全保障能力，并留存相关证明文件。建立运输服务提供者档案，记录运输服务提供者姓名、食品生产经营许可证编号（运输服务提供者为非食品生产经营者的，记录其统一社会信用代码）、联系方式、运输时间、运输食品品种和数量、运输的起始点地址等信息。通过与运输服务提供者签订合同、协议等形式，明确运输服务提供者的食品安全管理责任、保障食品安全的措施要求。监督运输服务提供者按照合同、协议等明确的保证食品安全的要求运输食品，并留存监督记录。委托运输冷藏冷冻食品的，还应当留存冷藏冷冻食品温度记录。相关记录和证明文件保存期限不少于运输结束后2年。

（九）其他

（1）经营项目含制售类的食品销售者按照《餐饮服务食品安全操作规范》相关要求落实食品安全主体责任。

（2）按照法律法规和本单位相关要求，如实记录并保存食品进货查验、贮存、运输、销售等环节涉及的主体信息及其证明文件、合格证明文件，以及相关设施设备运行数据等，确保食品可追溯。

第二节　特殊场所监督检查

一、市场开办者、柜台出租者和展销会举办者

针对市场开办者、柜台出租者和展销会举办者的食品安全责任检查包括以下几点：

1. 报告义务

集中交易市场开办者在市场开业前向所在地县级市场监管部门书面报告，报告市场名称、住所、类型、法定代表人或者负责人姓名、统一社会信用代码、食品安全相关制度、食品（食用农产品）主要种类等信息。展销会举办者在展销会举办前向所在地县级市场监管部门书面报告，报告展销会名称、类型、举办起始时间、法定代表人或者负责人姓名、统一社会信用代码、食品安全相关制度、食品（食用农产品）主要种类等信息。

2. 环境布局

（1）与有毒、有害场所以及其他污染源保持规定的距离。

（2）保持场所环境整洁、卫生。有良好的通风、排气装置，并避免日光直接照射。地面应做到硬化，平坦防滑并易于清洁消毒，并有适当措施防止积水。

（3）应符合表 8-1 中布局的规定。

（4）设置与市场（展销会、柜台）规模及经营品种相适应的设施设备，配备相应的消毒、盥洗、采光、照明、通风、防尘、防蝇、防鼠、防虫等设备设施，并保证其能正常运作。

3. 审查

（1）主体资质查验　审查入场销售者的相关主体资质证明文件：销售食品的，查验其食品经营许可证或相关登记、备案证明文件；销售食品添加剂的，查验其营业执照；销售食用农产品的，查验其营业执照或身份证。以上主体资质证明文件，需留存复印件，无法提供主体资质证明文件的，不得允许其入场销售。

（2）产品合格证明审查　审查入场销售者所销售产品的购货凭证、合格证明文件：一是销售食品、食品添加剂的，审查购货凭证、合格证明文件；二是销售食用农产品的，审查食用农产品产地证明或者购货凭证、合格证明文件。销售者无法提供食品、食品添加剂购货凭证、合格证明文件的，不得允许其入场销售。销售者无法提供食用农产品产地证明或者购货凭证、合格证明文件的，集中交易市场开办者应当进行抽样检验或者快速检测；抽样检验或者快速检测合格的，方可进入市场销售。

（3）建档　建立入场销售者档案，如实记录相关信息并及时更新：一是销售食品的，记录销售者名称、食品经营许可证或相关登记备案证明文件编码、法定代表人或者负责人姓名、联系方式、住所、食品主要品种等信息；二是销售食品添加剂的，记录销售者名称、统一社会信用代码、法定代表人或者负责人姓名、联系方式、住所、食品添加剂主要品种、进货渠道等信息；三是销售食用农产品的，记录销售者名称或者姓名、统一社会信用代码或者身份证号码、联系方式、住所、食用农产品主要品种、进货渠道、产地等信息。并按要求保存并及时更新入场销售者档案，保存期限不少于销售者停止销售后 6 个月。

4. 明确责任

明确开办方、入场销售者双方食品安全管理责任。鼓励双方以签订合同、协议等书面形式进行明确。

5. 制度建设

建立并执行食品安全相关制度，重点包括：食品安全管理制度、人员管理及培训制度、食品安全检查制度、入场及退场管理制度等，制定食品安全事故处置方案。鼓励开展食品安全事故应急演练。

6. 人员管理

配备专职或者兼职食品安全管理人员。

7. 检查报告

定期对市场（展销会或柜台）的经营环境和条件进行检查，并对检查情况进行记录。定期对入场销售者的经营条件、食品安全状况进行检查，并对检查情况进行记录。发现入场销售者有违法违规行为的，应当及时制止并立即报告市场监管部门，并记录报告情况。

8. 信息公布

在市场醒目位置及时公布食品安全相关制度、食品安全管理人员、食用农产品抽样检验结果及不合格食用农产品处理结果、投诉举报电话等信息。

9. 食用农产品批发市场其他要求

一是签订协议：与入场销售者签订食用农产品质量安全协议，明确相关责任义务。未签订协议的，不得进入批发市场销售。二是销售凭证：印制并提供统一格式的销售凭证或电子凭证。督促入场销售者规范使用销售凭证。对销售者使用自行印制的销售凭证的，应当检查凭证格式是否符合要求。销售凭证需载明批发市场名称、食用农产品名称、产地或来源地、数量、销售日期以及销售者名称、摊位信息、联系方式等项目。三是检验检测：配备检验设备和检验人员，或者委托具有资质的食品检验机构，开展食用农产品抽样检验或者快速检测。根据食用农产品种类和风险等级确定抽样检验或者快速检测频次。四是基地考察：与屠宰厂（场）、食用农产品种植养殖基地签订协议的，开办者应当对其进行实地考察，了解食用农产品生产过程以及相关信息。查验种植养殖基地食用农产品相关证明材料以及票据等。

10. 鼓励

一是鼓励集中交易市场改造升级，更新设施、设备和场所；二是鼓励集中交易市场与优质农产品种植养殖基地或生产加工企业进行合作；三是鼓励集中交易市场开办者和销售者建立食品安全追溯体系，利用信息化手段采集和记录所销售的食用农产品信息；四是鼓励零售市场开办者与销售者签订食用农产品质量安全协议，明确双方食用农产品质量安全权利义务；五是鼓励零售市场开办者配备检验设备和检验人员，或者委托具有资质的食品检验机构，开展食用农产品抽样检验或者快速检测。

二、食品贮存和运输经营者

以下委托贮存、运输食品的食品生产经营者简称委托方。

（1）备案　从事冷藏冷冻食品贮存业务的，应当自取得营业执照之日起30个工作日内向所在地县级市场监管部门备案。备案信息包括冷藏冷冻库名称、地址、贮存能力以及法定代表人或者负责人姓名、统一社会信用代码、联系方式等信息。

（2）能力要求　应当具有相应的食品安全贮存、运输保障能力。

（3）委托方管理　留存委托方的食品生产经营许可证复印件。如实记录委托方的名称、统一社会信用代码、地址、联系方式以及委托贮存、运输的冷藏冷冻食品名称、数量、时间等内容。承担运输委托的，还应当如实记录收货方的名称、统一社会信用代码、地址、联系方式、运输时间等内容。记录和相关凭证的保存期限不得少于贮存、运输结束后2年。通过与委托方签订合同、协议等形式，明确双方的食品安全管理责任、保障食品安全的措施要求。

（4）场所及设备设施　非冷藏和冷冻贮存和运输，按表8-1中的规定。涉及冷藏和冷冻贮存和运输的，冷冻库天花板不得有积霜或地面不得有积冰。冷藏冷冻库外部应具备便于监测和控制温度的设备仪器。应当配备与冷藏冷冻食品品种、数量相适应的贮存设施设备。贮存、运输、装卸冷藏冷冻食品的容器、工具和设备应当安全、无害，保持清洁，防止食品污染。冷藏冷冻设施设备应当设有有效的温度控制装置，设有可正确显示内部温度的温度监测设备。设施设备应当定期清洁、校准、维护，确保持续有效运行。

（5）过程管理　按照相关标准或标签标示要求贮存冷藏冷冻食品，加强食品贮存、运输过程管理；按照委托方要求定期测定并记录冷藏冷冻食品温度，确保食品始终处于保障安全所需的温度。

（6）配合义务　配合市场监管部门开展日常监督检查，保障监督检查人员依法履行职责。开放食品贮存场所、运输设施设备，回答相关询问，提供相关合同、票据、账簿和其他有关资料，协助现场检查和抽样检验。应当按照监督检查人员要求，在现场检查、询问和抽样检验等文书上签字或者盖章。对监督检查发现的问题，按要求按期进行整改。接受委托方对其是否按照保证食品安全的要求贮存、运输冷藏冷冻食品的情况进行监督。

（7）报告　接受食品贮存、运输委托时，发现存在以下情形的，应当及时向市场监管部门报告：①委托方无合法资质的；②腐败变质或者感官性状异常的食品；③病死、毒死、死因不明或者来源不明的畜、禽、兽、水产动物肉类及其制品；④无标签的预包装食品；⑤国家为防病等特殊需要明令禁止生产经营的动物肉类及其制品；⑥其他不符合法律法规或者食品安全标准的食品。

第三节　特殊食品监督检查

一、资质要求

进口的保健食品应当是出口国（地区）主管部门准许上市销售的产品。

特殊医学用途配方食品中的特定全营养配方食品应当通过医疗机构或者药品零售企业向消费者销售。医疗机构、药品零售企业销售特定全营养配方食品的，不需要取得食品经营许可，但是应当遵守食品安全法和食品安全法实施条例关于食品销售的规定。但是向医疗机构、药品零售企业销售特定全营养配方食品的经营企业，应当取得食品经营许可或者进行备案。

二、过程管理要求

（1）普通食品与特殊食品之间、与药品之间应当有明显的隔离标识或保持一定距离摆放。

（2）申请保健食品销售、特殊医学用途配方食品销售、婴幼儿配方乳粉销售、婴幼儿配方食品销售的，应当在经营场所划定专门的区域或柜台、货架摆放、销售，并分别设立提示牌，注明“××××销售专区（或专柜）”字样，提示牌为绿底白字，字体为黑体，字体大小可根据设立的专柜或专区的空间大小而定。

（3）保健食品经营者在经营保健食品的场所、网络平台等显要位置标注“保健食品不是药物，不能代替药物治疗疾病”等消费提示信息，引导消费者理性消费。

（4）不得以分装方式生产婴幼儿配方乳粉。例如，商家将婴幼儿配方乳粉自行分装成小包装、试用装进行售卖的行为是法律禁止的。

（5）对距保质期不足1个月的婴幼儿配方乳粉，应及时采取醒目提示或提前下架等处理措施。对不合格和过期、变质婴幼儿配方乳粉，应当采取退市和无害化处理措施，防止问题产品再次流入市场。

（6）过程管理其他要求，可以参照本章第一节要求。

三、广告和宣传要求

1. 基本要求

利用互联网从事广告活动，适用《广告法》的各项规定。经营者不得对其商品的性能、功能、质量、销售状况、用户评价、曾获荣誉等作虚假或者引人误解的商业宣传，欺骗、误导消费者。经营者不得通过组织虚假交易等方式，帮助其他经营者进行虚假或者引人误解的商业宣传。食品广告的内容应当真实合法，不得含有虚假内容，不得涉及疾病预防、治疗功能。食品生产经营者对食品广告内容的真实性、合法性负责。

2. 保健食品要求

（1）广告应当声明“本品不能代替药物”；其内容应当经生产企业所在地省、自治区、直辖市人民政府食品安全监督管理部门审查批准，取得保健食品广告批准文件。

（2）广告不得含有下列内容：①表示功效、安全性的断言或者保证；②涉及疾病预防、治疗功能；③声称或者暗示广告商品为保障健康所必需；④与药品、其他保健食品进行比较；⑤利用广告代言人作推荐、证明；⑥法律、行政法规规定禁止的其他内容。

（3）对保健食品之外的其他食品，不得声称具有保健功能。

3. 特殊医学用途配方食品要求

（1）广告适用《广告法》和其他法律、行政法规关于药品广告管理的规定。不得含有的内容：①表示功效、安全性的断言或者保证；②说明治愈率或者有效率；③与其他药品、医疗器械的功效和安全性或者其他医疗机构比较；④利用广告代言人作推荐、证明；⑤法律、行政法规规定禁止的其他内容。

（2）广告应当经广告主所在地省级人民政府确定的广告审查机关批准；不得含有表示功效、安全性的断言或者保证；不得利用国家机关、科研单位、学术机构、行业协会或者专家、学者、医师、药师、患者等的名义或者形象作推荐、证明。

（3）特殊医学用途配方食品中的特定全营养配方食品广告按照处方药广告管理，其他类别的特殊医学用途配方食品广告按照非处方药广告管理。

（4）除规定不得作广告以外的处方药，只能在国务院卫生行政部门和国务院药品监督管理部门共同指定的医学、药学专业刊物上作广告。

4. 婴幼儿配方食品要求

（1）不得在大众传播媒介或者公共场所发布声称全部或部分替代母乳的婴儿乳制品广告，不得对0~12个月龄婴儿食用的婴儿配方乳制品进行广告宣传。

（2）禁止在大众传播媒介或者公共场所发布声称全部或者部分替代母乳的婴儿乳制品、饮料和其他食品广告。

四、标签和说明书

1. 基本要求

特殊食品的标签、说明书内容应当与注册或者备案的标签、说明书一致。销售特殊食品，应当核对食品标签、说明书内容是否与注册或者备案的标签、说明书一致，不一致的不得销售。进口保健食品、特殊膳食用食品的中文标签必须印制在最小销售包装上，不得加贴。

2. 保健食品要求

标签、说明书不得涉及疾病预防、治疗功能，内容应当真实，与注册或者备案的内容相一致，载明适宜人群、不适宜人群、功效成分或者标志性成分及其含量等，并声明“本品不能代替药物”。产品标签还应当符合《保健食品标注警示用语指南》等要求。

3. 特殊医学用途配方食品要求

标签、说明书不得含有虚假内容，不得涉及疾病预防、治疗功能。特殊医学用途配方食品标签、说明书应当按照食品安全国家标准的规定在醒目位置标示下列内容：①请在医生或者临床营养师指导下使用；②不适用于非目标人群使用；③本品禁止用于肠外营养支持和静脉注射。产品标签和说明书还应当符合GB 29922—2013《食品安全国家标准　特殊医学用途配方食品通则》、GB 25596—2010《食品安全国家标准　特殊医学用途婴儿配方食品通则》、《特殊医学用途配方食品标识指南》（市场监管总局2022年第42号公告）等要求。

4. 婴幼儿配方食品要求

（1）声称生乳、原料乳粉等原料来源的，应当如实标明来源国或者具体来源地。

（2）标签不得含有下列内容：①涉及疾病预防、治疗功能；②明示或者暗示具有增强免疫力、调节肠道菌群等保健作用；③明示或者暗示具有益智、增加抵抗力、保护肠道等功能性表述；④对于按照法律法规和食品安全国家标准等不应当在产品配方中含有或者使用的物质，以“不添加”“不含有”“零添加”等字样强调未使用或者不含有；⑤虚假、夸大、违反科学原则或者绝对化的内容；⑥使用“进口奶源”“源自国外牧场”“生态牧场”“进口原料”“原生态奶源”“无污染奶源”等模糊信息；⑦与产品配方注册内容不一致的声称；⑧使用婴儿和妇女的形象，“人乳化”“母乳化”或者近似术语表述。

（3）产品标签和说明书还应当符合GB 10765—2021《食品安全国家标准　婴儿配方食品》、GB 10766—2021《食品安全国家标准　较大婴儿配方食品》、GB 10767—2021《国家食品安全标准 幼儿配方食品》等要求。

思考题

1. 简述食品销售者的场所及设施具体要求。
2. 谈谈散装食品购销过程控制要求。
3. 简述特殊食品销售环节监督检查要点。

第九章

餐饮服务业监督管理

第一节　餐饮服务业环境与人员管理制度

一、相关定义

（1）餐饮服务场所是指与食品加工制作、供应直接或间接相关的区域，包括食品处理区、就餐区和辅助区。

（2）食品处理区是指贮存、加工制作食品及清洗消毒保洁餐用具（包括餐饮具、容器、工具等）等的区域。根据清洁程度的不同，可分为清洁操作区、准清洁操作区、一般操作区。

（3）清洁操作区是指为防止食品受到污染，清洁程度要求较高的加工制作区域，包括专间、专用操作区。

（4）专间是指处理或短时间存放直接入口食品的专用加工制作间，包括冷食间、生食间、裱花间、中央厨房和集体用餐配送单位的分装或包装间等。

（5）专用操作区是指处理或短时间存放直接入口食品的专用加工制作区域，包括现榨果蔬汁加工制作区、果蔬拼盘加工制作区、备餐区（指暂时放置、整理、分发成品的区域）等。

（6）准清洁操作区是指清洁程度要求次于清洁操作区的加工制作区域，包括烹饪区、餐用具保洁区。

（7）烹饪区是指对经过粗加工制作、切配的原料或半成品进行热加工制作的区域。

（8）餐用具保洁区是指存放清洗消毒后的餐饮具和接触直接入口食品的容器、工具的区域。

（9）一般操作区是指其他处理食品和餐用具的区域，包括粗加工制作区、切配区、餐用具清洗消毒区等。

（10）粗加工制作区是指对原料进行挑拣、整理、解冻、清洗、剔除不可食用部分等加工制作的区域。

（11）切配区是指将粗加工制作后的原料，经过切割、称量、拼配等加工制作成为半成品的区域。

（12）餐用具清洗消毒区是指清洗、消毒餐饮具和接触直接入口食品的容器、工具的区域。

（13）就餐区是指供消费者就餐的区域。

（14）辅助区是指办公室、更衣区、门厅、大堂休息厅、歌舞台、卫生间、非食品库房等非直接处理食品的区域。

（15）特定餐饮服务提供者是指学校（含托幼机构）食堂、养老机构食堂、医疗机构食堂、中央厨房、集体用餐配送单位、连锁餐饮企业等。

（16）高危易腐食品是指蛋白质或碳水化合物含量较高［通常酸碱度（pH）大于4.6且水分活度（A_w）大于0.85］，常温下容易腐败变质的食品。

（17）现榨果蔬汁是指以新鲜水果、蔬菜为原料，经压榨、粉碎等方法现场加工制作的供消费者直接饮用的果蔬汁饮品，不包括采用浓浆、浓缩汁、果蔬粉调配而成的饮料。

（18）现磨谷物类饮品是指以谷类、豆类等谷物为原料，经粉碎、研磨、煮制等方法现场加工制作的供消费者直接饮用的谷物饮品。

二、餐饮服务业环境

（一）场所及设施设备通用的要求

（1）具有与经营的食品品种、数量相适应的场所、设施、设备，且布局合理。

（2）定期维护食品加工、贮存等设施、设备；定期清洗、校验保温设施及冷藏、冷冻设施。

（二）建筑场所与布局

1. 选址与环境

（1）应选择与经营的餐食相适应的场所，保持该场所环境清洁。

（2）不得选择易受到污染的区域。应距离粪坑、污水池、暴露垃圾场（站）、旱厕等污染源25m以上，并位于粉尘、有害气体、放射性物质和其他扩散性污染源的影响范围外。

（3）宜选择地面干燥、有给排水条件和电力供应的区域。

2. 设计与布局

（1）食品处理区应设置在室内，并采取有效措施，防止食品在存放和加工制作过程中受到污染。

（2）按照原料进入、原料加工制作、半成品加工制作、成品供应的流程合理布局。

（3）分开设置原料通道及入口、成品通道及出口、使用后餐饮具的回收通道及入口。无法分设时，应在不同时段分别运送原料、成品、使用后的餐饮具，或者使用无污染的方式覆盖运送成品。

（4）设置独立隔间、区域或设施，存放清洁工具。专用于清洗清洁工具的区域或设施，其位置不会污染食品，并有明显的区分标识。

（5）食品处理区加工制作食品时，如使用燃煤或木炭等固体燃料，炉灶应为隔墙烧火的外扒灰式。

（6）饲养和宰杀畜禽等动物的区域，应位于餐饮服务场所外，并与餐饮服务场所保持适当距离。

3. 建筑结构

建筑结构应采用适当的耐用材料建造，坚固耐用，易于维修、清洁或消毒，天花板、墙壁、门窗、地面等建筑围护结构的设置应能避免有害生物侵入和栖息。

（1）天花板　天花板的涂覆或装修材料无毒、无异味、不吸水、易清洁。天花板无裂缝、无破损，无霉斑、无灰尘积聚、无有害生物隐匿。天花板宜距离地面 2.5m 以上。食品处理区天花板的涂覆或装修材料耐高温、耐腐蚀。天花板与横梁或墙壁结合处宜有一定弧度。水蒸气较多区域的天花板有适当坡度。清洁操作区、准清洁操作区及其他半成品、成品暴露区域的天花板平整。

（2）墙壁　食品处理区墙壁的涂覆或铺设材料无毒、无异味、不透水。墙壁平滑、无裂缝、无破损，无霉斑、无积垢。需经常冲洗的场所（包括粗加工制作、切配、烹饪和餐用具清洗消毒等场所，下同），应铺设 1.5m 以上、浅色、不吸水、易清洗的墙裙。各类专间的墙裙应铺设到墙顶。

（3）门窗　食品处理区的门、窗闭合严密、无变形、无破损。与外界直接相通的门和可开启的窗，应设置易拆洗、不易生锈的防蝇纱网或空气幕。与外界直接相通的门能自动关闭。需经常冲洗的场所及各类专间的门应坚固、不吸水、易清洗。专间的门、窗闭合严密、无变形、无破损。专间的门能自动关闭。专间的窗户为封闭式（用于传递食品的除外）。专间内外运送食品的窗口应专用、可开闭，大小以可通过运送食品的容器为准。

（4）地面　食品处理区地面的铺设材料应无毒、无异味、不透水、耐腐蚀。地面平整、无裂缝、无破损、无积水积垢。清洁操作区不得设置明沟，地漏应能防止废弃物流入及浊气逸出。就餐区不宜铺设地毯，如铺设地毯，应定期清洁，保持卫生。

（三）设施设备

1. 供水设施

（1）食品加工制作用水的管道系统应引自生活饮用水主管道，与非饮用水（如冷却水、污水或废水等）的管道系统完全分离，不得有逆流或相互交接现象。

（2）供水设施中使用的涉及饮用水卫生安全产品应符合国家相关规定。

2. 排水设施

（1）排水设施应通畅，便于清洁、维护。

（2）需经常冲洗的场所和排水沟要有一定的排水坡度。排水沟内不得设置其他管路，侧面和底面接合处宜有一定弧度，并设有可拆卸的装置。

（3）排水的流向宜由高清洁操作区流向低清洁操作区，并能防止污水逆流。

（4）排水沟出口设有防止有害生物侵入的装置。

3. 清洗消毒保洁设施

（1）清洗、消毒、保洁设施设备应放置在专用区域，容量和数量应能满足加工制作和供餐需要。

（2）食品工用具的清洗水池应与食品原料、清洁用具的清洗水池分开。采用化学消毒方法的，应设置接触直接入口食品的工用具的专用消毒水池。

（3）各类水池应使用不透水材料（如不锈钢、陶瓷等）制成，不易积垢，易于清洁，并以明显标识标明其用途。

（4）应设置存放消毒后餐用具的专用保洁设施，标识明显，易于清洁。

4. 个人卫生设施和卫生间

（1）洗手设施　食品处理区应设置足够数量的洗手设施，就餐区宜设置洗手设施。洗手池应不透水，易清洁。水龙头宜采用脚踏式、肘动式、感应式等非手触动式开关。宜设置热水器，提供温水。洗手设施附近配备洗手液（皂）、消毒液、擦手纸、干手器等。从业人员专用洗手设施附近应有洗手方法标识。洗手设施的排水设有防止逆流、有害生物侵入及臭味产生的装置。

（2）卫生间　卫生间不得设置在食品处理区内。卫生间出入口不应直对食品处理区，不宜直对就餐区。卫生间与外界直接相通的门能自动关闭。设置独立的排风装置，有照明；与外界直接相通的窗户设有易拆洗、不易生锈的防蝇纱网；墙壁、地面等的材料不吸水、不易积垢、易清洁；应设置冲水式便池，配备便刷。应在出口附近设置洗手设施，洗手设施符合上述（1）洗手设施条款要求。排污管道与食品处理区排水管道分设，且设置有防臭气水封。排污口位于餐饮服务场所外。

（3）更衣区　与食品处理区处于同一建筑物内，宜为独立隔间且位于食品处理区入口处。设有足够大的更衣空间、足够数量的更衣设施（如更衣柜、挂钩、衣架等）。

5. 照明设施

（1）食品处理区应有充足的自然采光或人工照明设施，工作面的光照强度不得低于 220lx，光源不得改变食品的感官颜色。其他场所的光照强度不宜低于 110lx。

（2）安装在暴露食品正上方的照明灯应有防护装置，避免照明灯爆裂后污染食品。

（3）冷冻（藏）库应使用防爆灯。

6. 通风排烟设施

（1）食品处理区（冷冻库、冷藏库除外）和就餐区应保持空气流通。专间应设立独立的空调设施。应定期清洁消毒空调及通风设施。

（2）产生油烟的设备上方，设置机械排风及油烟过滤装置，过滤器便于清洁、更换。

（3）产生大量蒸汽的设备上方，设置机械排风排汽装置，并做好凝结水的引泄。

（4）排气口设有易清洗、耐腐蚀、防止有害生物侵入的网罩。

7. 库房及冷冻（藏）设施

（1）根据食品贮存条件，设置相应的食品库房或存放场所，必要时设置冷冻库、冷藏库。

（2）冷冻柜、冷藏柜有明显的区分标识。冷冻、冷藏柜（库）设有可正确显示内部温度的温度计，宜设置外显式温度计。

（3）库房应设有通风、防潮及防止有害生物侵入的装置。

（4）同一库房内贮存不同类别食品和非食品（如食品包装材料等），应分设存放区域，不同区域有明显的区分标识。

（5）库房内应设置足够数量的存放架，其结构及位置能使贮存的食品和物品离墙离地，距离地面应在 10cm 以上，距离墙壁宜在 10cm 以上。

（6）设有存放清洗消毒工具和洗涤剂、消毒剂等物品的独立隔间或区域。

8. 加工制作设备设施

（1）根据加工制作食品的需要，配备相应的设施、设备、容器、工具等。不得将加工制作食品的设施、设备、容器、工具用于与加工制作食品无关的用途。

（2）设备的摆放位置，应便于操作、清洁、维护和减少交叉污染。固定安装的设备设施应安装牢固，与地面、墙壁无缝隙，或保留足够的清洁、维护空间。

（3）设备、容器和工具与食品的接触面应平滑、无凹陷或裂缝，内部角落部位避免有尖角，便于清洁，防止聚积食品碎屑、污垢等。

（四）场所清洁

1. 食品处理区清洁

(1) 定期清洁食品处理区设施、设备。

(2) 保持地面无垃圾、无积水、无油渍，墙壁和门窗无污渍、无灰尘，天花板无霉斑、无灰尘。

2. 就餐区清洁

(1) 定期清洁就餐区的空调、排风扇、地毯等设施或物品，保持空调、排风扇洁净，地毯无污渍。

(2) 营业期间，应开启包间等就餐场所的排风装置，包间内无异味。

3. 卫生间清洁

(1) 定时清洁卫生间的设施、设备，并做好记录和展示。

(2) 保持卫生间地面、洗手池及台面无积水、无污物、无垃圾，便池内外无污物、无积垢、冲水良好，卫生纸充足。

(3) 营业期间，应开启卫生间的排风装置，卫生间内无异味。

三、人员管理制度

（一）人员配备

(1) 餐饮服务企业应配备专职或兼职食品安全管理人员，宜设立食品安全管理机构。

(2) 中央厨房、集体用餐配送单位、连锁餐饮企业总部、网络餐饮服务第三方平台提供者应设立食品安全管理机构，配备专职食品安全管理人员。

(3) 其他特定餐饮服务提供者应配备专职食品安全管理人员，宜设立食品安全管理机构。

(4) 餐饮安全管理人员在从事相关食品安全管理工作前，应取得餐饮服务食品安全培训合格证明。

(5) 餐饮安全管理人员主要承担以下管理职责：

①餐饮服务单位食品、食品添加剂、食品相关产品采购索证索票、进货查验和采购记录管理；

②餐饮服务单位场所环境卫生管理；

③餐饮服务单位食品加工制作设施设备清洗消毒管理；

④餐饮服务单位人员健康状况管理；

⑤餐饮服务单位加工制作食品管理；

⑥餐饮服务单位食品添加剂贮存、使用管理；

⑦餐饮服务单位餐厨垃圾处理管理；

⑧有关法律、法规、规章、规范性文件确定的其他餐饮服务食品安全管理。

（二）健康管理

(1) 从事接触直接入口食品工作（清洁操作区内的加工制作及切菜、配菜、烹饪、传菜、餐饮具清洗消毒等）的从业人员（包括新参加和临时参加工作的从业人员）应取得健康证明后方可上岗，并每年进行健康检查取得健康证明，必要时应进行临时健康检查。

(2) 食品安全管理人员应每天对从业人员上岗前的健康状况进行检查。患有发热、腹泻、咽部炎症等病症及皮肤有伤口或感染的从业人员，应主动向食品安全管理人员等报告，暂停从事接触直接入口食品的工作，必要时进行临时健康检查，待查明原因并将有碍食品安全的疾病治愈后方可重新上岗。

（3）手部有伤口的从业人员，使用的创可贴宜颜色鲜明，并及时更换。佩戴一次性手套后，可从事非接触直接入口食品的工作。

（4）患有霍乱、细菌性和阿米巴性痢疾、伤寒和副伤寒、病毒性肝炎（甲型、戊型）、活动性肺结核、化脓性或者渗出性皮肤病等国务院卫生行政部门规定的有碍食品安全疾病的人员，不得从事接触直接入口食品的工作。

（三）培训考核

（1）餐饮服务企业应每年对其从业人员进行一次食品安全培训考核，特定餐饮服务提供者应每半年对其从业人员进行一次食品安全培训考核。应根据不同岗位的实际需求，制订和实施食品安全年度培训计划，并做好培训记录。

（2）培训考核内容为有关餐饮食品安全的法律法规知识、基础知识及本单位的食品安全管理制度、加工制作规程、食品安全事故应急处置知识等。若食品安全相关的法律法规更新时，应及时开展培训。

（3）培训可采用专题讲座、实际操作、现场演示等方式。考核可采用询问、观察实际操作、答题等方式。

（4）对培训考核及时评估效果、完善内容、改进方式。

（5）从业人员应在食品安全培训考核合格后方可上岗。

（四）人员卫生

1. 个人卫生

（1）从业人员应保持良好的个人卫生。

（2）从业人员不得留长指甲、涂指甲油。工作时，应穿清洁的工作服，不得披散头发，佩戴的手表、手镯、手链、手串、戒指、耳环等饰物不得外露。

（3）食品处理区内的从业人员不宜化妆，应戴清洁的工作帽，工作帽应能将头发全部遮盖住。

（4）进入食品处理区的非加工制作人员，应符合从业人员卫生要求。

2. 口罩和手套

（1）专间的从业人员应佩戴清洁的口罩。

（2）专用操作区内从事下列活动的从业人员应佩戴清洁的口罩：

①现榨果蔬汁加工制作；

②果蔬拼盘加工制作；

③加工制作植物性冷食类食品（不含非发酵豆制品）；

④对预包装食品进行拆封、装盘、调味等简单加工制作后即供应的；

⑤调制供消费者直接食用的调味料；

⑥备餐。

（3）专用操作区内从事其他加工制作的从业人员，宜佩戴清洁的口罩。

（4）其他接触直接入口食品的从业人员，宜佩戴清洁的口罩。

（5）如佩戴手套，佩戴前应对手部进行清洗消毒。手套应清洁、无破损，符合食品安全要求。手套使用过程中，应定时更换手套，出现下列“手部清洗消毒（2）”要求的重新洗手消毒的情形时，应在重新洗手消毒后更换手套。手套应存放在清洁卫生的位置，避免受到污染。

3. 手部清洗消毒

（1）从业人员在加工制作食品前，应洗净手部，手部清洗宜符合《餐饮服务从业人员洗手消毒方法》。

（2）加工制作过程中，应保持手部清洁。出现下列情形时，应重新洗净手部：

①加工制作不同存在形式的食品前；

②清理环境卫生、接触化学物品或不洁物品（落地的食品、受到污染的工具容器和设备、餐厨废弃物、钱币、手机等）后；

③咳嗽、打喷嚏及擤鼻涕后。

（3）使用卫生间、用餐、饮水、吸烟等可能会污染手部的活动后，应重新洗净手部。

（4）加工制作不同类型的食品原料前，宜重新洗净手部。

（5）从事接触直接入口食品工作的从业人员，加工制作食品前应洗净手部并进行手部消毒，手部清洗消毒应符合《餐饮服务从业人员洗手消毒方法》。加工制作过程中，应保持手部清洁。出现下列情形时，应重新洗净手部并消毒：

①接触非直接入口食品后；

②触摸头发、耳朵、鼻子、面部、口腔或身体其他部位后；

③以上“手部清洗消毒（2）”条款要求的应重新洗净手部的情形。

4. 工作服

（1）工作服宜为白色或浅色，应定点存放，定期清洗更换。从事接触直接入口食品工作的从业人员，其工作服宜每天清洗更换。

（2）食品处理区内加工制作食品的从业人员使用卫生间前，应更换工作服。

（3）工作服受到污染后，应及时更换。

（4）待清洗的工作服不得存放在食品处理区。

（5）清洁操作区与其他操作区从业人员的工作服应有明显的颜色或标识区分。

（6）专间内从业人员离开专间时，应脱去专间专用工作服。

第二节　日常监督检查

餐饮服务企业日常监督检查要点，除了餐饮服务业环境与人员管理制度等要求外，还应着重监督检查以下内容。

一、原料（含食品添加剂和食品相关产品）管理

（一）原料采购

（1）选择的供货者应具有相关合法资质。

（2）特定餐饮服务提供者应建立供货者评价和退出机制，对供货者的食品安全状况等进行评价，将符合食品安全管理要求的列入供货者名录，及时更换不符合要求的供货者。鼓励其

他餐饮服务提供者建立供货者评价和退出机制。

（3）特定餐饮服务提供者应自行或委托第三方机构定期对供货者食品安全状况进行现场评价。

（4）鼓励建立固定的供货渠道，与固定供货者签订供货协议，明确各自的食品安全责任和义务。鼓励根据每种原料的安全特性、风险高低及预期用途，确定对其供货者的管控力度。

（二）原料运输

（1）运输前，对运输车辆或容器进行清洁，防止食品受到污染。运输过程中，做好防尘、防水，食品与非食品、不同类型的食品原料（动物性食品、植物性食品、水产品，下同）应分隔，食品包装完整、清洁，防止食品受到污染。

（2）运输食品的温度、湿度应符合相关食品安全要求。

（3）不得将食品与有毒有害物品混装运输，运输食品和运输有毒有害物品的车辆不得混用。

（三）进货查验

1. 随货证明文件查验

（1）从食品生产者采购食品的，查验其食品生产许可证和产品合格证明文件等；采购食品添加剂、食品相关产品的，查验其营业执照和产品合格证明文件等。

（2）从食品销售者（商场、超市、便利店等）采购食品的，查验其食品经营许可证等；采购食品添加剂、食品相关产品的，查验其营业执照等。

（3）从食用农产品个体生产者直接采购食用农产品的，查验其有效身份证明。

（4）从食用农产品生产企业和农民专业合作经济组织采购食用农产品的，查验其社会信用代码和产品合格证明文件。

（5）从集中交易市场采购食用农产品的，索取并留存市场管理部门或经营者加盖公章（或负责人签字）的购货凭证。

（6）采购畜禽肉类的，还应查验动物产品检疫合格证明；采购猪肉的，还应查验肉品品质检验合格证明。

（7）实行统一配送经营方式的，可由企业总部统一查验供货者的相关资质证明及产品合格证明文件，留存每笔购物或送货凭证。各门店能及时查询、获取相关证明文件复印件或凭证。

（8）采购食品、食品添加剂、食品相关产品的，应留存每笔购物或送货凭证。

2. 入库查验和记录

（1）外观查验

预包装食品的包装完整、清洁、无破损，标识与内容物一致。冷冻食品无解冻后再次冷冻情形。具有正常的感官性状。食品标签标识符合相关要求。食品在保质期内。

（2）温度查验

查验期间，尽可能减少食品的温度变化。冷藏食品表面温度与标签标识的温度要求不得超过+3℃，冷冻食品表面温度不宜高于-9℃。无具体要求且需冷冻或冷藏的食品，其温度可参考附录六的相关温度要求。

（四）原料贮存

（1）分区、分架、分类、离墙、离地存放食品。

（2）分隔或分离贮存不同类型的食品原料。

（3）在散装食品（食用农产品除外）贮存位置，应标明食品的名称、生产日期或者生产批号、使用期限等内容，宜使用密闭容器贮存。

（4）按照食品安全要求贮存原料。有明确的保存条件和保质期的，应按照保存条件和保质期贮存。保存条件、保质期不明确的及开封后的，应根据食品品种、加工制作方式、包装形式等针对性地确定适宜的保存条件（需冷藏冷冻的食品原料建议可参照附录六确定保存温度）和保存期限，并应建立严格的记录制度来保证不存放和使用超期食品或原料，防止食品腐败变质。

（5）及时冷冻（藏）贮存采购的冷冻（藏）食品，减少食品的温度变化。

（6）冷冻贮存食品前，宜分割食品，避免使用时反复解冻、冷冻。

（7）冷冻（藏）贮存食品时，不宜堆积、挤压食品。

（8）遵循先进、先出、先用的原则，使用食品原料、食品添加剂、食品相关产品。及时清理腐败变质等感官性状异常、超过保质期等的食品原料、食品添加剂、食品相关产品。

二、加工制作

（一）加工制作基本要求

（1）加工制作的食品品种、数量与场所、设施、设备等条件相匹配。

（2）加工制作食品过程中，应采取下列措施，避免食品受到交叉污染：

①不同类型的食品原料、不同存在形式的食品（原料、半成品、成品，下同）分开存放，其盛放容器和加工制作工具分类管理、分开使用，定位存放；

②接触食品的容器和工具不得直接放置在地面上或者接触不洁物；

③食品处理区内不得从事可能污染食品的活动；

④不得在辅助区（如卫生间、更衣区等）内加工制作食品、清洗消毒餐饮具；

⑤餐饮服务场所内不得饲养和宰杀禽、畜等动物。

（3）加工制作食品过程中，不得存在下列行为：

①使用非食品原料加工制作食品；

②在食品中添加食品添加剂以外的化学物质和其他可能危害人体健康的物质；

③使用回收食品作为原料，再次加工制作食品；

④使用超过保质期的食品、食品添加剂；

⑤超范围、超限量使用食品添加剂；

⑥使用腐败变质、油脂酸败、霉变生虫、污秽不洁、混有异物、掺假掺杂或者感官性状异常的食品、食品添加剂；

⑦使用被包装材料、容器、运输工具等污染的食品、食品添加剂；

⑧使用无标签的预包装食品、食品添加剂；

⑨使用国家为防病等特殊需要明令禁止经营的食品（如织纹螺等）；

⑩在食品中添加药品（按照传统既是食品又是中药材的物质除外）；

⑪法律法规禁止的其他加工制作行为。

（4）对国家法律法规明令禁止的食品及原料，应拒绝加工制作。

（二）加工制作区域的使用

（1）中央厨房和集体用餐配送单位的食品冷却、分装等应在专间内进行。

（2）下列食品的加工制作应在专间内进行：生食类食品、裱花蛋糕、冷食类食品（下列“加工制作区域的使用③”要求的内容除外）。

（3）下列加工制作既可在专间也可在专用操作区内进行：

①备餐；

②现榨果蔬汁、果蔬拼盘等的加工制作；

③仅加工制作植物性冷食类食品（不含非发酵豆制品）；对预包装食品进行拆封、装盘、调味等简单加工制作后即供应的；调制供消费者直接食用的调味料；

④学校（含托幼机构）食堂和养老机构食堂的备餐宜在专间内进行；

⑤各专间、专用操作区应有明显的标识，标明其用途。

（三）粗加工制作与切配

（1）冷冻（藏）食品出库后，应及时加工制作。冷冻食品原料不宜反复解冻、冷冻。

（2）宜使用冷藏解冻或冷水解冻方法进行解冻，解冻时合理防护，避免受到污染。使用微波解冻方法的，解冻后的食品原料应被立即加工制作。

（3）应缩短解冻后的高危易腐食品原料在常温下的存放时间，食品原料的表面温度不宜超过 8℃。

（4）食品原料应洗净后使用。盛放或加工制作不同类型食品原料的工具和容器应分开使用。盛放或加工制作畜肉类原料、禽肉类原料及蛋类原料的工具和容器宜分开使用。

（5）使用禽蛋前，应清洗禽蛋的外壳，必要时消毒外壳。破蛋后应单独存放在暂存容器内，确认禽蛋未变质后再合并存放。

（6）应及时使用或冷冻（藏）贮存切配好的半成品。

（四）成品加工制作

1. 专间内加工制作

（1）专间内温度不得高于 25℃。

（2）每餐（或每次）使用专间前，应对专间空气进行消毒。消毒方法应遵循消毒设施使用说明书要求。使用紫外线灯消毒的，应在无人加工制作时开启紫外线灯 30min 以上并做好记录。

（3）由专人加工制作，非专间加工制作人员不得擅自进入专间。进入专间前，加工制作人员应更换专用的工作衣帽并佩戴口罩。加工制作人员在加工制作前应严格清洗消毒手部，加工制作过程中适时清洗消毒手部。

（4）应使用专用的工具、容器、设备，使用前使用专用清洗消毒设施进行清洗消毒并保持清洁。

（5）及时关闭专间的门和食品传递窗口。

（6）蔬菜、水果、生食的海产品等食品原料应清洗处理干净后，方可传递进专间。预包装食品和一次性餐饮具应去除外层包装并保持最小包装清洁后，方可传递进专间。

（7）在专用冷冻或冷藏设备中存放食品时，宜将食品放置在密闭容器内或使用保鲜膜等进行无污染覆盖。

（8）加工制作生食海产品，应在专间外剔除海产品的非食用部分，并将其洗净后，方可传递进专间。加工制作时，应避免海产品可食用部分受到污染。加工制作后，应将海产品放置在密闭容器内冷藏保存，或放置在食用冰中保存并用保鲜膜分隔。放置在食用冰中保存的，加工制作后至食用前的间隔时间不得超过 1h。

（9）加工制作裱花蛋糕时，裱浆和经清洗消毒的新鲜水果应当天加工制作、当天使用。蛋糕坯应存放在专用冷冻或冷藏设备中。打发好的奶油应尽快使用完毕。

（10）加工制作好的成品宜当餐供应。

（11）不得在专间内从事非清洁操作区的加工制作活动。

2. 专用操作区内加工制作

（1）由专人加工制作。加工制作人员应穿戴专用的工作衣帽并佩戴口罩。加工制作人员在加工制作前应严格清洗消毒手部，加工制作过程中适时清洗消毒手部。

（2）应使用专用的工具、容器、设备，使用前进行消毒，使用后洗净并保持清洁。

（3）在专用冷冻或冷藏设备中存放食品时，宜将食品放置在密闭容器内或使用保鲜膜等进行无污染覆盖。

（4）加工制作的水果、蔬菜等，应清洗干净后方可使用。

（5）加工制作好的成品应当餐供应。

（6）现调、冲泡、分装饮品可不在专用操作区内进行。

（7）不得在专用操作区内从事非专用操作区的加工制作活动。

3. 烹饪区内加工制作

（1）一般要求 ①烹饪食品的温度和时间应能保证食品安全。②需要烧熟煮透的食品，加工制作时食品的中心温度应达到 70℃以上。对特殊加工制作工艺，中心温度低于 70℃的食品，餐饮服务提供者应严格控制原料质量安全状态，确保经过特殊加工制作工艺制作成品的食品安全。鼓励餐饮服务提供者在售卖时按照本规范相关要求进行消费提示。③盛放调味料的容器应保持清洁，使用后加盖存放，宜标注预包装调味料标签上标注的生产日期、保质期等内容及开封日期。④宜采用有效的设备或方法，避免或减少食品在烹饪过程中产生有害物质。

（2）油炸类食品 ①选择热稳定性好、适合油炸的食用油脂。②与炸油直接接触的设备、工具内表面应为耐腐蚀、耐高温的材质（如不锈钢等），易清洁、维护。③油炸食品前，应尽可能减少食品表面的多余水分。油炸食品时，油温不宜超过 190℃。油量不足时，应及时添加新油。定期过滤在用油，去除食物残渣。鼓励使用快速检测方法定时测试在用油的酸价、极性组分等指标。定期拆卸油炸设备，进行清洁维护。

（3）烧烤类食品 ①烧烤场所应具有良好的排烟系统。②烤制食品的温度和时间应能使食品被烤熟。③烤制食品时，应避免食品直接接触火焰或烤制温度过高，减少有害物质产生。

（4）火锅类食品 ①不得重复使用火锅底料。②使用醇基燃料（如酒精等）时，应在没有明火的情况下添加燃料。使用炭火或煤气时，应通风良好，防止一氧化碳中毒。

（5）糕点类食品 ①使用烘焙包装用纸时，应考虑颜色可能对产品的迁移，并控制有害物质的迁移量，不应使用有荧光增白剂的烘烤纸。②使用自制蛋液的，应冷藏保存蛋液，防止蛋液变质。

（6）自制饮品 ①加工制作现榨果蔬汁、食用冰等的用水，应为预包装饮用水、使用符合相关规定的水净化设备或设施处理后的直饮水、煮沸冷却后的生活饮用水。②自制饮品所用的原料乳，宜为预包装乳制品。③煮沸生豆浆时，应将上涌泡沫除净，煮沸后保持沸腾状态

5min 以上。

（五）食品添加剂使用

（1）使用食品添加剂的，应在技术上确有必要，并在达到预期效果的前提下尽可能降低使用量。

（2）按照 GB 2760—2024《食品安全国家标准　食品添加剂使用标准》规定的食品添加剂品种、使用范围、使用量，使用食品添加剂。不得采购、贮存、使用亚硝酸盐（包括亚硝酸钠、亚硝酸钾）。

（3）专柜（位）存放食品添加剂，并标注“食品添加剂”字样。使用容器盛放拆包后的食品添加剂的，应在盛放容器上标明食品添加剂名称，并保留原包装。

（4）应专册记录使用的食品添加剂名称、生产日期或批号、添加的食品品种、添加量、添加时间、操作人员等信息，GB 2760—2024《食品安全国家标准　食品添加剂使用标准》规定按生产需要适量使用的食品添加剂除外。使用有 GB 2760—2024《食品安全国家标准　食品添加剂使用标准》“最大使用量”规定的食品添加剂，应精准称量使用。

（六）食品相关产品使用

（1）各类工具和容器应有明显的区分标识，可使用颜色、材料、形状、文字等方式进行区分。

（2）工具、容器和设备，宜使用不锈钢材料，不宜使用木质材料。必须使用木质材料时，应避免对食品造成污染。盛放热食类食品的容器不宜使用塑料材料。

（3）添加邻苯二甲酸酯类物质制成的塑料制品不得盛装、接触油脂类食品和乙醇含量高于 20%的食品。

（4）不得重复使用一次性用品。

（七）高危易腐食品冷却

（1）需要冷冻（藏）的熟制半成品或成品，应在熟制后立即冷却。

（2）应在清洁操作区内进行熟制成品的冷却，并在盛放容器上标注加工制作时间等。

（3）冷却时，可采用将食品切成小块、搅拌、冷水浴等措施或者使用专用速冷设备，使食品的中心温度在 2h 内从 60℃降至 21℃，再经 2h 或更短时间降至 8℃。

（八）食品再加热

（1）高危易腐食品熟制后，在 8~60℃条件下存放 2h 以上且未发生感官性状变化的，食用前应进行再加热。

（2）再加热时，食品的中心温度应达到 70℃以上。

（九）食品留样

（1）学校（含托幼机构）食堂、养老机构食堂、医疗机构食堂、中央厨房、集体用餐配送单位、建筑工地食堂（供餐人数超过 100 人）和餐饮服务提供者（集体聚餐人数超过 100 人或为重大活动供餐），每餐次的食品成品应留样。其他餐饮服务提供者宜根据供餐对象、供餐人数、食品品种、食品安全控制能力和有关规定，进行食品成品留样。

（2）应将留样食品按照品种分别盛放于清洗消毒后的专用密闭容器内，在专用冷藏设备中冷藏存放 48h 以上。每个品种的留样量应能满足检验检测需要，且不少于 125g。

（3）在盛放留样食品的容器上应标注留样食品名称、留样时间（月、日、时），或者标注与留样记录相对应的标识。

（4）应由专人管理留样食品、记录留样情况，记录内容包括留样食品名称、留样时间（月、日、时）、留样人员等。

三、供餐、用餐与配送

（一）供餐

（1）分派菜肴、整理造型的工具使用前应清洗消毒。

（2）加工制作围边、盘花等的材料应符合食品安全要求，使用前应清洗消毒。

（3）在烹饪后至食用前需要较长时间（超过2h）存放的高危易腐食品，应在高于60℃或低于8℃的条件下存放。在8~60℃条件下存放超过2h，且未发生感官性状变化的，应再加热后方可供餐。

（4）宜按照标签标注的温度等条件，供应预包装食品。食品的温度不得超过标签标注的温度+3℃。

（5）供餐过程中，应对食品采取有效防护措施，避免食品受到污染。使用传递设施（如升降笼、食梯、滑道等）的，应保持传递设施清洁。

（6）供餐过程中，应使用清洁的托盘等工具，避免从业人员的手部直接接触食品（预包装食品除外）。

（二）用餐服务

（1）垫纸、垫布、餐具托、口布等与餐饮具直接接触的物品应一客一换。撤换下的物品，应及时清洗消毒（一次性用品除外）。

（2）消费者就餐时，就餐区应避免从事引起扬尘的活动（如扫地、施工等）。

（三）食品配送

1. 一般要求

（1）不得将食品与有毒有害物品混装配送。

（2）应使用专用的密闭容器和车辆配送食品，容器的内部结构应便于清洁。

（3）配送前，应清洁运输车辆的车厢和配送容器，盛放成品的容器还应经过消毒。

（4）配送过程中，食品与非食品、不同存在形式的食品应使用容器或独立包装等分隔，盛放容器和包装应严密，防止食品受到污染。

（5）食品的温度和配送时间应符合食品安全要求。

2. 中央厨房的食品配送

（1）食品应有包装或使用密闭容器盛放。容器材料应符合食品安全国家标准或有关规定。

（2）包装或容器上应标注中央厨房的名称、地址、许可证号、联系方式，以及食品名称、加工制作时间、保存条件、保存期限、加工制作要求等。

（3）高危易腐食品应采用冷冻（藏）方式配送。

3. 集体用餐配送单位的食品配送

（1）食品应使用密闭容器盛放。容器材料应符合食品安全国家标准或有关规定。

（2）容器上应标注食用时限和食用方法。

（3）从烧熟至食用的间隔时间（食用时限）应符合以下要求：

①烧熟后2h，食品的中心温度保持在60℃以上（热藏）的，其食用时限为烧熟后4h；

②烧熟后按照高危易腐食品冷却要求，将食品的中心温度降至8℃并冷藏保存的，其食用

时限为烧熟后24h。供餐前应对食品进行再加热。

4. 餐饮外卖

（1）送餐人员应保持个人卫生。外卖箱（包）应保持清洁，并定期消毒。

（2）使用符合食品安全规定的容器、包装材料盛放食品，避免食品受到污染。

（3）配送高危易腐食品应冷藏配送，并与热食类食品分开存放。

（4）从烧熟至食用的间隔时间（食用时限）应符合以下要求：烧熟后2h，食品的中心温度保持在60℃以上（热藏）的，其食用时限为烧熟后4h。

（5）宜在食品盛放容器或者包装上，标注食品加工制作时间和食用时限，并提醒消费者收到后尽快食用。

（6）宜对食品盛放容器或者包装进行封签。

5. 一次性容器、餐饮具

应选用符合食品安全要求的材料制成的容器、餐饮具，应采用可降解材料制成的容器、餐饮具。

四、检验检测

（一）检验检测计划

（1）中央厨房和集体用餐配送单位应制订检验检测计划，定期对大宗食品原料、加工制作环境等自行或委托具有资质的第三方机构进行检验检测。其他的特定餐饮服务提供者宜定期开展食品检验检测。

（2）鼓励其他餐饮服务提供者定期进行食品检验检测。

（二）检验检测项目和人员

（1）可根据自身的食品安全风险分析结果，确定检验检测项目，如农药残留、兽药残留、致病性微生物、餐用具清洗消毒效果等。

（2）检验检测人员应经过培训与考核。

五、清洗消毒

（一）餐用具清洗消毒

（1）餐用具使用后应及时洗净，餐饮具、盛放或接触直接入口食品的容器和工具使用前应消毒。

（2）清洗消毒方法参照《推荐的餐用具清洗消毒方法》（见附录七）。宜采用蒸汽等物理方法消毒，因材料、大小等原因无法采用的除外。

（3）餐用具消毒设备（如自动消毒碗柜等）应连接电源，正常运转。定期检查餐用具消毒设备或设施的运行状态。采用化学消毒的，消毒液应现用现配，并定时测量消毒液的消毒浓度。

（4）从业人员佩戴手套清洗消毒餐用具的，接触消毒后的餐用具前应更换手套。手套宜用颜色区分。

（5）消毒后的餐饮具、盛放或接触直接入口食品的容器和工具，应符合GB 14934—2016《食品安全国家标准　消毒餐（饮）具》的规定。

（6）宜沥干、烘干清洗消毒后的餐用具。使用抹布擦干的，抹布应专用，并经清洗消毒后方可使用。

（7）不得重复使用一次性餐饮具。

（二）餐用具保洁

（1）消毒后的餐饮具、盛放或接触直接入口食品的容器和工具，应定位存放在专用的密闭保洁设施内，保持清洁。

（2）保洁设施应正常运转，有明显的区分标识。

（3）定期清洁保洁设施，防止清洗消毒后的餐用具受到污染。

（三）洗涤剂消毒剂

（1）使用的洗涤剂、消毒剂应分别符合 GB 14930. 1—2022《食品安全国家标准　洗涤剂》和 GB 14930. 2—2012《食品安全国家标准　消毒剂》等食品安全国家标准和有关规定。

（2）严格按照洗涤剂、消毒剂的使用说明进行操作。

六、废弃物管理

（一）废弃物存放容器与设施

（1）食品处理区内可能产生废弃物的区域，应设置废弃物存放容器。废弃物存放容器与食品加工制作容器应有明显的区分标识。

（2）废弃物存放容器应配有盖子，防止有害生物侵入、不良气味或污水溢出，防止污染食品、水源、地面、食品接触面（包括接触食品的工作台面、工具、容器、包装材料等）。废弃物存放容器的内壁光滑，易于清洁。

（3）在餐饮服务场所外适宜地点，宜设置结构密闭的废弃物临时集中存放设施。

（二）废弃物处置

（1）餐厨废弃物应分类放置、及时清理，不得溢出存放容器。餐厨废弃物的存放容器应及时清洁，必要时进行消毒。

（2）应索取并留存餐厨废弃物收运者的资质证明复印件（需加盖收运者公章或由收运者签字），并与其签订收运合同，明确各自的食品安全责任和义务。

（3）应建立餐厨废弃物处置台账，详细记录餐厨废弃物的处置时间、种类、数量、收运者等信息。

七、有害生物防治

（一）基本要求

（1）有害生物防治应遵循物理防治（粘鼠板、灭蝇灯等）优先，化学防治（滞留喷洒等）有条件使用的原则，保障食品安全和人身安全。

（2）餐饮服务场所的墙壁、地板无缝隙，天花板修葺完整。所有管道（供水、排水、供热、燃气、空调等）与外界或天花板连接处应封闭，所有管、线穿越而产生的孔洞，选用水泥、不锈钢隔板、钢丝封堵材料、防火泥等封堵，孔洞填充牢固，无缝隙。使用水封式地漏。

（3）所有线槽、配电箱（柜）封闭良好。

（4）人员、货物进出通道应设有防鼠板，门的缝隙应小于 6mm。

（二）设施设备的使用与维护

（1）灭蝇灯　食品处理区、就餐区宜安装粘捕式灭蝇灯。使用电击式灭蝇灯的，灭蝇灯不得悬挂在食品加工制作或贮存区域的上方，防止电击后的虫害碎屑污染食品。应根据餐饮服务场所的布局、面积及灭蝇灯使用技术要求，确定灭蝇灯的安装位置和数量。

（2）鼠类诱捕设施　餐饮服务场所内应使用粘鼠板、捕鼠笼、机械式捕鼠器等装置，不得使用杀鼠剂。餐饮服务场所外可使用抗干预型鼠饵站，鼠饵站和鼠饵必须固定安装。

（3）排水管道出水口　排水管道出水口安装的篦子宜使用金属材料制成，篦子缝隙间距或网眼应小于10mm。

（4）通风口　与外界直接相通的通风口、换气窗外，应加装不小于1.8mm孔径的防虫筛网。

（5）防蝇帘及风幕机　使用防蝇胶帘的，防蝇胶帘应覆盖整个门框，底部离地距离小于2cm，相邻胶帘条的重叠部分不少于2cm。使用风幕机的，风幕应完整覆盖出入通道。

（三）防治过程要求

（1）收取货物时，应检查运输工具和货物包装是否有有害生物活动迹象（如鼠粪、鼠咬痕等鼠迹，蟑尸、蟑粪、卵鞘等蟑迹），防止有害生物入侵。

（2）定期检查食品库房或食品贮存区域、固定设施设备背面及其他阴暗、潮湿区域是否存在有害生物活动迹象。发现有害生物，应尽快将其杀灭，并查找和消除其来源途径。

（3）防治过程中应采取有效措施，防止食品、食品接触面及包装材料等受到污染。

（四）卫生杀虫剂和杀鼠剂的管理

（1）卫生杀虫剂和杀鼠剂的选择　选择的卫生杀虫剂和杀鼠剂，应标签信息齐全（农药登记证、农药生产许可证、农药标准）并在有效期内。不得将不同的卫生杀虫剂制剂混配。鼓励使用低毒或微毒的卫生杀虫剂和杀鼠剂。

（2）卫生杀虫剂和杀鼠剂的使用要求　使用卫生杀虫剂和杀鼠剂的人员应经过有害生物防治专业培训，应针对不同的作业环境，选择适宜的种类和剂型，并严格根据卫生杀虫剂和杀鼠剂的技术要求确定使用剂量和位置，设置警示标识。

（3）卫生杀虫剂和杀鼠剂的存放要求　不得在食品处理区和就餐场所存放卫生杀虫剂和杀鼠剂产品。应设置单独、固定的卫生杀虫剂和杀鼠剂产品存放场所，存放场所具备防火防盗通风条件，由专人负责。

思考题

1. 简述餐饮服务业场所设计与布局基本要求。
2. 餐饮服务业哪些加工环节有佩戴口罩和手套的规定？
3. 简述餐饮服务业在产品留样环节的注意事项。

第十章

CHAPTER 10

网络食品安全监督管理

第一节　概述

随着网络技术的快速发展，在我国掀起了传统行业和互联网技术相互融合的浪潮，食品行业也积极与互联网信息技术相互融合，完成新一轮的产业结构优化升级，网络食品正是这种背景下的新兴产物。网络食品以其方便快捷的特点受到年轻一代消费群体的热烈追捧，这也为网络市场经济注入了新鲜的“血液”。

一、网络食品概念

网络食品是指可以通过互联网交易平台进行信息检索、电子订单交易、物流快递等环节获得的食品。一般地，消费者通过互联网交易平台检索有关食品信息，以电子订单方式发出求购基本信息，与食品供应商在电子商务平台完成交易，经由物流快递收到所购食品。

网络食品与线下交易的日用食品没有本质区别，不同之处在于网络食品借助互联网平台完成交易。

二、网络食品市场

互联网技术飞速发展改变了公众的食品消费观念和消费方式，逐步形成了线上和线下两种食品交易市场。线上食品市场即网络食品市场，是指通过互联网平台进行食品交易的虚拟市场。

一般来说，网络食品市场具有如下特征：

（1）交易方式网络化　交易双方通过网络平台完成食品交易，这种交易行为具有不确定性、虚拟性和隐蔽性等特点。新一代信息技术的推广应用加速了经济全球化的进程，即使处于不同地区甚至不同国家的交易双方都可以通过网络交易市场这个虚拟平台来完成食品交易，从而突破了传统实体市场食品交易局限于时间和空间的障碍。

（2）经营方式虚拟化　网络食品市场中的商家店铺是虚拟的，不需要门店，不需要在实体货架上摆放实物，更不需要大量售货员，只需要在网络第三方交易平台申请开店，专门进行网页设计，具体介绍待售食品的基本信息供消费者浏览，再由专门的客服人员与买家进行交流，回答消费者咨询的问题，最后通过支付平台进行收付款即可完成交易。

（3）食品种类多样化　网络食品市场提供种类丰富多样的食品，全国甚至全世界的特产以及美食基本都可以在网上找到，并且同一种食品有多个商家在网上出售，消费者的选择空间显著增加。

（4）交易成本比较低　由于在网络食品市场开店不需要门店，省去了店面租金、装修费、水电费及人员雇佣费等大量费用，为商家明显降低了成本，商家正是将节省下来的部分成本折返给消费者，因此网上店铺的食品一般比线下实体店所售的食品要便宜得多。

三、网络食品发展现状

近年来，网络交易市场快速发展，一方面推动市场经济向多元化趋势转变，另一方面也极大地激发了市场的活力，不断为中国的经济增势和乡村振兴贡献价值。

据统计，2015 年，中国的网上交易金额达到了 3.88 万亿元。2018 年，生鲜电商市场达到了 1500 多亿元；线上休闲食品售额达到 621.3 亿元，增长速度为 23.4%。2020 年，我国外卖市场规模达到 1.5 万亿元，占 4.6 万亿元的食品和饮料股的 33%。2021 年，中国团餐市场规模为 1.77 万亿元，2022 年，中国团餐市场经济规模达到 1.98 万亿元。网络食品交易蒸蒸日上，已成为当前和未来的发展趋势，网络食品市场也逐步成为传统食品交易市场之后的新兴网络虚拟市场。

四、网络食品安全

“互联网+餐饮服务”等新兴业态快速增长给我们带来诸多便利，但食品安全问题仍受到广泛关注，各种购物 App 和外卖 App 的不完善性无形中增加了网络食品安全的风险。受到网络购物不确定性、虚拟性等特点与网络食品购物安全管理立法滞后等因素干扰，出现了网络食品安全问题。有关低质外卖平台被曝商家无营业执照的情况屡见不鲜，商家制作商品时环境卫生差、操作不合格的情况也多有报道，存在商家、外卖人员、订餐者之间产生纠纷现象。在对线下工厂和餐饮业严格监管的基础上，更要提高对网络食品质量安全的重视。

第二节　网络食品交易第三方平台监督管理

一、网络食品交易第三方平台概念

第三方平台是指互联网企业为商家店铺提供的网络基础设施、在线支付、安全管理等功能的网络交易平台。网络食品交易第三方平台即以网络食品交易为承载内容的第三方交易平台，如当当、京东商城、顺丰优选、亚马逊中国、飞牛网、国美网上商城、1 号店、苏宁易购、淘宝网、天猫等。

与其他电子商务平台相比，网络食品第三方交易平台具有三大特殊属性：①中立性。网络食品交易第三方平台的“第三方”特性决定它在消费者与食品经营者之间的中立地位，它仅仅是消费者与食品经营者沟通交流、交易的链接平台。②内容特定。网络食品交易第三方平台是以网络食品交易为承载内容，这是它与一般第三方交易平台的区别所在。③承担行政法律责任。网络食品交易第三方平台不仅作为一个网络技术提供的平台，还承担对入网食品经营者的准入审核、经营行为规定的法律责任。

二、网络食品交易第三方平台的法律责任体系

食品安全问题一直受到消费者的广泛关注。网络食品交易一方面为不符合监管标准的产品以及餐饮服务提供了便利，另一方面一定程度上暴露了食品企业现存的弊病。

2015 年修订的《食品安全法》，使中国成为首个明确网络食品交易第三方平台义务和责任的国家。此后随着《食品经营许可管理办法》《网络餐饮服务食品安全监督管理办法》《网络食品安全违法行为查处办法》《电子商务法》等法律规范文件的出台，我国基本构建了网络食品交易第三方平台的法律责任体系。

三、网络食品交易第三方平台的责任和义务

（一）网络食品交易第三方平台的责任

1. 民事法律责任

（1）第三方平台应当承担连带责任，即第三方平台对入网经营者的资格审查义务、报告管理义务不履行或者履行不当，或者没有法律根据和证据就随意停止提供网络平台服务，这种情况下损害消费者合法权益的，网络食品交易第三方平台须承担连带责任。

（2）第三方平台应当承担不真正连带责任，法定的附条件不真正连带责任。主要是因为平台不能给予买家消费者入网食品生产经营者正确完整的资料，包括经营资格证、经营处所以及联系方式等。

（3）第三方平台应当承担约定赔偿义务，其主要来源是网络食品交易第三方平台不向消费者兑现承诺，这个约定的赔偿义务并不是真正的连带责任。第三方台平进行技术创新提高消费者体验值，吸引更多消费者在网络平台购买食品，如新用户满减优惠、赔偿条款等。在消费者与第三方平台的服务合同中，第三方平台往往会做出“更有利于消费者的承诺”的条款，其中最具代表性的就是“先行赔付”。该类条款是第三方平台主动作出的承诺而且是格式条款，消费者注册成为第三方平台用户时就可以行使服务条款规定的权利并履行相应义务；同时，第三方平台要接受服务条款的制约，履行作出的承诺，如第三方平台承诺出现损害消费者权益的情况时就应该先赔偿其损失。

2. 行政责任

《食品安全法》新增了网络食品交易第三方平台的行政责任。在《网络食品安全违法行为查处办法》中也明确解释它所必须承担的行政责任，没有造成严重食品安全问题的，如没有严格审查入网经营者主体资格、审核备案资料、妥善保管交易数据的，县级以上市场监督管理部门有权要求其及时采取补救措施，进行警告，根据过错程度缴纳罚款。造成严重食品安全问题的，如食源性疾病、身体健康重大损害甚至死亡的，要求网络交易平台停业整顿或取消其经营资格，移交通信主管部门处置。

（二）网络食品交易第三方平台的义务

1. 法定义务

事前阶段，第三方平台应履行“实名登记”和“审查许可证”这两项审查义务。实名登

记是指第三方平台应当登记入网食品经营者的真实姓名、地址和有效联系方式。审查许可证分为两种情况：对于需要取得许可证的食品经营者，应严格审查其食品生产许可证或食品经营许可证；对于不需要取得许可证的食品经营者，应审查其个人身份信息、工商登记信息。第三方平台须对申请人的名称、地址和联系方式等方面的信息特别注意。这里的审查类似于行政许可上的形式审查，审查所提交的材料是否齐全、是否符合法定形式。

事中阶段，第三方平台应履行“制止报告”和“停止服务”这两项监督管理义务。对于入网食品经营者的一般违法行为，应及时制止，并立即报告食品药品监督管理部门；对于严重违法行为，应立即停止提供平台交易服务。“停止服务”义务赋予了第三方平台“关停”的权力，对食品经营者的利益产生重大影响，在一定程度上能够震慑网络食品经营者的违法行为，降低网络食品销售风险。

事后阶段，第三方平台应承担忠实告知义务。忠实告知义务得以履行的前提是第三方平台认真履行了事前审查义务。第三方平台应当对商户的真实名称、地址和有效联系方式进行登记并予以公示，当纠纷发生时，及时向消费者提供这些信息，保证消费者能及时联系商家获得赔偿。配套法律细化了对食品交易第三方平台责任的规定，加强了对网络食品安全的监管。

2. 约定义务

第三方平台的约定义务体现在两个方面：一方面，第三方平台应当提供安全便利的网络平台，保证网上交易能够顺利完成；另一方面，第三方平台应当履行单方面作出的更有利于消费者的承诺，主要包括先行赔付制度、退换货条款、打折、赠送优惠券等。其中先行赔付制度是指纠纷发生后消费者与商家协商无果时，第三方平台承诺一律向消费者先行赔付。

四、加强网络食品交易第三方平台监管

从食品生产加工到消费这一过程中，第三方平台扮演着至关重要的角色。因此，针对网络食品安全的监督管理，决不可忽视第三方平台应承担的责任和应尽到的职责。

(1) 平台对入驻商家的筛选一定要严谨。第三方平台应对商家的相关证件进行审查与备案，如营业执照等，确保每个商家具备最基本的从事食品行业的资格。在消费者普遍实名认证的时代，商家的身份也应当确保可追溯。平台要对商家的资历认真审核，证件和身份必须保持一致，预防“偷梁换柱”的可能。

(2) 第三方平台要做到时刻的监督和不定时的抽检，应制定一套平台规则。商家成功入驻不代表提供的食品绝对安全，生产过程中的原料配料、生产工具及生产环境都是影响食品安全的因素，如最常见的食品添加剂过量问题、添加剂的非法使用、环境脏乱导致的微生物污染等。

(3) 第三方平台是连接商家与消费者的枢纽，要做到公平公正，坚决维护消费者权益，让消费者放心消费、信任消费。交易过程中可能出现各种问题，第三方平台作为维护交易的“中间人”，理应确保消费者遇到问题时能够快速找到维权渠道，消费者在平台交易过程中出现的损失也应当由平台承担相应责任。

网络食品安全第三方平台监督管理不仅是第三方平台对商家的监督，还有政府部门和消费者对第三方平台的监督。一方面，政府的监管具有相当威慑力，严谨制定完善相应法律法规或让第三方平台和食品企业相关联，一方出现问题另一方承担连带责任，即第三方平台在最初对入网经营者进行登记、审查、报告等过程失责并由此造成消费者的合法权益受到损害时，平台

要与入网经营者共同承担连带责任，以便更好地促进第三方平台对自身的管理；另一方面，商人谋利，而消费者是“利”的来源，平台要想提升用户的黏性，必须首先获得消费者的信任，若消费者始终对交易产品及交易过程保持高要求、高标准，出现问题时不怕麻烦坚决维权，也会从侧面促使第三方平台提高其监管的力度。因此，政府部门和消费者的监督能有效推动整个网络食品安全第三方平台行业快速、高效发展，提高行业整体素质。

第三节　网络食品安全监督管理

一、网络食品安全的监督管理

网购食品给消费者带来快捷消费体验的同时，也给网络食品安全监管带来了极大的挑战。党的二十大报告提出：强化食品药品安全监管，健全生物安全监管预警防控体系。在当前高速发展的时代背景之下，在落实最严谨标准、最严格监管、最严厉处罚、最严肃问责的同时，我们更要建立以政府监管部门为主体，将网络食品安全第三方平台、网络食品企业、网络媒体等引入，共同参与到网络食品安全监管体系中来，从而实现网络食品安全治理的“善治”，以此确保人民群众“舌尖上的安全”。

政府部门在网络食品安全监管中的重要作用不言而喻，主要表现于：①监管主体“一主多辅”。《食品安全法》将多部门分段监管转变为由食药监部门统一负责食品生产、流通和餐饮服务监管集中的体制，食药监部门主导监管，其他部门则发挥辅助监管作用。②监管全过程。食品从源头开始到加工、存储、运输和销售的全部过程都进行监管，这对网络食品的生产和流通都提出了更高的要求。③责任约谈。对于网络食品生产经营者在食品生产经营过程中出现安全隐患以及没有立即消除食品安全隐患的，食药监部门可以对其进行责任约谈。

二、网络食品安全监管存在的问题

（一）信息不对称性

网络食品交易与线下实体交易不同，消费者只能通过商家上传在第三方平台的商品宣传照片以及买家评论信息辨别商品的好坏。一方面，商品宣传照片经过美化后难以辨别真假，消费者无法现场查看产品的好坏，无法获取产品当前的真实状态，下单后有一定概率会出现产品和图片严重不符的情况；有一些商家利用网络食品销售的隐蔽性售卖假冒伪劣产品，如高价低质的产品、重新喷涂保质日期的过期产品、检测不合格的产品等。

另一方面，买家评论也存在时效性、主观性和真实性的问题。评价的时效性分为两种情况。第一种情况是为赢得口碑，大部分经营者在店铺开张初期会对其销售的产品严格把控，因此购买前几批次产品的消费者留下的评论一般不会很差；第二种情况是产品本身具有的时效性，如水果都有最佳采摘季节，同一种水果当季时无论从外观还是口感一定优于过季时的水果。主观性则和消费者的喜好密切相关，食品的口味多种多样，酸甜苦辣咸，每个人喜好的口味都不相同，评价自然也各不相同。

（二）网络食品交易行政监管难度大

网络食品经营者相对匿名，加之物流业迅速发展，网络食品交易通常跨越千里，交易过程出现问题不仅要考虑商家信息、还要考虑第三方运输时是否也产生了一定的影响，无形中给网络食品监管工作增加许多负担。同时，由于商家和消费者的地理位置差异大，出现严重问题要查处商家经营信息、生产加工工厂信息等进行调查取证时，还有管辖确定问题要考虑。此外，网络食品交易通常金额小、数量大，即便有关部门查出商家有一定的违法行为，处罚力度也不会很大。此外，这种执法成本高、执法回报低现象会让许多商家抱有侥幸心理，网络食品交易行政监管不断面临新的挑战。

（三）监管主体职责不清

在对网络平台上的食品安全监管中，政府部门的监管显得尤为重要。在多个部门分环节食品安全监管体制之下，其中一方面是各个监管部门的职责范围比较容易产生交叉的现象，另一方面是各监管部门之间没有及时沟通导致监管空白，即使各个部门一起承担食品安全监管的职能会充分发挥每个部门的优势。但是，每个部门之间一旦出现利益冲突的现象，必然导致监管职能的分散，有可能会出现奖励过高或者奖励不足的情形，这就会出现“有利争着管，无利往外推”的现象。我国在考虑了多重监管模式可能带来的监管职权的“重叠”和“支离”的现象，国务院设立了食品安全委员会，统筹协调和统一指导全国的网络食品安全监管工作。各地食品药品监督管理局、工商局、质监局合并组建市场监管局，负责各地的网络食品监管工作。但是在实际工作中，仍然存在职责不清、部门间协调配合不够以及交叉执法等问题，客观上可能产生监管部门的职能交叉、监管缺位、监管效率的低下，食品监管的冲突紧张与支离空白并存的现象，无法满足食品安全监管的迫切需求，难以实现切实有效的全程、无缝监管。

（四）监管法律不完善

1. 立法尚存空白

首先，网络食品销售者属于食品经营者的范畴，但是现在的法律法规中尚未明确将网络食品销售者列入接受法律监督的对象，也没有对网络食品经营销售制定专门的法律法规。其次，通过微博、朋友圈等自媒体进行食品交易，而这些自媒体是否能够被定义为严格意义上的第三方平台还有待商榷，现在的法律法规并未对其进行规定。最后，对于食品安全违法经营行为进行处罚的法律条款中，对罚款额度进行“一口价”的方式进行处罚，并未对涉及违法所得金额进行明确的计算，从而忽略了违法所得金额的参考价值。所以，立法存在空白让相关的执法人员无法可依，监管效率大打折扣，影响了整个网络食品安全监管的进程。

2. 食品安全标准不统一

食品安全标准有国家标准、地方标准、行业标准、团体标准和企业标准等，各个标准之间是层层递进的关系，其中有交叉、重复和冲突等现象。食品安全标准是我国食品安全治理体系的重要组成部分，也是指导食品生产的风向标。所以，要加快食品安全标准的统一进程，实施分类分级管理。

（五）安全监管队伍和监测检验能力无法适应要求

食品安全监测须要对食品进行多种检测项目，并且食品安全监管工作是一项系统性的工作，需要的执法人员和监管人员数量较多。虽然近年来安全监管队伍不断壮大，但是监管力量在不同地区存在明显差别。一些行政执法部门的监管人员依然存在数量不足问题，不能满足工作需求。而一些地市级以下的产品质量安全监测站能够监测的项目比较少，只能监测部分农药残留，受到技术和设备设施的限制无法完成多种项目监测，这也增加了食品安全隐患。

三、加强网络食品安全监管措施

着力加强网络食品安全监管，要以“四个最严”为总基调，健全和完善食品安全监管体系，为我国人民群众的食品安全问题提供强有力的保障。针对我国现在的网络食品安全监管进程，可以从以下几个方面进行监管。

1. 搭建信息共享平台

信息不对称现象给网络食品安全监管的有效执行带来了一系列困难，因此，搭建权威的网络食品安全信息共享发布平台已成为政府监管部门工作的重中之重。

（1）网络食品安全监管部门要敢于打破原先信息孤立的局面，加强监管信息的互联互通和实时共享。

（2）为加强网络食品安全信息的公开透明，还要推动全国网络食品安全门户网站的建设进程：政府监管部门应及时公开网络食品生产经营者的登记注册情况及相关食品证件信息；针对纯手工生产的食品以及散装食品要提供相应正规合法的证照，对外销售的食品均须取得相关部门的证照并主动公示。

（3）规范食品质量安全信息的发布内容，在食品包装的醒目位置必须标识该食品的生产厂家、地址、联系方式、食品成分、生产日期、保质期等必要信息。

（4）随时公布区域内不同种类食品的安全警示信息。

（5）加大研发网络食品安全监管信息软件的力度，保证食品安全信息可以实时查询，拓展电话、短信、自媒体等多渠道互动平台，实现公众与网络食品安全信息服务平台的良性互动。

2. 创新网络食品安全监管体制机制

（1）建立统一高效的网络食品安全监管体制。根据网络食品监管实际，整合现有相关机构和职能资源，在县以上市场监管局内统一设置网络食品信息综合监管机构，改变目前网络食品安全监管机构设置不系统、监管资源分散现状。

（2）实行食品安全网格化监管。一方面通过划分网格区域，明确监管主体责任；另一方面通过将分散的监管资源进行有效整合，形成监管合力，从而实现网络食品安全监管的精确化、协同化、及时性与高效性。前台梳理监管资源，接受用户的服务请求并及时作出反馈；后台负责明确监管网格的职责，实现网格区域间监管资源的实时高效共享。

3. 构建智慧监管系统

我国网络食品安全监管工作发展基础薄弱，监管技术水平有待提高，传统监管模式难以适应不断更新和发展的网络食品交易市场。二十大报告中提出网络强国战略，为智慧监管系统建设提供重要手段。凭借逐步成熟的大数据技术，各省市食品药品监督管理部门建立智慧食药监系统，设置社区网络食品监管员，主要负责将日常监管信息上传网站，除了在日常监管子系统留下监管痕迹，还要把监管中的案源系统共享给中心系统。在食品安全监管工作中，通过对这些数据分类汇总，完成对网络食品生产经营者进行信用等级评价、执行黑名单制度等评价工作。

4. 强化责任约谈制度

网络食品交易波及范围大，一旦出现食品安全问题，造成的不良影响会迅速蔓延，不仅影响消费者的生命健康，政府的公信力和国家的整体形象也会在人民群众心中大打折扣。因此，要进一步强化网络食品责任约谈制度，主要包括市场监管部门对网络食品生产经营者的责任约谈，县级以上人民政府对本级市场监管部门主要负责人的约谈，上级人民政府对下级人民政府主要负责人的责任约谈。通过明确责任约谈制度，对约谈者也就是监管部门而言，能及时采取有效措施排查、消除网络食品安全隐患，及时预防和控制食品安全风险，更好地落实网络食品安全责任。

5. 加强人才队伍建设

网络食品交易依托网上计算机系统，对于监督管理人员提出了更高的要求。我国各级政府要有培养人才的意识，注意日常生活中对基层人员进行技能和互联网技术的培训工作。重点培养既能熟练运用互联网信息技术、熟悉网络食品交易监管的复合型人才，由此组成国家层次的食品安全监管技术综合监管机构，防控网络食品交易市场的风险，提高网络食品安全监管的技术研发效率，为各地区食品监管部门提供技术支持，并承担起对地方基层监管执法人员的技术培训责任，提升现有监管执法人员的监管能力。

6. 健全相关法律法规

网络不是法外之地，对网络食品进行监管势在必行。为此应着力推动我国网络食品安全监管的立法进度，出台网络食品安全监管条例，规范网络食品安全监管，从而为我国网络食品交易市场的健康有序发展提供强有力的法制保障。

7. 建立完善的食品安全风险监测评估体系

食品安全风险评估是食品安全性评价的内容，在食品质量监控、食品安全性研究以及食品安全管理方面都具有非常重要的价值。因此，我国应该加强对食品安全风险监测和评估的重视，做好食品安全的风险分析工作，同时建立和管理相分离的风险评估机制。我国应该采取国际上认可的手段和方法来建立食品安全评价的标准，加强食品安全风险监测，对食品生产经营的各个环节都做好安全风险评估。相关部门的研究人员应该加强对食品毒理学的研究，从而结合食品毒理学的内容，建立食品安全风险分析的有效机制，做好食品安全风险的监测评估工作。

网络食品安全监管是现代食品安全管理的重要组成部分，关乎民生与社会和谐。当前越来越多的消费者和经营者选择通过网络购买和销售食品，必须创新监管思维和方式方法，针对网络食品行业特点，完善法规标准、创新体制机制、严格落实责任、提高监管能力，保障人民群众身体健康与合法权益，开创网络食品产业高质量发展的新局面。

思考题

1. 简述网络食品和食品安全监管的概念。

2. 谈谈你对当前网络食品发展趋势的看法。

3. 网络食品交易中第三方平台责任有哪些？如何加强第三方平台对网络食品交易过程的监管？

4. 就网络食品安全监督管理中出现的问题，谈谈你的解决办法。

第十一章

CHAPTER 11

进出口食品安全的监督管理

我国是食品进出口大国，每年有大量的食品出口到世界各地，同时世界各地区的食品进入到我国市场加工、销售。进出口食品安全是我国食品安全的重要组成部分，事关国民身体健康和生命安全。全面筑牢进出口食品安全防线，增强忧患意识，维护国门安全在推进国家安全体系和能力现代化，坚决维护国家安全和社会稳定中具有重要战略地位。

我国现已形成了一套以《食品安全法》《中华人民共和国进出口商品检验法》《中华人民共和国进出境动植物检疫法》《中华人民共和国产品质量法》等为主体框架的完整的进出口食品安全法律体系，近年来我国陆续又发布了《中华人民共和国进出口食品安全管理办法》《中华人民共和国进口食品境外生产企业注册管理规定》等系列进出口食品管理新规，新规对我国进出口食品生产经营活动以及进出口食品生产经营者都提出了新的要求，对进出口食品安全的监管要求进一步加强。

第一节　概述

一、进出口食品安全监管现状

近年来，随着国家经济社会的发展，国门进一步扩大开放，进出口食品安全监管面临着新的形势。

（一）全球食品供应链愈加复杂

随着我国加入 WTO 以及贸易全球化、区域经济一体化发展，相比国内食品生产而言，进出口食品供应链更加国际化，食品原料生产、成品加工、货物运输等环节可能处在全球多个国家和地区，风险环节和责任主体更加复杂，安全风险更加难以确定；食品安全的风险相应增加，进出口食品安全监管的环节也变得愈加复杂。

（二）全球性食品安全问题频发

食品安全形势从过去稳定期问题偶发为主转向以波动期问题多发为主。受到全球经济复苏疲软、国际市场消费低迷、成本持续增加等因素的影响，部分食品生产企业减少质量管理投入以维持利润，全球的食品安全进入多发期，如欧洲马肉问题、新西兰乳粉等问题。非洲猪瘟、口蹄疫、高致病禽流感等境外疫病疫情形势严峻，给负责国家食品安全管理体系的主管部门带来了前所未有的挑战。

（三）非传统食品安全问题突显

随着新技术的发展，新产品、新业态、新商业模式不断出现，国际贸易向着个性化、碎片化方向发展，转基因安全及跨境电商、区域经济一体化中的食品安全等新问题、新情况、新挑战不断涌现，进出口食品安全监管创新愈加迫切。

（四）国内外食品安全环境发生了深刻变化

从国内环境来看，党中央、国务院强调，进出口食品安全是国家食品安全战略的重要组成部分。《“健康中国 2030”规划纲要》指出“加强进口食品准入管理，加大对境外源头食品安全管理体系检查力度，有序开展进口食品指定口岸建设。推动地方政府建设出口食品农产品质量安全示范区”。主动扩大开放的步伐越来越大，十三届全国人大二次会议表决通过的《中华人民共和国外商投资法》即是一个非常明确的信号。营造稳定公平透明的营商环境，加快建设开放型经济新体制，都将对进出口食品安全工作产生深远影响。与此同时，随着扩大开放、转型升级的进程逐步加快，地方政府和进出口企业对进出口食品安全监管也有了新的诉求，期盼更大、要求更高。

从国外环境看，我国对外开放面临的外部环境复杂严峻。全球保护主义、单边主义抬头，自由贸易体制受到冲击，世界经济下行风险逐步加大，贸易摩擦频频出现，特别是中美经贸摩擦影响逐步显现，国际贸易壁垒不断提升，对进出口食品安全治理造成新的冲击。

二、主管机构以及职责

（一）机构改革的历史脉络

新中国成立后，中央人民政府在贸易部国外贸易司设立商品检验处，统一领导全国商检工作。改革开放初期，历经几次调整，我国形成了国家进出口商品检验局、农业部出入境动植物检疫局和卫生部卫生检疫局的“三检”格局。

1998 年，为解决口岸查验政出多门、重复管理、重复检验检疫、重复收费、通关效率低、企业负担重等问题，实现“一次报验、一次取（采）样、一次检验检疫、一次卫生除害处理、一次收费、一次发证放行”，我国将原国家进出口商品检验局、农业部动植物检疫局和卫生部卫生检疫局合并组建国家出入境检验检疫局，由海关总署管理。

2001 年，在中国即将加入 WTO 的大背景下，为解决中国入世多边谈判进程中存在的“两个检验机构、双重标准、重复收费、重复认证”问题，国务院决定将当时的国家出入境检验检疫局从海关总署分离，与原国家质量技术监督局合并。

2018 年 3 月 17 日，第十三届全国人民代表大会第一次会议通过《关于国务院机构改革方案的决定》，明确将出入境检验检疫管理职责和队伍划入海关总署。海关总署整合出入境检验检疫，应按照国务院的职能配置、机构设置和人员编制要求，整合工作、建立职能清单，合理分工、权责一致，依法定权、优化流程。此次改革对完善我国跨境贸易营商环境，营造更便利与安全的国际贸易氛围，实现通关更高效、监管更严密及服务更优质等目标具有重要意义。

（二）监管机构与职责

我国进出口食品监督管理涉及的主要工作包括动物健康与保护、植物保护以及食品安全等，涉及的政府机构主要有海关总署、农业农村部、国家市场监督管理总局和国家卫生健康委员会。

1. 海关总署

海关总署主管全国进出口食品安全监督管理工作。进口的食品以及食品相关产品应当符合我国食品安全国家标准。境外发生的食品安全事件可能对我国境内造成影响，或者在进口食品中发现严重食品安全问题的，海关总署应当及时采取风险预警或者控制措施，并向国家市场监督管理总局通报，国家市场监督管理总局应及时采取相应措施。其主要职责包括：负责出入境卫生检疫、出入境动植物及其产品检验检疫；负责进出口商品法定检验，监督管理进出口商品鉴定、验证、质量安全等；负责进口食品、化妆品检验检疫和监督管理，依据多双边协议实施出口食品相关工作；负责海关领域国际合作与交流。在国际合作方面，海关总署负责签署与实施政府间动植物检疫协议、协定有关的协议和议定书，以及动植物检疫部门间的协议等。

2. 农业农村部

农业农村部负责食用农产品从种植养殖环节到进入批发、零售市场或者生产加工企业前的质量安全监督管理，负责动植物疫病防控、畜禽屠宰环节、生鲜乳收购环节质量安全的监督管理。农业农村部会同海关总署起草出入境动植物检疫法律法规草案，农业农村部、海关总署负责确定和调整禁止入境动植物名录并联合发布，农业农村部会同海关总署制定并发布动植物及产品出入境禁令、解禁令。在国际合作方面，农业农村部负责签署政府间动植物检疫协议、协定。

3. 国家市场监督管理总局

国家市场监督管理总局作为国务院直属机构，其主要职责包括：负责食品安全监督管理综合协调，组织制定食品安全重大政策并组织实施；负责食品安全应急体系建设，组织指导重大食品安全事件应急处置和调查处理工作，建立健全食品安全重要信息直报制度，承担国务院食品安全委员会日常工作；负责食品安全监督管理，建立覆盖食品生产、流通、消费全过程的监督检查制度和隐患排查治理机制并组织实施，防范区域性、系统性食品安全风险，推动建立食品生产经营者落实主体责任的机制，健全食品安全追溯体系，组织开展食品安全监督抽检、风险监测、核查处置和风险预警、风险交流工作，组织实施特殊食品注册、备案和监督管理；负责统一管理标准化工作，依法承担强制性国家标准的立项、编号、对外通报和授权批准发布工作，制定推荐性国家标准，依法协调指导和监督行业标准、地方标准、团体标准制定工作，组织开展标准化国际合作和参与制定、采用国际标准工作；负责统一管理检验检测工作；负责统一管理、监督和综合协调全国认证认可工作，建立并组织实施国家统一的认证认可和合格评定监督管理制度。

4. 国家卫生健康委员会

国家卫生健康委员会负责食品安全风险评估工作，会同国家市场监督管理总局等部门制定、实施食品安全风险监测计划。国家卫生健康委员会对通过食品安全风险监测或者接到举报发现食品可能存在安全隐患的，应当立即组织进行检验和食品安全风险评估，并及时向国家市场监督管理总局通报食品安全风险评估结果，对于得出不安全结论的食品，国家市场监督管理总局应当立即采取措施。国家市场监督管理总局在监督管理工作中发现需要进行食品安全风险评估的，应当及时向国家卫生健康委员会提出建议。

国家卫生健康委员会负责传染病总体防治和突发公共卫事件应急工作，编制国境卫生检疫监测传染病目录。国家卫生健康委员会与海关总署建立健全应对口岸传染病疫情和公共卫生事件合作机制、传染病疫情和公共卫生事件通报交流机制、口岸输入性疫情通报和协作处理机制。

三、进出口食品安全法律体系

健全的法律法规体系是开展进出口食品安全管理工作的基础和依据，也是全面依法治国的具体体现。从广义上讲，我国进出口食品安全监管法律体系包括国家立法机关全国人民代表大会及其常务委员会制定或者颁布的有关进出口食品安全的法律，国务院根据宪法和法律制定、发布的有关行政法规、决定、命令制定、发布的有关规章和规范性文件。

我国进出口食品安全监管法律体系框架主要由现行法律、行政法规、部门规章和主要的规范性文件四个层次组成。

（一）现行法律

与进出口食品相关的现行法律主要包括《食品安全法》《中华人民共和国进出口商品检验法》《中华人民共和国进出境动植物检疫法》《中华人民共和国国境卫生检疫法》《农产品质量安全法》等。

《食品安全法》明确了食品安全工作实行预防为主、风险管理、全程控制、社会共治，建立科学、严格的监督管理制度。该法规定国家出入境检验检疫部门对进出口食品安全实施监督管理，并按照国务院卫生行政部门的要求，对进口的食品、食品添加剂、食品相关产品进行检验；对进出口食品的进口商、出口商和出口食品生产企业实施信用管理，可以对向我国境内出口食品的国家（地区）的食品安全管理体系和食品安全状况进行评估和审查，并根据评估和审查结果，确定相应检验检疫要求等。

《中华人民共和国进出口商品检验法》明确了进出口商品检验的依据："列入目录的进出口商品，按照国家技术规范的强制性要求进行检验；尚未制定国家技术规范的强制性要求的，应当依法及时制定，未制定之前，可以参照国家商检部门指定的国外有关标准进行检验。"

《中华人民共和国进出境动植物检疫法》是为防止动物传染病、寄生虫病和植物危险性病、虫、杂草以及其他有害生物传入、传出国境，保护农、林、牧、渔业生产和人体健康，促进对外经济贸易的发展而制定的。该法指出实施检疫的范围包括：进出境的动植物、动植物产品和其他检疫物，装载动植物、动植物产品和其他检疫物的装载容器、包装物，以及来自动植物疫区的运输工具。

《中华人民共和国国境卫生检疫法》是为了防止传染病由国外传入或者由国内传出，实施国境卫生检疫，保护人体健康而制定的。该法规定"入境、出境的人员、交通工具、运输设备以及可能传播检疫传染病的行李、货物、邮包等物品，都应当接受检疫，经国境卫生检疫机关许可，方准入境或者出境。"

《农产品质量安全法》规定"进口的农产品必须按照国家规定的农产品质量安全标准进行检验；尚未制定有关农产品质量安全标准的，应当依法及时制定，未制定之前，可以参照国家有关部门指定的国外有关标准进行检验。"

（二）行政法规

涉及进出口食品安全监督管理的行政法规主要有：《国务院关于加强食品等产品安全监督管理的特别规定》（中华人民共和国国务院令第503号）、《中华人民共和国食品安全法实施条例》《中华人民共和国进出口商品检验法实施条例》《中华人民共和国进出境动植物检疫法实施条例》《中华人民共和国国境卫生检疫法实施细则》等。

（三）部门规章

与进出口食品安全监督管理相关的部门规章较多，如《中华人民共和国进出口食品安全管理办法》《供港澳蔬菜检验检疫监督管理办法》《进出境粮食检验检疫监督管理办法》《进境动植物检疫审批管理办法》《中华人民共和国进口食品境外生产企业注册管理规定》等。

《中华人民共和国进出口食品安全管理办法》是为了保障进出口食品安全，保护人类、动植物生命和健康。该办法主要是对进出口食品生产经营活动、进出口食品生产经营者及其进出口食品安全实施监督管理，不含进出口食品添加剂、食品相关产品。

《中华人民共和国进口食品境外生产企业注册管理规定》为加强进口食品境外食品生产企业的监督管理，根据《食品安全法》及其实施条例、《中华人民共和国进出口商品检验法》及其实施条例等法律、行政法规的规定，制定本规定。向中国输出食品的境外生产、加工、储存企业（以下统称进口食品境外生产企业）的注册及其监督管理适用本规定。海关总署统一负责进口食品境外生产企业的注册及其监督管理工作。规定明确了进口食品境外生产企业注册的条件和程序以及海关实施注册管理内容。

（四）规范性文件

关于进出口食品监督管理方面的规范性文件多以公告的形式发布，如《关于发布〈出口食品原料种植场备案管理规定〉的公告》（原国家质检总局公告2012年第56号），《关于发布〈进口食品进出口商备案管理规定〉及〈食品进口记录和销售记录管理规定〉的公告》（原国家质检总局公告2012年第55号），《关于公布〈实施备案管理出口食品原料品种目录〉的公告》（原国家质检总局公告2012年第149号），《关于发布〈进口食品不良记录管理实施细则〉的公告》（原国家质检总局公告2014年第43号），《关于境外进入综合保税区食品检验放行有关事项的公告》（海关总署公告2019年第29号），《关于进出口预包装食品标签检验监督管理有关事宜的公告》（海关总署公告2019年第70号）等。

四、进出口食品安全监督管理体系

（一）国外食品安全监督管理体系

1. 美国进口食品安全监督管理体系

美国食品安全监督管理体系分为三个层次：一是联邦法律，1906年至2011年，《联邦食品、药品和化妆法》是美国食品安全监管体系的核心，2011年1月4日《FDA食品安全现代化法案》生效。二是由技术性法规，具体有：《联邦肉类检验法》《禽产品检验法》《蛋产品检验法》《联邦杀虫剂、杀真菌剂和灭鼠剂法》等。三是自愿性标准，由行业学会、研究团体和企业制定，由企业自行决定是否采纳，由于自愿性标准的采用推动了美国食品贸易的发展，有利于食品安全，其被采纳的程度越来越高。美国进口食品主要监管制度有：进口食品预申报制度；境外生产企业检查制度；与输美食品所在国家主管机构合作监督管理制度；检疫许可制度；进口食品口岸查验制度；进口食品召回制度。

2. 欧盟进口食品安全监督管理体系

1997 年 4 月由欧洲委员会颁布的《关于食品立法总原则的绿皮书》。2000 年 1 月 12 日欧盟公布《食品安全白皮书》，搭建了一个全新的食品安全监督管理法律框架。欧盟根据不同的产品实施不同的进口管理方式，动物产品和动物源性产品的监督制度：一是境外生产国食品安全体系评估制度；二是境外生产企业注册制度；三是进口食品随附官方证书制度；四是口岸查验制度。非动物源性产品监督制度：一是植物防疫制度；二是后市场监督管理制度。动植物复合产品监管制度：如果复合产品的原料中含有动物源性成品，需提供相关证明使用的动物源性原料符合动物产品的相关要求，对动植物复合产品一般不会进行植物卫生检查。同时，为确保由于食品不符合安全要求或标示不准确等原因引起的风险和可能带来的问题及时通报各成员国，欧盟建立食品和饲料快速预警系统（RASFF）发布警示通报、信息通报以及拒绝入境通报。

3. 日本进口食品安全监督管理体系

日本法规体系的核心的是《食品安全基本法》和《食品卫生法》，还包括一些单行法律，如《健康增进法》《植物防疫法》《农药取缔法》《肥料取缔法》《饲料安全法》《家畜传染病预防法》《渔业法》等。日本进口食品主要监督管理制度：年度进口食品监控指导计划制度；严格不合格产品处置制度；指导进口商自主检查制度；与输日食品生产国的沟通、交流与合作制度。

（二）我国进出口食品安全监督管理体系

1. 进口食品安全监督管理体系

按照法律法规的规定，进口食品应当符合中国法律法规和食品安全国家标准，中国缔结或者参加的国际条约、协定有特殊要求的，还应当符合国际条约、协定的要求。进口尚无食品安全国家标准的食品，应当符合国务院卫生行政部门公布的暂予适用的相关标准要求。目前我国进口食品安全监督管理包括了海关对进出口食品安全实施的监督管理以及县级以上人民政府食品药品监督管理部门对国内市场上销售的进口食品实施的监督管理。

进口食品的安全监督管理体系经过多年的探索，我国建立了基于风险分析的、覆盖境外境内、符合国际惯例的进口食品安全监督管理体系。我国实施的进口食品安全监督管理涵盖了三个环节，包括 21 项制度。

三个环节是指进口前环节，加强源头的管理；进口时环节，加强过程的控制；以及进口后的环节，强化后续监管。

（1）进口前环节　通过九项制度加强源头的管理。一是进口国家食品安全管理体系审查制度，主要是对食品安全管理体系进行审查。二是进口食品安全注册管理制度，比如肉类、水产品、乳制品等，就必须经过国外官方主管部门向我国申请注册并得到批准后，该企业的产品才可以对华出口。三是进口食品境外出口商备案管理制度。四是进口食品进口商备案。五是进口食品要随付国外官方的证书，比如兽医卫生证书、检疫证书和原产地证书等。六是进口食品进口商对境外食品生产企业审核制度。七是入境动植物源性食品检疫审批制度，进口相关食品需要提前办理检疫审批手续，获得进境动植物检疫许可证。八是进口食品有预先检疫制度。九是优良食品进口商认证制度。

（2）进口时环节　有七项制度强化过程控制。一是进口食品的申报制度。二是进口商随附合格证明材料制度。三是进口食品口岸检验检疫抽查。四是进口食品安全风险监测制度，即每年制订风险监测的计划，对不同国家、不同食品开展检测。五是进口食品检验检疫风险预警及快速反应制度。六是进口食品入境检疫指定口岸制度。七是进口食品的第三方检验认证机构认证制度。

（3）进口后环节　还有五项监管保障制度。一是进口食品国家或地区及生产企业食品安全管理体系回顾性审查制度。二是进口食品进口商和生产企业不良记录制度。三是进口食品进口商责任约谈制度。四是进口食品进口和销售制度。五是进口食品的召回制度。进口食品进口和销售制度是监管的重要手段，即进口食品要在我国监管系统里留档，对销售流向等有一套完整的销售记录。而当进口商和生产企业有什么不良信息时，也将记录在案，监管部门会对企业诚信实施差别化管理。

2. 出口食品安全监督管理体系

为了确保出口食品质量安全，我国建立了以"一个模式，十项制度"为主要内容的出口食品安全管理体系，严把出口"安全门"。"一个模式"是对出口食品实施"公司+基地+标准化"的管理模式，即出口食品生产企业的原料必须来自符合要求的种植养殖基地，在出口种植养殖基地大力推广农业标准化，实施标准化种植养殖。

"十项制度"包括，三项源头监管（出口食品原料种植养殖场备案制度、出口食品原料基地疫病疫情监控制度、出口食品原料基地有毒有害物质监控制度）、三项工厂监管（出口食品生产企业备案管理制度、出口食品生产企业安全管理责任制度、出口食品企业分类管理制度）、三项产品监管（出口食品口岸监督抽检制度、出口食品风险预警及快速反应制度、出口食品追溯与召回制度）和一项诚信建设（出口食品企业信用管理制度）。

第二节　进出口食品生产经营单位监督管理

《食品安全法》第九十六条规定："向我国境内出口食品的境外出口商或者代理商、进口食品的进口商应当向国家出入境检验检疫部门备案。向我国境内出口食品的境外食品生产企业应当经国家出入境检验检疫部门注册。"第九十九条规定："出口食品生产企业应当保证其出口食品符合进口国（地区）的标准或者合同要求。出口食品生产企业和出口食品原料种植、养殖场应当向国家出入境检验检疫部门备案。"

一、进口食品生产经营单位监督管理

（一）备案及注册管理

1. 进出口商备案及登记注册管理

海关对进口食品的进出口商实施备案管理。进口食品进出口商备案是将境外生产经营企业、国内进口企业纳入海关信用管理体系的重要前提，是风险监控、信用管理、风险预警、产品追溯和快速反应机制的重要依托。

2. 境外食品生产企业注册管理

海关总署统一负责进口食品境外生产企业的注册及其监督管理工作。

进口食品境外生产企业注册条件包括：企业所在国家（地区）的与注册相关的兽医服务体系、植物保护体系、公共卫生管理体系等食品安全管理体系经评估合格；拟进口食品已获得

准入资格，符合中国的检验检疫要求；企业应当经所在国家（地区）相关主管当局批准并在其有效监管下，其卫生条件应当符合中国法律法规和标准规范的有关规定。

海关总署依法对进口食品的境外生产企业进行监督管理，按照不同类别生产企业的风险程度，确定对已获得注册的境外食品生产企业的监督检查重点、方式和频次。

已获得注册的境外食品生产企业有下列情形之一的，海关总署将撤销其注册，同时向其所在国家（地区）主管当局通报，予以公告：

①因境外食品生产企业的原因造成相关进口食品发生重大食品安全事故的；

②其产品进境检验检疫中发现不合格情况，情节严重的；

③经查发现食品安全卫生管理存在重大问题，不能保证其产品安全卫生的；

④整改后仍不符合注册要求的；

⑤提供虚假材料或者隐瞒有关情况的；

⑥出租、出借、转让、倒卖、涂改注册编号的。

已获得注册的境外食品生产企业有下列情形之一的，海关总署将注销其注册资格，停止进口相关产品，向其所在国家（地区）主管当局通报，并予以公告：

①有效期届满，未申请延续的；

②依法终止或者申请注销的；

③依法应当注销的其他情形。

海关验核进口食品是否由已获得注册的企业生产，将进口食品境外生产企业纳入海关信用管理体系。经核验发现不符合法定要求的，海关总署依照《中华人民共和国食品安全法》《中华人民共和国进出口商品检验法》等相关法律法规予以处置。

（二）食品进口记录和销售记录管理

掌握进口食品进出口商信息及进口食品来源和流向，保障进口食品可追溯性，有效处理进口食品安全事件，保障进口食品安全。食品进口记录是指记载食品及其相关进口信息的纸质或者电子文件（表 11-1），进口食品销售记录是指记载进口食品收货人将进口食品提供给食品经营者或者消费者的纸质或者电子文件（表 11-2）。

收货人应当建立完善的食品进口记录和销售记录制度并严格执行。主管海关依法对本辖区内进口商的进口和销售记录进行检查。

表 11-1　　食品进口记录

收货人名称：　　收货人备案编号：

进口日期	食品名称	品牌	规格	数量	重量	货值	生产批号	生产日期	保质期	原产地	输出国家（地区）	生产企业名称	生产企业在华注册号（如有）
出口商/代理商备案号	出口商/代理商名称	出口商/代理商联系方式	贸易合同号	进口口岸	目的地	国（境）外检验检疫证书等证书编号	报检单号	入境时间	存放地点	存放地点	联系人及电话	备注	

填表人：　　审核：

表 11-2　　进口食品销售记录

收货人名称：　　　　收货人备案编号：

销售日期	进口食品名称	规格	数量	重量	生产日期	生产批号	购货人/使用人名称	购货人/使用人地址及电话	出库单号	发票流水编号	食品召回后处理方式	备注

填表人：　　　　审核：

（三）不良记录使用与管理

海关发现不符合法定要求的进口食品时，可以将不符合法定要求的进口食品境外生产企业和出口商、国内进口商等列入不良记录名单。对有不良记录的进口商、出口商和境外生产企业，加强对其进出口食品的检验检疫。

海关总署和各级海关根据下述信息，经研判，记入进口食品企业的不良记录：

（1）进口食品检验检疫监督管理工作中发现的食品安全信息。

（2）国内其他政府部门通报的，以及行业协会、企业和消费者反映的食品安全信息。

（3）国际组织，境外政府机构，境外行业协会、企业和消费者反映的食品安全信息。

（4）其他与进口食品安全有关的信息。

海关总署制定对各级别不良记录所涉及企业和产品的处置措施原则，对汇总的全国不良记录信息进行研判，根据研判结论发布风险预警通告，公布对不良记录进口食品企业采取不同程度的控制措施。

海关总署定期对外公布《进口食品化妆品安全风险预警通告（进口商）》《进口食品化妆品安全风险预警通告（境外出口商）》《进口食品化妆品安全风险预警通告（境外生产企业）》，被通告的企业所生产经营的某种（些、类）食品曾发生过不符合我国法律法规而被拒绝入境的情况，达到《进口食品不良记录管理实施细则》所规定批次。相关产品再次申报进口时，应按照通报中所列控制措施的要求，向海关提交相应检测报告或合格证明材料。

二、出口食品生产经营单位监督管理

（一）出口食品原料种植、养殖场备案管理

海关对出口食品原料种植、养殖场以及供港澳蔬菜种植基地实施备案管理。实施备案管理的原料品种目录和备案条件由海关总署制定。

海关依法对种植、养殖场实施监督管理。对备案种植、养殖场的监督管理可以采取书面审查、现场检查等方式进行。备案种植、养殖场应当为其生产的每一批原料出具供货证明文件。

（二）出口食品生产企业备案及管理

我国对出口食品生产企业实行出口食品生产企业备案管理制度。出口食品生产企业备案管理制度是指主管部门按照国内外法律法规和标准，对出口食品生产企业提交申请材料进行文件审核、对企业食品安全卫生控制体系和企业生产条件、生产能力进行专家评审，并对备案企业进行后续监督管理的制度。该制度是集资质审核批准与后续监督管理于一体的完整、科学的监

督管理体系，是保证出口食品安全的一项重要措施。

海关总署负责统一组织实施全国出口食品生产企业备案管理工作。主管海关具体实施所辖区域内出口食品生产企业备案和监督检查工作。申请备案的出口食品生产企业应当建立和实施以危害分析和预防控制措施为核心的食品安全卫生控制体系（包括食品防护计划），并保证其有效运行，确保出口食品生产、加工、储存过程持续符合我国相关法律法规和出口食品生产企业安全卫生要求，以及进口国（地区）相关法律法规要求。

主管海关依法对所辖区域内备案的出口食品生产企业进行监督检查，在风险分析的基础上，结合企业信用记录，对出口食品生产企业进行分类管理，确定不同的监督检查方式，并根据监督检查结果进行动态调整。监督检查可以采取报告审查、现场检查和专项检查等方式进行。

（三）对外推荐注册

输入国家（地区）要求对向其输出食品的境外生产企业注册的，由出口食品生产企业向工商注册地海关提出申请，海关总署统一对外推荐。

海关依据我国与进口国家或地区食品安全主管部门的多双边协议或议定书的要求，根据企业申请，向国外主管官方推荐符合进口国或地区相关卫生法规和技术规范要求的企业。

海关按照相关规定和有关国家（地区）主管当局规定要求，对获得国外注册的企业实施监督管理，监管中发现注册企业不能持续符合进口国（地区）注册要求，或者其《备案证明》已被依法撤销、注销的，报海关总署取消其对外推荐注册资格。

（四）出口货物发货人登记注册管理

出口货物发货人办理报关业务的，应当到所在地海关办理报关单位注册登记手续，按照《中华人民共和国海关对报关单位注册登记管理规定》等要求，向所在地海关提出申请并递交材料，对材料齐全、符合法定条件的，海关核发《海关进出口货物收发货人备案回执》。海关综合运用稽查、缉私等方面案件信息，动态调整企业信用等级。

三、信用管理

海关对进出口食品生产经营者实施信用管理。按照《中华人民共和国海关企业信用管理办法》等要求，海关根据企业信用状况将企业认定为认证企业、一般信用企业和失信企业。认证企业是中国海关经认证的经营者（AEO），认证企业分为高级认证企业和一般认证企业。中国海关依据有关国际条约、协定以及本办法，开展与其他国家或者地区海关的 AEO 互认合作，并且给予互认企业相关便利措施。中国海关根据国际合作的需要，推进“三互”的海关合作。认证企业应当符合海关总署制定的《海关认证企业标准》。

海关按照诚信守法便利、失信违法惩戒原则，对认证企业和失信企业分别适用相应的管理措施。对失信企业的管理较严格，对认证企业的管理相对宽松。其中，高级认证企业适用的管理措施优于一般认证企业。因企业信用状况认定结果不一致导致适用的管理措施相抵触的，海关按照就低原则实施管理。

认证企业涉嫌走私被立案侦查或者调查的，涉嫌违反国境卫生检疫、进出境动植物检疫、进出口食品化妆品安全、进出口商品检验规定被刑事立案的，海关将暂停适用相应管理措施；涉嫌违反海关监管规定被立案调查的，海关可以暂停适用相应管理措施。海关暂停适用相应管理措施的，按照一般信用企业实施管理。

第三节　进出口食品安全监督管理

进出口食品安全的监督管理既是“过程管理”，也是“风险管理”。

所谓“过程管理”，即进出口食品安全的监督管理不仅仅局限于对货物进出口时的检验检疫。进口食品安全监督管理贯穿了进口前准入，进口时检验检疫（合格评定）以及食品进入流通环节后续监管整个过程；出口食品安全监督管理是从原料种植养殖、到生产加工、到最后出口的全过程监管。

“风险管理”即进出口食品安全的监督管理是建立在风险分析的基础上，对不同风险的产品采取不同的监督管理措施。一般而言，高风险产品的监督管理措施严于低风险产品，监督抽检频率较高。海关对进口食品的准入要求是有差别的，有的食品进口前，海关总署需对其输出国家（地区）食品安全管理体系开展的评估活动；为了防止疫病疫情传入，某些动植物源性食品进口前需要办理检疫审批；部分食品进口时需提供出口国官方证书等合格证明；还有的食品进口时生产企业需要提前注册具备相应资质等。在出口方面，海关综合考虑输出国家，原料来源，产品生产加工方式以及食用方式等因素对出口食品实施差别化监督管理。有的国家（地区）法律法规标准要求严设限多；生食即食食品比加热后食用的食品标准要求高、风险大，相应的对生食即食食品监督管理要求就高；养殖原料的产品较野生原料的环节多、风险高，对应的监督管理措施也较严等。

此外，为了提高食品质量安全监督管理工作的针对性和有效性，避免出现重大食品质量安全事故或减轻事故造成的影响，海关对进出口食品实施风险预警制度。当进出口食品中发现严重食品安全问题或者疫情时，以及境内外发生食品安全事件或者疫情可能影响到进出口食品安全时，海关将采取风险预警及控制措施。

部分食品由于在进出口贸易方式、贸易政策、预期用途等方面存在特殊性，包括进出海关特殊监督管理区域、保税监督管理场所的食品、出口食品市场采购食品、边境小额和互市贸易食品、进出口用作样品、礼品、赠品、展示品、援助等非贸易性的食品，进口用作免税经营的，使领馆自用、公用的食品，出口用作使领馆、中国企业驻外人员等自用的食品，以及以快件、邮寄、跨境电商和旅客携带方式进出口的食品，其进出口食品安全监督管理内容有所不同，具体按照海关总署有关规定办理。

一、进口食品监督管理

进口食品应当符合中国法律、法规和食品安全国家标准。进口尚无食品安全国家标准的食品，应当符合国务院卫生行政部门公布的暂予适用的相关标准要求，暂予适用的标准公布前，不得进口尚无食品安全国家标准的食品。食品安全国家标准中通用标准或产品标准已经涵盖的食品，国务院有关部门公告或审批的食品以及由已有食品安全国家标准的各种原料混合而成的预混食品不属于无食品安全国家标准的食品。利用新资源食品原料生产的食品，需取得国务院卫生行政部门新资源食品原料卫生行政许可。

全部用于加工后复出口的进口食品原料，海关可按照复出口目的国家（地区）的标准或者合同要求进行检验，检疫要求按照有关规定实施。

食品进口时，有指定口岸进口要求的食品，如进境肉类，进境冰鲜水产品、进境粮食等，应从海关总署指定的口岸进口。需要从指定口岸进口的食品目录、指定口岸及其指定监督管理场地的建设要求和名单由海关总署制定并公布。进口食品运达口岸后，应存放在海关指定或者认可的监督管理场所。大宗散装进口食品按照海关要求在卸货口岸进行检验检疫。

食品进口商及其代理人依照法律、法规及海关总署相关规定向海关申报，海关依法开展进口食品合格评定，并根据合格评定结果对进口食品进行处置。

（一）境外国家（地区）食品安全管理体系评估和审查

海关总署依据法律法规对向中国出口食品的国家或地区的食品安全管理体系和食品安全状况进行评估，并根据进口食品安全监督管理需要进行回顾性审查，以此判定该国家（地区）的食品安全状况能否达到我国可接受的风险保护水平，以及在该体系下生产出的进入中国市场的食品能否符合中国法律法规的要求和食品安全卫生标准。

体系评估是指某一类（种）食品首次向中国出口前，海关总署对向中国申请出口该类食品的国家（地区）食品安全管理体系开展的评估活动。

回顾性审查是指向我国境内出口食品的国家（地区）通过体系评估已获得向中国出口的资格或虽未经过体系评估但与中国已有相关产品的传统贸易，海关总署经风险评估后决定对该国家（地区）食品安全管理体系的持续有效性实施的审查活动。与中国已有贸易和已获准向中国出口的食品均属于回顾性审查的相关食品范围。

为了便于国内外监管部门、经营主体和广大消费者了解相关信息，海关总署进出口食品安全局开发了“符合评估审查要求及有传统贸易的国家或地区进口食品目录信息系统”。目前，该系统目录包括肉类（鹿产品、马产品、牛产品、禽产品、羊产品、猪产品，内脏和副产品除外）、乳制品、水产品、燕窝、肠衣、植物源性食品、中药材、蜂产品 8 大类产品信息，海关总署将根据评估和审查结果进行动态调整。

（二）境外生产企业注册

境外生产企业是指向中国输出食品的境外生产、加工、储存的企业。进口食品入境时，海关将核验其是否由获得注册的企业生产，注册编号是否真实、准确。目前已经实施境外生产企业注册的产品包括进口乳制品、水产品、蜂蜜、燕窝、肉类以及相关植物产品等。以燕窝为例，海关已对进口燕窝实施了境外生产企业注册管理，意味着只有获得在中国注册的境外燕窝生产企业的燕窝产品才允许进口，任何国家地区未获得在中国注册的企业生产的燕窝产品不得进口。

（三）进出口商备案和合格保证

进出口商是指向中国出口食品的境外出口商或者代理商、食品进口商。进口食品进出口商应当事先向海关申请备案。进口食品的收货人或者其代理人报关时，海关将核验其提供的进出口商名称、备案编号以及质量安全合格保证。实施进出口商备案的食品种类包括：肉类、糕点饼干类、蔬菜及制品类、蛋及制品类、植物性调料类、蜜饯类、水产及制品类、糖类、酒类、饮料类、罐头类、干坚果类、乳制品类、油脂及油料类、调味品类、茶叶类、粮谷及制品类、蜂产品类、特殊食品类等。

（四）进境动植物检疫审批

需要办理进境动植物检疫审批手续的进口食品，相关企业应当在贸易合同签订前办理审批手续，取得《中华人民共和国进境动植物检疫许可证》后方可进口。海关总署统一管理进境动植物检疫审批工作，并根据法律、法规的有关规定以及国务院有关部门发布的禁止进境物名录，制定、调整并发布需要检疫审批的进口食品名录。

（五）出口国家（地区）官方证书等随附合格证明核验

对风险较高或其他有特殊要求的进口食品，由海关总署制定进口食品进口商提交自我合格证明的有关规定。在进口食品抵达口岸报关时，进口食品进口商或代理人按照规定向海关提交该批产品随附的合格证明材料。合格证明材料包括但不限于：符合性声明或合格保证；实验室检验报告；出口国家（地区）主管部门或其授权机构出具的证明文件（含出口国家（地区）官方证书）；食品进口应当持有的其他合格证明材料。

按照海关总署规章、规范性文件或风险预警的要求，部分产品还需提供其他方面的合格证明。如首次进口的乳品，应当提供相应食品安全国家标准中列明项目的检测报告；非首次进口的乳品，应当提供首次进口检测报告的复印件以及海关总署要求项目的检测报告等。

（六）单证审核

海关对食品进口商及其代理商报关随附的单证进行审核，审核的单证包括贸易性单证（合同、箱单、发票、提运单等）、监管证件、合格证明材料、进口食品境外出口商或代理商备案、进口食品的进口商备案、进口食品境外生产企业注册等企业资质文件等。其中监管证件是指保健食品的注册证书或备案凭证、特殊医学用途配方食品注册证书和婴幼儿配方乳粉产品配方注册证书等特殊食品需要的监管证件；转基因食品农业转基因生物安全证书；进境动植物检疫许可证；食品进口应当获得的其他监管证件。

审单方式包括电子审单和人工审单。电子审单由系统自动完成，人工审单由专业审单人员完成，具体审核根据风险布控指令要求实施。

（七）现场查验

海关根据风险布控指令等监督管理的要求，对抽中“需查验”的进口食品实施现场查验，现场查验内容包括但不限于以下方面：

①运输工具、存放场所是否符合安全卫生要求；

②集装箱号、封识号是否与申报信息及随附单证相符；

③核对货物的实际状况与申报内容是否相符；

④动植物源性食品、包装物及铺垫材料是否存在《进出境动植物检疫法实施条例》第二十二条规定的情况；

⑤内外包装是否符合食品安全国家标准要求，是否使用无毒、无害的材料，是否存在污染、破损、浸湿、渗透；

⑥内外包装上的标示内容与申报信息及随附单证是否相符；

⑦食品感官性状是否存在腐败变质、油脂酸败、霉变生虫、污秽不洁、混有异物、掺杂掺假、味道异常、粉末结块、异常分层、血冰、冰霜过多、肉眼可见的寄生虫包囊、生活害虫等异常；

⑧冷冻冷藏食品应当检查其新鲜程度、中心温度是否符合要求、是否有病变、冷链控温设备设施运作是否正常、温度记录是否符合要求，必要时可进行蒸煮试验。

（八）监督抽检

海关根据风险布控指令，按照进口食品安全监督抽检计划对进口食品实施抽样检验。检验项目涵盖兽药类、农药类、生物毒素类、污染物类（不包括重金属元素类）、食物营养及生物活性成分、营养强化剂、食品添加剂及非法添加物类、元素类（包括重金属元素与营养元素）、微生物及寄生虫、转基因成分、物种鉴别及致敏源等。此外，进口预包装食品标签作为食品检验项目之一，由海关依照食品安全和进出口商品检验相关法律、行政法规的规定检验。

（九）进口和销售记录检查

进口商在规定的时间内完成食品的进口和销售记录，主管海关对进口和销售记录情况进行检查。

（十）处置

进口食品按照合格评定程序检验检疫合格的，由海关出具《入境货物检验检疫证明》，准予销售、使用。

进口食品按照合格评定程序检验检疫不合格的，由海关出具相关不合格证单。涉及安全、健康、环境保护项目不合格的，由海关责令当事人销毁或退运。其他项目不合格的，可以在海关的监督下进行技术处理，经重新检验合格后，方可销售、使用。

进口食品进口商对检验检疫结果有异议的，可以按照《进出口商品复验办法》的规定申请复验。

二、出口食品监督管理

出口食品应符合进口国家地区的标准或者合同要求。如果是中国缔结或者参加的国际条约、协定有要求的，还应当符合国际条约协定的要求。如无上述要求的，则应当符合中国食品安全国家标准。为确保出口食品的卫生安全，海关对出口食品实施从原料种植、养殖到产品出口全过程监管，包括了对出口食品原料种植、养殖，食品生产加工过程，食品出口时检验检疫以及口岸抽查等各个环节的监督和管理。

（一）种植养殖原料管理

出口食品原料种植、养殖场应当按照规定获得海关备案。目前，以蔬菜、大米、茶叶为主要原料加工的出口食品其原料种植场和以禽蛋、禽肉、猪肉、兔肉、蜂蜜、水产品为主要原料加工的出口食品其原料养殖场应当向海关备案。另外供应香港、澳门地区的新鲜和保鲜蔬菜，其种植基地也应当向海关备案。

（二）食品生产加工监督管理

出口食品生产企业应当向工商注册地海关备案。海关对辖区内备案出口食品生产企业的食品安全卫生控制体系运行情况进行监督。出口食品生产企业应保证其食品安全卫生控制体系持续正常运行，即保证厂区环境卫生、原辅料选用、产品加工制造、包装储运、自检自控、员工健康及培训、食品安全防护、不合格品追溯等过程符合相关要求，以确保出口食品安全卫生。

（三）出口食品检验检疫

海关依法对申请出口的食品实施检验检疫，其过程包括出口前申请及受理、现场查验、监督抽检，综合评定等。

1. 出口前申请及受理

出口食品生产企业、出口商应当按照法律、法规和海关总署规定，持合同、发票、装箱单、出厂合格证明、出口食品加工原料供货证明文件等必要的凭证，向产地或者组货地海关提出申报前监管申请。

2. 现场查验

海关根据系统“检验要求”，对不需要查验和送检的货物，直接实施综合评定；需查验的，实施现场查验，内容包括货证相符情况、产品感官性状、产品包装、重量及运输工具、集装箱或存放场所的卫生状况等。

3. 监督抽检

海关根据系统“检验要求”，对抽中“需查验送检”的货物，按照出口食品安全监督抽检计划要求，在现场查验时抽取样品，并送实验室检测。

4. 综合评定

海关对申请出口食品的相关信息进行审核，根据异常情况、风险预警、出口备案、企业核查等信息，结合抽样检验、风险监测、现场查验等情况进行综合评定。经评定合格的，形成电子底账数据，向企业反馈电子底账单号，符合要求的按规定签发检验检疫证书；经评定不合格的，签发不合格通知单，不准出口。

申请人对检验结果有异议的，可以向作出检验结果的主管海关或者其上一级海关申请复验，也可以向海关总署申请复验，按照《进出口商品复验办法》，受理复验的海关或者海关总署负责组织实施复验。

（四）口岸抽查

出口食品的出口商或者其代理人按照海关进出口货物申报管理规定的要求，凭出口食品申报前监管的结论、相关许可证件及随附单证、相关商业单据以及海关总署规定的其他出口单证，向海关申报。

口岸海关根据风险布控要求对出口食品实施口岸抽查。未抽中口岸查验的，直接放行；抽中口岸查验的，口岸海关按照进出口货物查验的有关规定对出口食品实施口岸查验，查验合格的，予以放行，不合格的，不得出口。

三、进出口食品风险预警和快速反应机制

进出口食品安全风险预警和快速反应机制，是为使国家和消费者免受进出口食品中可能存在的风险或者潜在危害，对食品安全问题早发现、早研判、早预警、早报告、早沟通、早处置提供技术基础的制度化机制，其主要内容包括进出口食品安全信息管理和风险预警及快速反应措施。

（一）进出口食品安全信息管理

海关总署建立进出口食品安全信息收集网络，组织对进出口食品安全信息进行收集、整理、核准、分级、报送、通报和公布；建立进出口食品安全信息化平台，并负责信息化平台的维护和更新。

进出口食品安全信息主要包括：出入境检验检疫机构对进出口食品实施检验检疫发现的食品安全信息；食品行业协会和消费者协会等组织、消费者反映的进口食品安全信息；国际组织、境外政府机构发布的风险预警信息及其他食品安全信息，以及境外食品行业协会等组织、消费者反映的食品安全信息。

海关制定并实施进出口食品安全风险监测计划，系统和持续收集进出口食品中食源性疾病、食品污染和有害因素的监测数据及相关信息。

海关对收集到的进出口食品安全信息开展风险研判，确定风险级别，给出研判结论，并依

职能进行处置。同时按照有关规定向相关部门、机构和企业通报风险信息，需对外公布的，按规定予以公布。

（二）风险预警措施以及快速反应措施

发现进口食品不符合我国食品安全国家标准或者有证据证明可能危害人体健康的，进口商应当立即停止进口，召回已经上市销售的食品，同时向所在地海关报告。进口食品进口商不主动实施召回的，由直属海关向其发出责令召回通知书并报告海关总署。必要时，海关总署可以责令其召回。发现出口的食品存在安全问题，已经或者可能对人体健康和生命安全造成损害的，出口食品生产经营者应当采取措施，避免和减少损害的发生，并立即向所在地海关报告。

海关总署根据进出口食品安全风险研判结果，决定采取风险预警措施。包括向下属机构发布风险警示通报和向国内外生产经营企业、相关部门、机构或消费者发布风险警示通告，以采取有效的措施控制风险。对于进口食品，海关总署会根据口岸海关相关检验检疫情况，定期发布未准入境食品信息，包括相关产品的名称、产地、进口商信息、未准入境事由以及进境口岸等情况。

对风险已经明确，或经风险评估后确认有风险的进出口食品，海关总署可采取快速反应措施。快速反应措施包括：启动进出口食品安全应急处置预案；禁止进出口；销毁或退运处理；限制进出口；加强对相关企业的监督检查，对违反有关法律、行政法规规定的企业，依照相关规定处置等。对不能及时确定的风险，海关总署参照国际通行做法，对进出口食品采取临时紧急措施。

食品安全风险已不存在或者已降低到可接受的程度时，海关按照有关规定及时解除风险预警通报和风险警示通告及控制措施。

四、特殊方式进出境食品的监督管理

（一）进出海关特殊监管区域、保税监管场所的食品

海关特殊监管区域是经国务院批准，设立在中华人民共和国境内，赋予承接国际产业转移、连接国内国际两个市场的特殊功能和政策，由海关为主实施封闭监管的特定经济功能区域。为适应我国不同时期对外开放和经济发展的需要，国务院先后批准设立了保税区、出口加工区、保税物流园区、跨境工业区、保税港区、综合保税区 6 类海关特殊监管区域。其中，综合保税区是目前开放程度最高、我国政策最优惠、功能最齐全的特殊监管区。

从境外进入保税区的食品，属于卫生检疫范围的，由海关实施卫生检疫；应当实施卫生处理的，在海关的监督下，依法进行卫生处理。属于动植物检疫范围的，由海关实施动植物检疫；应当实施动植物检疫除害处理的，在海关的监督下，依法进行除害处理。从境外进入保税区食品不实施检验。

从保税区输往境外的食品，海关依法实施检验检疫。从保税区输往非保税区的食品，海关实施检验。对于集中入境分批出区的货物可以分批报检，分批检验；符合条件的货物可以于入境时集中报检，集中检验，经检验合格的出区时分批核销。

经保税区转口的动植物、动植物产品和其他检疫物，入境报检时应当提供输出国家或者地区政府部门出具的官方检疫证书；经保税区转口的应检物，在保税区短暂仓储，原包装转口出境并且包装密封状况良好，无破损、撒漏的，入境时仅实施外包装检疫，必要时进行防疫消毒处理。经保税区转口的应检物，由于包装不良以及在保税区内经分级、挑选、刷贴标签、改换

包装形式等简单加工的原因，转口出境的，海关实施卫生检疫、动植物检疫以及食品卫生检验。转口应检物出境时，除法律法规另有规定和输入国家或者地区政府要求入境时出具我国海关签发的检疫证书或者检疫处理证书的以外，一般不再实施检疫和检疫处理。

海关对境外进入综合保税区的食品实施“抽样后即放行”监管。综合保税区内进口的食品，需要进入境内的，可在综合保税区进行合格评定，分批放行；凡需要进行实验室检测的，如果进口商承诺进口食品符合我国食品安全国家标准和相关检验要求（包括包装要求和储存、运输温度要求等）且已建立完善的食品进口记录和销售记录制度并严格执行，可抽样后即予以放行。经实验室检测发现安全卫生项目不合格的，进口商应按照我国《食品安全法》的规定采取主动召回措施，并承担相应的法律责任。

（二）以快件、邮寄、旅客携带方式进出口的食品

对以快件、邮寄、旅客携带方式进出口的食品，海关依次按照《出入境快件检验检疫管理办法》《进出境邮寄物检疫管理办法》《出入境人员携带物检疫管理办法》以及海关总署其他相关规定等要求实施检验检疫监督管理。

思考题

1. 我国出口食品应符合国内标准还是国际标准？
2. 海关对出口食品如何监管？
3. 食品出口企业有哪些安全义务？
4. 进出口食品出现食品安全问题如何处置？

第十二章

食品安全事件调查处理与应急管理

第一节　食品安全事件分级

食品安全事件有狭义和广义两种含义。狭义指的是食品安全事故，指食物中毒、食源性疾病、食品污染等源于食品，对人体健康有危害或者可能有危害的事故；广义除了指食品安全事故外，还包括与食品安全相关的各种新闻事件。

食品安全事件一般可以根据原因及后果进行区分，主要包括：食用食品生产经营者提供的食品，发生食物中毒和食源性疾病的事故；有证据证明食品发生生物性、化学性或者其他有害因素的污染、危害或者可能危害公众生命健康的事故等。

在我国，食品安全事件分为重大食品安全事故和普通食品安全事故，其中重大食品安全事故分为四级，分类分级标准见表 12-1。

表 12-1　　重大食品安全事件分级标准

事件分级	评估指标
一般	（1）存在健康损害的污染食品，已造成健康损害后果的； （2）一起食品安全事件涉及人数在 30 人及以上、99 人及以下，且未出现死亡病例； （3）在县级行政区域范围内已经或可能造成一般危害或一般不良影响，经评估认为应当在县级层面采取应对措施的食品安全舆情事件； （4）县级人民政府认定的其他一般级别食品安全事件
较大	（1）受污染食品流入 2 个以上县（市、区），已造成健康损害后果； （2）一起食品安全事件涉及人数在 100 人及以上，或出现死亡病例； （3）在设区市行政区域范围内已经或可能造成较大危害或较大不良影响，经评估认为应当在设区市层面采取应对措施的食品安全舆情事件； （4）设区市人民政府认定的其他较大级别食品安全事件

续表

事件分级	评估指标
重大	（1）受污染食品流入2个以上设区市，造成或经评估认为可能造成对社会公众健康产生严重损害的食品安全事件； （2）发生在我国首次出现的新的污染物引起的食品安全事件，造成严重健康损害后果，并有扩散趋势； （3）一起食品安全事件涉及人数在100人及以上并出现死亡病例的；或出现10人及以上、29人及以下死亡； （4）已经或可能造成重大危害或重大不良影响，经评估认为应当在省级层面采取应对措施的食品安全舆情事件； （5）省级人民政府认定的其他重大级别食品安全事件
特别重大	（1）受污染食品流入2个以上省份或国（境）外（含港澳台地区），造成特别严重健康损害后果的，或经评估认为事件危害特别严重； （2）一起食品安全事件出现30人及以上死亡； （3）涉及多个省份或国（境）外（含港澳台地区），已经或可能造成严重危害或严重不良影响，经评估认为应当在国家层面采取应对措施应对的食品安全舆情事件； （4）国务院认定的其他特别重大级别食品安全事件

第二节　食品安全事故报告

一、食品安全事件调查处理与应急管理的法律体系

我国政府历来高度重视食品安全，在食品安全管理方面，一直以来坚持人民至上、生命至上。

2007年，我国第一部保障突发事件应急处置工作的综合性法律《中华人民共和国突发事件应对法》正式实施，为应对包括食品安全事件在内的各类突发事件提供了充分、有力的法律依据。该法明确了突发事件的内涵外延与应当遵循的法治原则，确立了突发事件应急管理体制，建立了相对系统完整的包括预防与应急、监测与预警、应急处置与救援、恢复与重建等方面内容的应对突发事件制度体系，并与宪法规定的紧急状态制度和有关突发事件应急管理的其他法律进行了衔接。针对食品安全事件及应急处理，我国政府在《中华人民共和国突发事件应对法》《中华人民共和国食品安全法》《中华人民共和国农产品质量安全法》《中华人民共和国食品安全法实施条例》《突发公共卫生事件应急条例》和《国家突发公共事件总体应急预案》等法律法规要求的基础上，2011年，我国发布了《国家食品安全事故应急预案》，标志着食品安全事件的调查与应急处置都在宪法和相关法律授权内，并将行之有效的应急措施上升为法律，有了规范的程序要求。

我国针对食品安全事件的调查处理与应急处置体系具有鲜明的中国特色。《国家食品安全

事故应急预案》明确规定了食品安全事件的调查处理与应急预案的制定主体是政府及其部门，预案规定了应急处置的权力配置和权利义务，设定了法律责任，具有法律效力。目前我国针对食品安全事件的应急预案按制定主体划分，分为政府及其部门应急预案、单位和基层组织应急预案两大类。政府及其部门统一发布的应急预案具有行政法规效力，成为我国法律、法规体系中的一部分。

近 20 年来，我国逐渐建立健全了食品安全事件的调查与应急处置运行机制，有效预防、积极应对食品安全事故，高效组织应急处置工作，最大限度地减少食品安全事故的危害，保障公众健康与生命安全，维护正常的社会经济秩序。

二、食品安全事件调查与应急处置体制建设

（一）管理体制建设

根据《国家食品安全事故应急预案》规定，我国食品安全事件应急管理是按统一领导、综合协调、分类管理、分级负责、属地管理为主的应急管理体制，由国家、省（自治区、直辖市）、地市、县四级相关食品安全监管部门，在同级卫生行政部门的组织协调下，分工负责监管职责范围内食品安全事故的调查处理，依法采取控制措施、查处违法行为，提出职责范围内的调查报告和处理意见。

除食品安全监管部门，在同级卫生行政部门外，涉及食品安全事件调查处理的其他部门还包括：

①农业行政部门负责发生在食用农产品种植养殖环节和其他涉及农产品种植养殖环节问题的食品安全事故的具体调查处理；

②市场监管部门负责在食品生产、加工、流通和餐饮、食堂等消费环节和其他涉及食品生产、加工、流通和餐饮服务的食品安全事故的具体调查处理；

③商务主管部门负责发生在生猪屠宰环节和其他涉及生猪屠宰环节食品安全事故的具体调查处理；

④海关负责在国境口岸、食品进出口环节和其他涉及食品进出口环节食品安全事故的具体调查处理。

此外，县级以上监察部门，根据需要可全程参加食品安全事故调查处理，依法开展监察工作，对食品安全事故涉及的食品安全监管部门、有关认证机构及工作人员的失职、渎职行为进行调查，依法追究相关责任人的责任。对事故调查处理中，各有关部门及工作人员履行职责的情况，依法进行监察。县级以上公安机关，负责加强事故发生地区的治安管理，维护社会治安秩序，及时立案侦查涉嫌犯罪的案件。有关行业主管部门，根据职责协助、配合卫生行政部门和食品安全监管部门开展事故调查处理，提出有关处理意见和建议。

对于家宴及家庭自采自食、自制自食引起的食源性疾病，属于公共卫生事件的，按照相关公共卫生事件应急预案处置。其他食源性疾病中涉及传染病疫情的，按照《中华人民共和国传染病防治法》处置。民航、铁路、水运等交通区域食品安全事件有其他规定的，从其规定。

（二）技术支撑体系建立

食品安全事件调查一般包括对患者和相关人群进行流行病学调查以及溯源，开展事件所涉食品及相关产品应急检验检测，调查事件性质和原因，综合分析各方检测数据，查找事件原因和研判事件发展趋势，分析评估事件影响，为制定现场抢救方案和采取控制措施提供参考。在

此基础上，对生产和加工可疑食品的现场提出卫生学处理措施的建议，并对采用措施的效果进行评估，对有关食品、原料、食品添加剂及相关产品进行召回、下架、封存，严格控制流通渠道，防止危害蔓延扩大。评估事件影响，认定事件责任，提出事件防范意见。

针对食品安全事件，我国已逐渐建立完善相关的食品安全事件调查与处理技术支撑体系。包括相关的应急检测、食品安全风险评估、流行病学溯源调查等。食品安全事件调查结果直接关系到事故因素的及早发现和控制，是责任认定的重要证据之一，是一项程序规范性和科学技术性很强的工作。《食品安全法》第一百零五条规定，县级以上疾病预防控制机构应当协助卫生行政部门和有关部门对事故现场进行卫生处理，并对与食品安全事故有关的因素开展流行病学调查。为规范食品安全事件流行病学调查工作，原卫生部于 2011 年 11 月 29 日印发了《食品安全事故流行病学调查工作规范》（卫监督发〔2011〕86 号），该规定自 2012 年 1 月 1 日起施行。此外，相关的食品安全检测技术近年来得到长足发展，构建了完整的包括食品理化、食品微生物、毒理学在内的突发食品安全事件的现场快速鉴定和实验室检验检测方法，满足应急检测的需求。

为了科学应对各类突发公共事件，提高事件处置效率，做好预案、培训演练等卫生应急准备，国家卫生行政部门还印发了《全国卫生部门卫生应急管理工作规范（试行）》（卫应急发〔2007〕262 号）《国家卫生计生委办公厅关于进一步加强公立医院卫生应急工作的通知》（国卫办应急函〔2015〕725 号）、《国家卫生计生委办公厅关于印发全国医疗机构卫生应急工作规范（试行）和全国疾病预防控制机构卫生应急工作规范（试行）的通知》（国卫办应急发〔2015〕54 号）、《国家卫生计生委关于印发加强卫生应急工作规范化建设指导意见的通知》（国卫应急发〔2016〕6 号）《国家卫生计生委关于印发突发事件卫生应急预案管理办法的通知》（国卫应急发〔2017〕36 号）、《国家卫生计生委卫生应急办公室关于进一步做好卫生应急培训演练工作的通知》（国卫应急指导便函〔2018〕13 号）、《公民卫生应急素养条目》（2018 年 4 月 12 日发布）《国家卫生健康委关于印发突发公共卫生事件应急演练管理办法的通知》（国卫应急函〔2020〕384 号），其中均包括突发食品安全事件处置、培训演练、预案管理等内容。

现代科技在食品安全事件调查与应急处置方面具有根本性的支撑作用，包括保证食品安全、创新食品检测方法、确定食源性疾病病原体、干预和处理食品污染等。我国《食品安全事故流行病学调查工作规范》明确要求"送检标本和样品应当由调查员提供检验项目和样品相关信息，由具备检验能力的技术机构检验""调查组应当综合分析人群流行病学调查、危害因素调查和实验室检验三方面结果，依据相关诊断原则，作出事故调查结论""事故调查结论应当包括事故范围、发病人数、致病因素、污染食品及污染原因，不能作出调查结论的事项应当说明原因"等规定。近年来，通过国家相关领域重点研发计划项目的实施，我国在应急机制、应急检测、应急演练、应急决策、应急处置、应急供应等领域均取得了丰硕成果，为完善食品安全事件调查和应急处置提供了坚实的技术保障。

（三）其他

我国食品安全事件调查及应急处理体系还包括医疗救治、资源保障以及涉嫌犯罪的处理等内容。依法依规移送公安机关开展侦查工作。若因食品安全事件涉及对人员健康的威胁，相应医疗机构需迅速组织医疗救护力量，制定最佳救治方案积极实施救治，最大限度降低健康危害。在食品安全事件应急处置期间，同时，应尽快组织善后处置工作，包括受害者及受影响人员的安置、慰问、医疗救治、赔（补）偿、征用物资和救援费用补偿等事项，妥善处理和尽快消除因食品安全事件造成的社会影响，恢复正常生产经营和生活秩序；应注意保障应急处置所需经费、车辆和通信、救治、办公等设施、设备及物资的储备与调用；保障应急物资市场价格的稳定；保障应急交通工具的优先安排、优先调度、优先放行和事发地现场及相关通道的应急运输畅通。此外，还应有相关部门负责组织事件处置新闻报道和舆论引导，把握食品安全事件报道工作的正确导向，指导协调新闻宣传单位做好事件的新闻报道，配合相关部门做好信息发布。加强食品安全知识宣传，消除公众恐慌心理，最大限度消除食品安全事件带来的影响，保护人民健康，维持社会稳定。事发地公安机关还应加强社会治安管理，严厉打击借机传播谣言、制造社会恐慌、哄抢物资等违法犯罪行为，维护治安秩序。对于涉嫌犯罪的违法行为，应移交公安机关进行处理。

第三节　食品安全事件调查处理

一、食品安全事件调查与应急处置内容

食品安全事件调查与应急处理流程一般包括风险防控、监测预警及应急处置等（图12-1）。

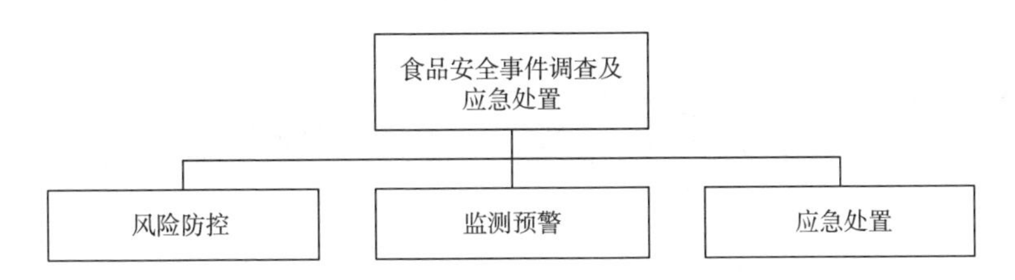

图12-1　食品安全事件调查与应急处理流程

（一）风险防控

（1）信息归集　加强食品安全信息综合利用和资源共享。在日常管理、监督检查、执法办案、专项行动、抽检监测、投诉举报、舆情监测、部门通报等发现的具有普遍性、代表性、倾向性、突出性的食品安全风险信息，包括产品风险、管理风险、舆情风险三大类，及时归集相关风险信息。

（2）隐患识别　根据食品企业和医疗机构的报告、投诉举报等情况，开展隐患风险识别。

（3）风险会商　采取多种方式，定期召集相关部门或专家参与食品安全风险会商和预警交流会议。经风险识别，获知重大食品安全信息或有发生重大、紧急食品安全事件苗头时，应需要即时组织紧急会商、趋势分析和预警交流。围绕风险信息，分析风险性质，确定风险点及其风险程度、可能发生的概率、事件发展趋势，提出预警、控制和纠正措施，提出防范化解风险的意见和建议。

（4）协调行动　根据需要发布安全风险提示函或警示信息，开展监督检查和抽检；属于共性风险的安排部署专项整治，采取全域风险防控措施；存在较大安全隐患、风险程度较高

的，依法采取相关措施；存在系统性、区域性或重大安全风险的，应及时报告省人民政府和国家相关部（委、局），并采取控制措施。制定整改方案、清单，明确责任单位、责任人、整改目标和完成时限，防范管理风险。确定舆论引导、宣传方案，拟定发布稿源，明确目标媒体以及发布渠道、要求和方式，发布权威声音，并及时监督反馈宣传效果。必要时组织新闻发布会，向公众澄清事实，加强正面引导，有效引导舆论，最大限度控制或消除不良影响。

（二）监测预警

1. 事件监测

建立食品安全事件监测、报告网络体系，加强食品安全信息管理和综合利用，各相关部门针对高风险食品种植、养殖、生产、加工、包装、贮藏、运输、经营、消费等环节食品安全的日常管理，建立完善各自职责范围内的食品安全事件监测防控体系；依据自身法定职责，开展日常食品安全监督检查、抽样检验、风险评估、舆情监测等工作，加强对媒体有关食品安全舆情热点、敏感信息的跟踪监测。对可能导致食品安全事件的风险隐患信息加强收集、分析和研判，必要时向有关部门和地区通报。

2. 预警分级

按照紧急程度、发展态势和可能造成的危害程度，食品安全事件预警级别由低到高分为四级、三级、二级、一级，分别用蓝色、黄色、橙色和红色标示（预警信息分级评估标准见表 12-2）。

表 12-2　　食品安全预警信息分级评估标准

严重程度	发生概率			
	不太可能	有可能	非常可能	几乎肯定
一般	四级（蓝色）	四级（蓝色）	三级（黄色）	三级（黄色）
较重	四级（蓝色）	三级（黄色）	三级（黄色）	二级（橙色）
严重	三级（黄色）	三级（黄色）	二级（橙色）	一级（红色）
特别严重	二级（橙色）	二级（橙色）	一级（红色）	一级（红色）

注：①通过综合研判食品安全风险的“严重程度”和“发生概率”两个指标，对食品安全事件预警信息进行评价和分级。

②严重程度中的“一般”是指无显性伤害，但长期使用可危害健康；“较重”是指导致轻度伤害，引发身体不适；“严重”是指导致重度或大面积伤害，引发严重疾病；“特别严重”是指直接导致死亡，或导致大面积严重中毒和疾病。评估严重程度时，一般同时考虑紧急程度因素。

③发生概率中的“不太可能”是指在某些时候可能会发生；“有可能”是指在某些时候应该会发生；“非常可能”是指在大多数情况下很可能会发生；“几乎肯定”是指预期在大多数情况下都会发生。

一旦发现食品安全隐患或问题，要及时通报相关监管部门，及时采取有效控制措施。

3. 预警发布

依据事态的发展、变化情况、影响程度和专家的建议，适时调整预警级别，并及时通报。当确定食品安全事件事态完全控制或危险已经解除时，可宣布解除预警。

4. 预警行动

预警信息发布后，涉及的食品安全监督管理部门应视情迅速进行分析研判，加强对苗头性、倾向性食品安全信息和热点敏感食品安全舆情的收集、核查、汇总和分析研判，对相关报道进行跟踪、管理，防止炒作和传播不实信息，及时组织开展跟踪监测工作，预估事件发展趋势、危害程度、影响范围、强度以及级别；采取有效防范措施，防止事件进一步蔓延扩大。利用各种渠道增加宣传频次，加强对食品安全应急科普方面的宣传，告知公众停止食用不安全食品。对可能造成人体危害的食品及相关产品，相关食品安全监督管理部门可采取相关控制措施；相关部门应保持通信畅通，做好应急响应准备，确保防护设施、装备、应急物资等处于备用状态；加强舆论引导。及时准确发布事态最新情况，组织专家解读，并对可能产生的危害加以解释、说明，加强相关舆情跟踪监测，主动回应社会公众关注的问题，及时澄清谣言传言。

（三）应急处置

应急处置措施包括信息报告、先期处置、分级响应、舆情引导和信息发布、秩序维护、响应终止及后期处置等。

1. 信息报告

食品安全事件信息报告来源包括食品企业（包括食品安全事件发生单位及引发食品安全事件的食品种植养殖、生产加工、仓储运输、市场流通、餐饮消费等食用农产品种植养殖者和食品生产经营者）、医疗单位（包括各级医疗卫生机构、疾病预防控制机构）、技术机构（各级食品检验、检测、检疫以及风险评估、风险监测机构）经核实的公众举报信息、媒体披露与报道的信息以及各级市场监督管理局、农业农村部、林业局、粮食局、卫生健康委员会、海关、公安局、教育局、人力资源社会保障等政府部门和来自国家有关部（委、局）通报的信息、网络及国（境）外通报的信息等。不得对食品安全事件隐瞒、谎报、迟报，不得隐匿、伪造、毁灭有关证据。

2. 先期处置

发生食品安全事件的单位应立即采取措施，防止事件扩大。先期处置需要全力救治病患，做好安抚工作；防止次生危害，对确认属于被污染的食品及其原料，依法依规监督食品生产经营者予以召回或者停止经营；尽快查明原因，保护现场，维护治安，封存可能导致食品安全事件的食品及其原料、封存被污染的食品工具及用具、封存发生集体性食物中毒的食堂或操作间、立即组织应急检验检测，有关部门根据各自职责开展初步调查；及时回应社会关切，必要时，向社会依法发布事件及其处理情况，邀请专家开展第三方科普宣传。

3. 分级响应

根据严重程度和发展态势，各级政府及相关部门应根据实际情况合理划定响应级别。对于事件本身比较敏感或者发生在重要时段的，可适当提高响应级别。对于特别重大、重大食品安全事件，主要采取的措施包括：

（1）立即启动应急处置机制　各级政府及相关部门按照预案规定的职责，进入应急状态。

（2）迅速开展诊断治疗　迅速组织医疗资源开展诊断治疗，必要时组织增派医疗卫生专家和队伍，调配急需医药物资。

（3）立即进行流行病学调查　疾病预防控制机构对事件有关因素开展流行病学调查，查找事件原因的源头，并对事件现场进行卫生处理，完成流行病学调查后，在规定时间内向政府与相关部门提交流行病学调查报告。

（4）应急检验　组织技术机构对现场控制的食品及其原料，依据标准开展检验检测。对确认属于被污染的食品及其原料，责令生产经营者依法召回、停止经营；对检验合格且确定与食品安全事件无关的，应依法予以解封。

（5）问题食品的处置　事发地相关职能部门依法先行登记保存或查封、扣押可能导致食品安全事件的食品及其原料、半成品和食品相关产品；对确认属于被污染的食品及其原料，责令食品生产经营者依法召回或者停止经营；现场监督食品生产经营者对召回的食品采取无害化处理、销毁等措施。

（6）事件原因调查　组织各方力量及时开展事件调查工作，准确查清事件性质和原因，分析评估事件风险和发展趋势，认定事件单位和有关部门及其工作人员的责任，提出责任追究建议，研究提出防范措施和整改意见建议，并提交调查报告。对涉嫌犯罪的，公安等司法机关依法开展相关处置工作。

调查初期尚无法确认为食品安全事件的，可以先参照开展调查处置。应当坚持实事求是、尊重科学、依法依规的原则，综合分析现场处置、流行病学调查、检验检测、日常监管等信息，及时、准确查清性质和原因。属于传染病、水污染等公共卫生事件的，由卫生健康部门按照相关法律法规和预案进行后续处置。对涉嫌犯罪的，公安机关应及时介入。事件原因调查主要包括以下内容：

①事件基本情况：事件发生时间、地点、原因和经过。

②人员伤亡情况：事件造成的人员伤亡或者健康损害情况。

③涉事产品情况：涉事食品及其原料购进、生产、销售、使用情况。

④事发单位制度情况：食品安全事件发生后的报告情况；事件发生后启动应急处置方案及采取控制措施的情况；事件发生后按要求采取预防、处置措施的情况；事件发生后是否存在隐瞒、谎报、迟报，故意破坏事发现场，隐匿、伪造、毁灭有关证据或者阻碍调查的情况；建立食品安全应急管理制度情况；制定食品安全应急处置方案和突发事件报告制度情况；开展食品安全应急演练情况；定期检查本单位各项食品安全防范措施，及时消除隐患的情况。

⑤监管部门日常履职情况：相关食品安全监督管理部门是否按规定报告食品安全事件的情况；事件发生后，是否按规定成立事件处置指挥机构和启动应急预案的情况；组织协调开展食品安全事件处置情况；按规定制定食品安全事件应急预案和开展应急演练的情况；建立健全食品安全信息共享机制，落实食品安全监督管理责任制等情况。

⑥其他部门应急履职情况：各相关按规定报告食品安全事件的情况；与有关部门相互通报的情况；按规定赶赴现场调查处置的情况；按规定组织开展应急检验的情况；开展流行病学调查的情况；对事发单位监管的情况；涉事食品、食品添加剂、食品相关产品的食品安全风险评估结论，以及采取相应措施的情况。

4. 舆情引导和信息发布

通过授权发布新闻稿、接受记者采访、举行新闻发布会、组织专家解读等形式，借助电视、报纸等传统主流媒体，运用微博、微信、微视频等新媒体平台，主动、及时、准确、客观地向社会公众发布食品安全事件相关信息，回应社会关切，澄清不实信息，正确引导社会舆情。信息发布内容应当包括事件概况、严重程度、影响范围、应对措施、需要公众配合采取的措施、公众防范常识和事件调查处理进展情况等。

事件发生后，应在第一时间通过主流媒体向社会发布简要信息。发布信息的内容应当围绕舆论关注的焦点、热点和关键问题，实事求是、言之有据、有的放矢。发挥主流媒体作用，认真回应社会关切，组织专家解疑释惑，正确深度有效引导，形成积极健康的社会舆论。

5. 秩序维护

指导事发地公安机关加强对救助患者的医疗卫生机构、涉事生产经营单位等重点区域治安管控，依法查处借机传播谣言、制造社会恐慌、哄抢物资等违法犯罪行为，做好矛盾纠纷化解工作，防止出现群体性事件，维护社会稳定。

6. 响应终止

当事件得到控制并达到以下要求，经评估认为可解除响应的，按照“谁启动、谁终止”的原则及时终止响应：

①病例：食品安全事件伤病员全部得到救治，原患者病情稳定24h以上，且无新的急性病症患者出现（集体性食物中毒事件阻断肇事食物摄入72h内无同类病例发生），食源性感染性疾病在末例患者后经过最长潜伏期无新病例出现。

②隐患：现场、受污染食品得以有效控制，食品与环境污染得到有效清理并符合相关标准，次生、衍生事件隐患消除。

7. 后期处置

事发地人民政府及有关部门要积极稳妥、深入细致地做好善后处置工作，消除事件影响，恢复正常秩序。食品安全事件善后处置工作结束后，各级食品安全办应当组织有关部门，根据《中华人民共和国突发事件应对法》《食品安全法》等有关法律法规规定，及时对食品安全事件和应急处置工作进行总结，分析事件原因和影响因素，评估应急处置工作开展情况和效果，提出对类似事件的防范和处置建议，形成总结报告。

二、结语

食品安全调查与应急处置是保障食品安全的重要一环，我国已逐步建立了食品安全调查与应急处理工作的法律保障和标准技术规范体系，食品安全调查与应急处理相关技术持续创新和改进，适应性和执行能力也得到进一步加强。食品安全事件关系到公众健康与社会稳定，随着社会的发展和科技的进步，可以预见的是，越来越多的新技术、新装备和新方法将用于食品安全事件调查与应急处置中，为保障公众健康和安全发挥积极作用。

食品安全事件关系到公众健康与社会稳定，应建立一个持续长远的规划，明确主管部门和专业机构的职责定位，关注法律法规和预案间的衔接。技术性文件应有统一科学的设计，将相关检测鉴定方法、救治技术与处置技术纳入其中，以更科学有效应对相关食品安全事件。

思考题

1. 简述食品安全事件的含义与分级。
2. 简述我国食品安全应急管理体系的构成。
3. 简述食品安全事件调查与应急处理的一般流程与工作内容。

第十三章 食品安全追溯与召回

CHAPTER 13

食品在“从农田到餐桌”的生产、加工、流通及销售等供应链流转过程中存在着一些隐患。随着全球范围对食品安全、食品质量管理的日益重视，由良好操作规范（GMP）、ISO 9000 质量管理体系、危害分析与关键控制点（HACCP）体系等食品安全管理体系，虽然能够有效地控制食品生产加工过程中的微生物、化学和物理性危害，但是也难以保证不在流通环节出现质量安全问题，任何一个环节出现问题，都可能引发食品质量安全问题。因此，强化全方位监管、建立全链条追溯、落实全过程防控是及时消除食品安全隐患，防范化解风险的主要工作任务。党的二十大明确将食品安全纳入国家安全、公共安全统筹部署，其中要求“强化食品药品安全监管，健全生物安全监管预警防控体系。”

可追溯性是食品安全管理的一个预防性策略，同时，食品召回制度可避免流入市场的不安全食品对消费者健康造成损害，从而维护消费者的利益。因此，食品质量安全可追溯体系作为食品质量安全管理的重要手段之一，能够及时了解食品在生产、加工、流通及销售等环节的质量安全信息，提高食品供应链质量安全信息的透明度，为及时召回缺陷食品提供可靠的信息，保障整个食品供应链的质量安全。

第一节　食品安全追溯体系

一、概述

（一）食品追溯相关定义

1. 追溯

通过记录和标识，追踪和溯源客体的历史、应用情况或所处位置的活动。追溯包括追踪和溯源。

2. 追踪和溯源

追溯包含追踪和溯源两个方向的功能。追踪指沿食品供应链向下游跟踪追溯单元的流动路径，了解追溯单元的去向，为产品召回等提供信息。溯源指沿食品供应链向上游回溯，识别追溯单元的来源，可为危害源头的查找提供支撑。其中，“追溯单元”是指需要对其来源、用途和位置的相关信息进行记录和追溯的单个产品或同一批次产品，如物流单元、零售商品等。

3. 可追溯性（traceability）

食品可追溯性是指在食物链的各个环节（包括生产、加工、仓储、配送以及销售等）中，食品及其相关信息能够被追踪和回溯，使食品的整个生产经营活动处于有效的监控之下。

国际食品法典委员会（CAC）将可追溯性定义为“在特定生产、加工和分配阶段跟踪食品流动的能力”，并将可追溯性与产品溯源作为同一术语。此后，国际标准化组织（ISO）制定的标准中涉及食品追溯的内容时，基本上都引用了上述标准中的定义。

国际标准化组织 ISO 9000：2005《质量管理体系　基础和术语》中认为追溯是质量管理系统中的一个重要组成部分，并将“可追溯性”定义为：追溯客体的历史、应用情况或所处位置的能力。当考虑产品或服务时，可追溯性可涉及：①原材料和零部件的来源；②加工的历史；③产品或服务交付后的分布和所处位置。

ISO 22005：2007《饲料和食品链的可追溯性　体系设计与实施的通用原则和基本要求》（以下简称“ISO 22005：2007”）中使用了与国际食品法典委员会一致的对可追溯性的定义，即：追踪饲料或食品在整个生产、加工和分销的特定阶段流动的能力。“流动”可能涉及食品或饲料原材料的来源、加工历史或分配。

欧盟将食品可追溯定义为：在整个食物链全过程中发现和追踪食品生产、加工、配送以及用于食品生产的动物的饲料或其他原料的可能性。

4. 可追溯体系（traceability system）

可追溯体系是支撑维护产品及其成分在整个供应链或部分生产和使用环节所期望获取包括产品历史、应用情况或所处位置等信息的相互关联或相互作用的一组连续性要素。

ISO 22000：2005《食品安全管理体系　食品链中各类组织的要求》中引用了 ISO 9000 中的术语和定义，并提到，组织应建立且实施可追溯系统，以确保能够识别产品批次及其原料批次、生产和交付记录的关系；可追溯性系统应能够识别直接供方的进料和终产品初次分销的途径；应按规定的期限保持可追溯性记录，以便对体系进行评估，使潜在不安全产品得以处理；在产品撤回时，也应按规定的期限保持记录。

ISO 22005：2007 对可追溯体系的定义是：能够维护关于产品及其成分在整个或部分生产与使用链上所期望获取信息的全部数据和作业。

（二）食品安全追溯体系

食品安全追溯体系是一个能够连接生产、检验、监管和消费各个环节，让消费者了解符合卫生安全的生产和流通过程，提高消费者放心程度的信息管理系统，简称“食品追溯体系（系统）或食品追溯”。

食品安全追溯体系是一种基于风险管理为基础的安全保障体系，包括两个层次内容：宏观意义上指便于食品生产和安全监管部门实施不安全食品召回和食品原产地追溯，便于与企业和消费者信息沟通的国家食品追溯体系；微观上指食品企业实施原材料和产成品追溯和跟踪的企业食品安全和质量控制的管理体系。

该体系提供了“从农田到餐桌”的追溯模式，提取了生产、加工、流通、消费等供应链环节消费者关心的公共追溯要素，建立食品安全信息数据库，一旦发现问题，能够根据追溯进行有效的控制和召回，从源头上保障消费者的合法权益。也就是说，食品追溯体系就是利用食品追溯技术标识每一件商品、保存每一个关键环节的管理记录，能够追踪和追溯食品在食品供应链的种植/养殖、生产、销售和消费整个过程中相关信息的体系（图 13-1）。

图 13-1　食品供应链流程示意图

食品安全涉及的主体多，链条长，监管难度大，建立食品安全全程追溯制度是实现食品行业高质量发展的重要一环。通过提高食品供应链的透明度，有效防范化解食品安全风险，增强消费者信心，促进食品产业升级。

我国《食品安全法》第四十二条规定，国家建立食品安全全程追溯制度。食品生产经营者应当依照本法的规定，建立食品安全追溯体系，保证食品可追溯。国家鼓励食品生产经营者采用信息化手段采集留存生产经营信息，建立食品安全追溯体系。国务院食品安全监督管理部门会同国务院农业行政等有关部门建立食品安全全程追溯协作机制。

（三）食品追溯制度分类

（1）根据追溯的范围划分，食品追溯制度可分为内部追溯和外部追溯。

内部追溯是指一个组织在自身业务操作范围内对追溯单元进行跟踪和（或）溯源的行为。内部追溯主要针对一个组织内部各环节间的联系。如一个食品生产企业内部的生产作业的追溯。

外部追溯是对追溯单元从一个组织转交到另一个组织时进行跟踪或（和）溯源的行为。外部追溯是供应链上组织之间的协作行为。如将食品供应链上参与的所有原材料的购买、生产、加工、包装、存储、运输以及销售等信息的记录进行的追溯。外部追溯是由多个内部追溯组合而成。

（2）根据追溯目的不同，食品追溯制度可分为追踪和溯源。

追踪是指对食品销售之后的流转信息的查询，目的是召回或者控制食源性疾病的扩散；溯源是指对食品销售前的供应链上的信息查询，目的是追查引起食品安全问题的环节，以便迅速和准确地问责。

（3）根据法律对食品追溯制度的通用性，食品追溯制度可分为自愿追溯制度与强制追溯制度。

我国《食品安全法》鼓励实施食品追溯制度，而欧盟国家针对某些特定食品实施强制性追溯制度。

（四）食品追溯体系的作用和意义

食品安全追溯体系概括来说就是“源头可追溯、生产（加工）有记录、流向可跟踪、信息可查询、产品可召回、责任可追究”，其作用如下：

1. 可以向消费者提供食品真实可靠信息，维护消费者知情权

食品追溯对于构建市场信用起着举足轻重的作用。消费者能通过查询追溯系统，了解相关食品的来源以及整个生产流程，这就增加了产品的透明度和可信度，这对于保证交易的公平性，防止消费者被假冒伪劣的商品所侵害，避免生产经营者不正当竞争有重要的作用。

2. 可以提高生产供应链管理的效率，增加经济效益

通过对生产供应链各关键环节的及时跟踪和追溯，使上下游企业信息共享和紧密合作，提高食品质量安全水平和稳定性，增强生产供应链中各个利益相关方的合作和沟通，优化供应链体系。同时可以有效减少食品召回，一旦发现问题又可及时将问题食品召回，从而为企业节省成本和损失。

3. 可以提高食品企业的竞争力，促进相关贸易全球一体化

追溯系统在食品物流各个环节建立与国际接轨的标准标识体系，实现对供应链各个环节的正确标识，增强了农产品来源的可靠性和信息传输处理速度，为电子商务和全球贸易一体化奠定了基础。追溯系统强化了产业链各企业责任，帮助企业寻找危害的原因与风险程度，淘汰落后的技术，促使产业升级，可将生产过程中的风险降低到最低水平，有力地保护企业信誉，有利于产品的销售和流通，符合全球贸易一体化的需求。

4. 可以提高生产企业和供应链的管理的水平

食品追溯包含着食品的某种或某些特性等信息在整个产品生产供应链中的流动。企业对信息的合理利用有利于企业对产品流动和仓储的管理以及对不合格原料和生产过程的控制，从而提高企业的管理水平和整条生产供应链的管理水平。

二、食品安全追溯体系的发展

随着全球食品安全和食品质量管理的日益重视，建立健全食品追溯体系已是食品企业、消费者和监管部门的共同要求，成为全球食品安全管理的发展趋势。

自20世纪70年代以来，无论是国际上还是国内，食品安全问题日益突出，食源性疾病危害越来越大，影响了人们的身体健康，引起了全世界的广泛关注。尤其是20世纪90年代，英国疯牛病的暴发，政治上使欧盟各国产生矛盾，欧盟的权威性受到挑战，经济上使欧盟损失惨重，导致了公众对政府监督下的食品安全产生了严重的信任危机。如何对食品有效跟踪和追溯，已成为极为迫切的全球性课题。

虽然ISO 9000体系、GMP、SSOP和HACCP体系等多种有效的控制食品安全的管理办法纷纷被引入并在实践中运用，均取得了一定的效果。但是上述的管理办法都主要是对加工环节进行控制，缺少将整个供应链连接起来的手段。因此，非常有必要对整个供应链各个环节的产品信息进行跟踪与追溯，一旦发生食品安全问题，可以有效地追踪到食品的源头，及时召回不

合格产品，将损失降到最低。

（一）其他国家和地区食品安全追溯体系建设与实施

欧盟、美国、日本等已制定法律法规，要求通过建立食品安全可追溯体系来加强对现代食品的监督管理，要求企业建立一整套从危害分析到制定预防性措施，再到召回和追溯等纠正措施的管理计划。

欧盟的食品可追溯系统应用最早，最先形成了比较完善的活牛和牛肉制品的可追溯体系。2000 年 1 月欧盟发表了《食品安全白皮书》，提出一个项根本性改革，就是以控制“从农田到餐桌”全过程为基础，明确所有相关生产经营者的责任。2002 年 1 月，欧盟颁布了 178/2002 号法令，规定每一个农产品企业必须对其生产、加工和销售过程中所使用的原料、辅料及相关材料提供保证措施和数据，确保其安全性和可追溯性，否则不允许上市销售，并且要求大多数国家对家畜和肉制品开发实施强制性可追溯制度。这两部法律为食品追溯制度的形成和确立奠定了法律基础，随后又出台了一系列食品监管方面的法律与之配套。

在美国，食品可追溯系统主要是企业自愿建立，政府主要起到推动和促进作用。2003 年 5 月，美国 FDA 公布了《食品安全跟踪条例》，要求所有涉及食品运输、配送和进口的企业要建立并保全相关食品流通的全过程记录。此规定不仅适用于美国食品贸易企业，而且适用于在美国国内从事食品生产、包装、运输及进口的企业，并要求到 2006 年年底所有与食品生产有关的企业都必须建立食品质量安全可追溯制度。2011 年美国出台的《食品安全现代化法案》作出对食品召回的规定，当食品安全出现问题时政府可以强制召回，且美国政府对食品召回的重视必然通过食品信息追溯来支撑。美国食品追溯制度是在完备的法律体系中发展并走向成熟。

日本在食品追溯系统的建设和应用方面走在世界前列，其不仅制定了相应的法律法规，特别是在零售阶段，日本的大多数超市都安装了食品追溯终端，以供消费者查询相关信息。日本的追溯体系率先应用于肉制品，2001 年，日本政府在牛肉生产供应体制中全面导入信息可追溯系统，并在商品的流通器上安装 IC 芯片卡，将生产流通各个阶段的相关信息读入，并存入服务器。消费者可以在店铺的终端上通过互联网输入包装盒上的牛身份证号码，获取所购商品的原始生产信息。2002 年，日本农林水产部正式决定，将食品信息可追溯系统推广到全国肉食品行业，使消费在购买食品时通过商品包装就可以获得品种、产地以及生产加工流通过程等相关信息。2003 年日本出台了《食品安全基本法》，表明政府要建立一套保证食品“从田间到餐桌”全过程的食品质量安全控制系统，并将可安全追溯体系通过分销途径延伸到不同类别的食品追溯，对食品追溯的基本要求和注意事项进行统一规定。2004 年 12 月开始实施牛肉以外食品的追溯制度。日本于 2005 年底以前建立了优良农产品认证制度，对进入日本市场的农产品要进行“身份”认证。根据优良农产品认证制度的要求，申请认证的农产品必须正确地标明生产者、产地、收获和上市日期以及使用农药和化肥的名称、数量和日期等，以便消费者能够更加容易地判断农产品的安全性。

（二）我国食品安全追溯体系建设与实施

我国食品安全追溯领域的相关法律法规，为我国食品追溯体系的建设与执行提供了基本的制度保障。

我国从 2002 年开始建立食品可追溯体系有关的相关法律和法规，并在一些地区和企业设立食品可追溯体系的试点，2002 年 5 月 24 日农业部第 13 号令发布《动物免疫标识管理办法》，规定对猪、牛、羊必须佩带免疫耳标，建立免疫档案管理制度。国家质检总局 2003 年启动的

“中国条形码推进工程”，国内的部分蔬菜、牛肉产品开始拥有了属于自己的身份证。

2004年12月，国家质检总局发布实施了《食品安全管理体系要求》和《食品安全管理体系审核指南》，依据此系列标准可以加强原料提供方的管理，一旦出现问题也有助于有效地追本溯源，采取应急预案，使危害降到最低。

2007年8月，我国公布并正式实施了《食品召回管理规定》。

2013年11月，党的十八届三中全会上通过的《中共中央关于全面深化改革若干重大问题的决定》中明确指出要“建立食品原产地可追溯制度和质量标识制度”。2014年、2015年李克强总理在政府工作报告中均明确提出要“建立一个科学的从生产加工到流通消费的全程可追溯体系”“建立健全消费品质量安全监管、追溯、召回制度”。

2015年10月施行的《食品安全法》将“国家建立食品安全全程追溯制度”正式写入并作了详细规定。2016年1月，国务院办公厅出台了《国务院办公厅关于加快推进重要产品追溯体系建设的意见》，再次强调了应加快应用现代信息技术建设食用农产品、食品追溯体系。

2017年3月，国家食品药品监督管理总局（现国家市场监督管理总局）研究制定了《关于经营企业建立食品安全追溯体系的若干规定》，提出食品生产经营企业应通过建立食品安全追溯体系来客观、有效、真实地记录和保存食品质量安全信息，实现食品质量安全顺向可追踪、逆向可溯源、风险可管控，以及在发生质量安全问题时产品可召回、原因可查清、责任可追究。这一法规的出台有助于切实落实质量安全主体责任，保障食品质量安全。

2019年9月，国务院印发《关于加强和规范事中事后监管的指导意见》强调，对食品、药品、医疗器械、特种设备等重点产品建立健全以产品编码管理为手段的追溯体系，形成来源可查、去向可追、责任可究的信息链条。其中特别提出，要充分发挥现代科技手段在事中事后监管中的作用，依托互联网、大数据、物联网、云计算、人工智能、区块链等新技术来推动监管创新，努力做到监管效能最大化、监管成本最优化、对市场主体的干扰最小化。

2023年3月1日，国家市场监管总局发布的《食品相关产品质量安全监督管理暂行办法》施行。该《办法》规定了食品相关产品生产者、销售者的主体责任及生产全过程控制的具体要求。同时明确了食品相关产品质量安全追溯制度、召回管理制度、标签标识管理制度。

以上法律法规及规章的相继出台也体现出国家正加大力度持续推进追溯体系建设，特别是智能追溯技术的应用与全链条追溯平台的搭建在食品追溯中将发挥着越来越重要的作用。

在食品安全追溯体系标准建设方面，我国第一项基于食品追溯的标准为2007年12月1日起实施的农业行业标准NY/T 1431—2007《农产品追溯编码导则》，该标准是响应《国家食品药品安全“十一五”规划》起草的。

2008年7月底批准成立全国食品质量控制与管理标准化技术委员会食品追溯技术分技术委员会（SAC/TC 313/SC1，简称食品追溯技术分标委），以开展我国食品安全追溯领域内的标准化工作。2010年实施了等同采用的国际标准“GB/T 22005—2009/ISO 22005：2007《饲料和食品链的可追溯性　体系设计与实施的通用原则和基本要求》”和指导性技术文件GB/Z 25008—2010《饲料和食品链的可追溯性　体系设计与实施指南》。同时，制定了《食品可追溯性通用规范》和《食品追溯信息编码与标识规范》等多项国家标准。目前我国食品安全追溯标准体系已日益完善。

（三）食品追溯系统建设

食品追溯系统是指在食品供应链的各个阶段或环节中由鉴别产品身份、资料准备、资料收集与保存以及资料验证等一系列追溯机制组成的整体。食品追溯系统涉及多个食品企业或公司、多门学科，具有多种功能，但基本功能是信息交流，具有随时提供整个食品供应链中食品及其信息的能力。在食品供应链中，只有各个食品企业或公司都引入和建立起本企业或公司内部的追溯系统，才能形成整个食品供应链的追溯系统，实现食品可追溯。

1. 食品追溯系统实施原则

（1）科学性原则 在建立食品安全可追溯系统过程中，应将先进的信息技术、现代的信息管理方法，以及食品安全管理理论，食品安全可追溯方法、技术融入其中，使食品安全生产加工过程可控，提高食品质量安全水平。

（2）系统性原则 食品安全可追溯系统本质上是质量安全信息管理系统，因此既要遵循安全管理的一般规律，从信息收集、加工、传递、贮存等信息流管理角度出发，周密地进行系统设计，实现信息的无缝衔接，同时还应该充分考虑系统的参与者的信息需求、系统边界等问题。

（3）经济实用原则 建立食品安全可追溯系统，需要花费一定的人力、财力和物力，企业或公共组织在实施可追溯系统时，应充分考虑自身经济承受能力，努力做到以较小的投资实现可追溯系统的功能。

（4）通用性原则 在实施可追溯系统过程中，应选择符合国际化的通用原则与标准，利用已有的国际标准和国家标准，例如 EAN · UCC 编码系统，并尽可能采用成熟、通用的技术方案。

（5）预防性原则 食品安全事件的发生，很大程度上是由于在食品生产、加工过程中不参照规范的操作流程，或没有严格遵循国家标准及行业标准。因此，在构建食品安全可追溯系统时，应将 GAP、GMP、GVP、SSOP 等规范融入系统之中，引导食品生产、加工者规范其过程，预防食品安全事故的发生。

2. 我国食品安全追溯平台

在食品安全追溯平台建设方面，我国各相关机构纷纷建立了基于其核心业务的追溯平台。“国家食品(产品)安全追溯平台”是国家发改委确定的重点食品质量安全追溯物联网应用示范工程，主要面向全国食品生产企业，实现食品追溯、防伪及监管，由中国物品编码中心建设及运行维护，由政府、企业、消费者、第三方机构使用。国家平台接收 31 个省级平台上传的质量监管与追溯数据；完善并整合条码基础数据库、SC、监督抽查数据库等质检系统内部现有资源（分散存储、互联互通）；通过对食品企业质量安全数据的分析与处理，实现信息公示、公众查询、诊断预警、质量投诉等功能。

“国家农产品质量安全追溯管理信息平台”由农业农村部农产品质量安全中心开发建设，包括追溯、监管、监测、执法四大系统。指挥调度中心和国家农产品质量安全监管追溯信息网以“提升政府智慧监管能力、规范主体生产经营行为、增强社会公众消费信心”为宗旨，为各级农产品质量安全监管机构、检测机构、执法机构以及广大农产品生产经营者、社会公众提供信息化服务。各省、自治区，还有一些城市，相继建立了食品或农产品追溯平台，如上海市由上海市食品安全办公室与上海仪电集团共同建设了“上海市食品安全信息追溯平台”，浙江、江苏、福建、内蒙古等地的“农（畜）产品质量安全追溯平台”等，有关行业协会和企业也建立或参与追溯平台建设。如中国副食流通协会食品安全与信息追溯分会建立的“中国食品安全信息追溯平台”，该平台是在行业协会和企业的共同监督下，为食品企业提供第三方信息追溯服务和数据交换平台服务。

三、食品追溯关键技术

食品追溯是一种以信息为基础的先行介入措施，在食品质量和安全管理过程中正确而完整地收集溯源信息。食品追溯本身不能提高食品的安全性，但有助于发现问题、查明原因、采取行政措施以及追究责任。从技术角度而言，食品溯源实质上是以信息标识为技术载体的信息记录体系。信息技术在食品追溯及召回中扮演着重要角色，可追溯系统的建立必须以信息技术为基础，条形码和无线射频识别等先进的信息自动采集和自动识别技术，可以对食品供应链的生产、加工、储藏及零售等环节的管理对象进行标识，并借助信息系统进行管理，一旦出现食品质量安全问题，可以通过这些信息标识进行追溯，准确地缩小食品质量安全问题的查找范围，定位问题出现的环节，并追溯食品质量安全问题的源头，从而有效地控制食品安全风险，提高食品安全性。

目前食品追溯技术研究热点包括条形码技术、无线射频识别技术、DNA 指纹技术、虹膜识别技术以及同位素指纹技术。在这些关键技术的支持和应用下，食品安全追溯体系具备了标识标准化、标识唯一性、数据自动获取、关键节点管理、食品供应链成员信息共享等基本的技术条件，使其不仅能够实现追溯，而且能够客观有效地评估食品供应链各个环节的状况，能够指导食品供应链企业的生产和管理，为消费者提供安全的食品和对安全食品的信任，提升整个食品供应链的竞争力。以食品标签溯源技术、原产地溯源技术以及污染物溯源技术为代表的食品溯源关键技术的研究和应用都有了很大的突破和发展。

（一）条形码自动识别技术

条形码是由一组按一定编码规则编排的明暗相间的条、空符号组成的，用来表示一定的数字、符号或字符组成的信息。20 世纪 70 年代，为了解决计算机应用中数据采集的瓶颈问题，条形码技术应运而生。条形码自动识别技术是以计算机、光电技术和通信技术的发展为基础的一项综合性科学技术，是信息数据自动识别、输入的重要方法和手段，在进行辨识时，用条码阅读器扫描，得到一组反射光信号，此信号经光电转换后变为一组与线条、空白相对应的电子信号，经解码后还原为相应的字母、数字，再传入计算机。条形码功能强大，输入方式具有速度快、准确率高以及可靠性强等特点，在商品流通、工业生产、仓储标识管理和信息服务等领域得到了广泛的应用。条码辨识技术在现阶段已经相当成熟，其读取的错误率约为百万分之一，首读正确率大于 98%，它实现了信息快速、准确地获取与传输，为实现信息流和物流的同步提供了技术手段。

条形码技术是应用最广泛的信息追踪技术，作为一项先进的信息自动采集技术，条形码技术可以对食品原料的生产、加工、储藏及销售等食品供应链环节的管理对象进行标识，并借助信息系统进行管理。其中，条形码技术的使用，极大地提高了数据采集和信息处理的速度，提高了工作效率，并为管理的科学化和现代化做出了很大贡献。人们熟知的超市商品外包装、医疗和图书领域的条形码管理就是十分典型的例子。条形码种类很多，主要分为一维条形码和二维条形码。

1. 一维条形码

世界上有 225 种以上的一维条形码，每一种一维条形码都有自己的一套编码规则来规定每个字母（可能是文字或数字）是由几个线条与几个空白组成，以及字母的排列，如图 13-2 所示。

图 13-2 一维条形码

一般较流行的一维条形码有 39 码、EAN 码（国际物品编码）、UPC 码、128 码，以及专门用于书刊管理的 ISBN（国际标准书号）、ISSN（国际标准连续出版物编号）等。

一维条形码密度较低，一般商品上的条形码仅能容纳 13 位，不能进行产品描述，它对信息的追踪主要依靠预先建立的数据库。比较常用的一维条形码有 EAN/UPC 条形码，是一种商品条形码，超市中使用的就是这种一维条形码。Code39 码可同时表示数字和字母，在管理领域应用最广；ITF25 码则主要用于物流管理。在畜牧养殖业中，畜体标识中使用了条形码技术，目前塑料耳标是使用最广泛的畜体标识技术，由于耳标号码位数较长，在人工判读记录过程中容易发生错误且读取速度慢，采用特定的设备将一维条形码打印在耳标上，通过相应的条形码读取设备实现畜体个体的识别，在实践中取得了较好的效果。

2. 二维条形码

二维条形码（矩阵码）如图 13-3 所示，是一维条形码的改良版，它是由多行条形码组成的符号标识（一般为 3~90 行），携带的信息也增长了上百倍，能够将过去使用一维条形码时存储于后台数据库中的信息包含在条形码中，直接通过阅读条形码得到相应的信息；并且，二维条形码还有错误修正技术及防伪功能，增加了数据的安全性。二维条形码现已广泛应用于国防、公共安全、交通运输、医疗保健、工业、商业金融、政府管理等多个领域，如海关报关单、长途货运单、税务报表、保险登记表等，都应用二维条形码技术来解决数据输入及防伪、删改表格等操作。

图 13-3 二维条形码

一维条形码和二维条形码都是信息存储表示的载体。从应用角度讲，尽管在一些特定场合可以选择其中的一种来满足要求，但它们的应用环境和需求是不同的：一维条形码用于对物品进行标识，二维条形码用于对物品进行描述。

（二）无线射频识别技术

无线射频识别技术（radio frequency identification，RFID），简称电子标签或智能标签，是 20 世纪 90 年代兴起的一种自动识别技术，现已被广泛应用于供应链管理、医疗卫生、交通运输和军事安全等领域。RFID 技术的关键就是无线交换数据，这个交换数据过程需要两种设备来完成，一个能读/写射频数据的设备和与其配套、用于存储编写数据、含天线的芯片；数据能自动进行交换，不需要任何操作人员的参与便可启动 RFID 的数据读取程序（物品编码标识)。一个基本的RFID系统由电子标签、读写器、天线和后台主机系统组成。电子标签是RFID系统的数据载体，可存储识别对象的相关信息，具有可重复读/写、使用寿命长、不易仿制等特点。

与条形码相比，RFID无需直接接触、无需光学可视、无需人工干预即可进行高速读取或更新RFID标识资料，可以反复被覆盖，并且容量很大，操作方便、快捷。RFID有助于实现真正的数字化管理，在一些大型超市、汽车生产商、农场、医院和屠宰场都开始使用RFID技术。

将RFID应用于食品追溯体系，确保在食品生产、加工、流通等各环节进行高质量的食品信息及数据交流，对实施食品追溯和食品安全的透明化管理提供技术支持，对促进食品质量的提高，增加食品的国际竞争力，打破技术壁垒，扩大对外出口等都起到重要的推动作用。

1. RFID在食品追溯中的应用流程

食品追溯是RFID技术在食品行业中的主要应用领域。RFID系统可确保食品供应链的高质量数据交流，从而实现两个最重要的目标：一是彻底实施食品追溯方案；二是在食品供应链中提供完全透明度的能力。RFID系统可提供食品供应链中食品与来源之间的联系，确保食品来源的清晰，并可追溯到具体的动物或植物个体及农场，实现“从农田到餐桌”的质量监控和追溯。在实际操作中，要确保高质量的食品安全信息交流，彻底实现在食品供应链的生产、加工、流通等各环节100%的追踪及完全的透明度，就必须从食品生产的源头就开始应用RFID标签。RFID在食品追溯中的具体应用流程如下：

（1）在种植、养殖源头加入RFID标签，写入食品或原材料的基本信息，如产地、出产日期、储存方法及食用方法等。

（2）从原产地出来的原材料到达食品加工企业，由加工企业写入加工、包装等信息。

（3）由相关部门写入检验、检疫信息、仓储入库信息等。

（4）出库分销到地方代理机构，直到超市、餐饮、快餐以及饭店，写入各层信息，以实现追踪到食品供应链的最后环节。

（5）食品到达餐桌。

通过以上这些流程，可以实现在整个食品供应链中对食品质量安全的全程追溯。

2. RFID在食品追溯中的应用方法

将RFID应用于食品追溯系统，不仅可以全面监控种植/养殖的源头污染、生产加工过程中的安全影响因素及流通环节中的安全隐患，而且可以通过互联网实现准确实时的信息和数据传递，从而对可能出现的食品安全隐患进行快速高效的评估、科学的预警和深层次的分析，为消费者通过互联网查询所购买食品的完整信息，为进一步减少因信息不对称而造成的食品安全事件提供了条件。

在具体实施过程中，将RFID食品标签与食品追溯系统相结合，利用RFID的读写器将自动读取到的相关信息通过短信息方式传递给中间系统，进行数据的过滤和暂存并传递到后台系统，而后台系统则会记录进场交易的每件货品的来地、交易时间和食品安全检测结果。同时，消费者也可以通过电子质量安全条码扫描，查询到所购产品的各供应环节信息。

（三）DNA指纹技术

2003年，加拿大研究人员开发了一种DNA条码识别系统，因其具有快速、灵敏、廉价、可靠等优势，得到了快速的发展。作为一种生物溯源方法，其基本原理是DNA的遗传与变异，从分子方法到DNA条码，技术上并非完全创新。其标记方法主要有5种，分别为随机扩增

DNA 多态性（RAPD）、扩增片段长度多态性（AFLP）、限制性片段长度多态性（RFLP）、微卫星标记（SSR）和单核苷酸多态性（SNP），其中较简便的 SSR 和 SNP 技术应用较多。我国 DNA 条码技术起步较晚，现有研究主要应用于中药材等。作为一种新型追溯技术，DNA 条码技术远未达到大规模应用的水平。其有效性与可获得的参考序列密切相关，而现阶段的主要任务是建立健全 DNA 条码参考序列数据库，未来 DNA 条码技术有望在食品产地溯源领域发挥重要作用。

DNA 指纹技术在溯源应用中需要大量的前期工作，需要构建数据库作为后期鉴定的基础，这就意味着该技术较难在基层的实际应用中大面积推广，但由于其溯源具有足够的深度，成熟之后会有较大的应用价值。

（四）同位素指纹分析技术

同位素指纹分析的基本原理与依据是，生物体内稳定同位素因环境、土壤、气候、生物代谢类型等因素影响而发生的自然分馏效应。常用的同位素有碳、氢、氧、氮、硫、硼、锶和铅，主要分析步骤为：对来源不同的生物体内多种同位素及其比值进行分析，对配对样本进行 t 检验、单因素方差分析和聚类分析等，筛选出有效指标，建立数据库及判别模型，实现产地溯源。同位素指纹分析技术在葡萄酒、乳制品、谷物以及肉类等很多食品的溯源中普遍适用。该技术的优点是灵敏度高、准确性好，但依然有一些问题急需解决，例如，不同来源及种类食品的有效溯源指标依然还没确定，外界环境对同位素丰度的影响规律还不清晰以及仍没有全球范围内的同位素指纹溯源数据库建立等，对同位素溯源技术的推广应用造成不便。

四、食品安全追溯体系建设

食品安全追溯体系的设计原则应采用“向前一步，向后一步”的原则，即每个组织只需要向前追溯到产品的直接来源，向后追踪到产品的直接去向；要根据目标、实施成本和产品特征，要适度界定追溯单元、追溯范围和追溯信息。具体包括如下步骤：

1. 确定追溯单元

关于组织如何建立并融入可追溯体系，ISO 22005：2007、GB/Z 25008—2010《饲料和食品链的可追溯性　体系设计与实施指南》和国际物品编码协会（GS1）可追溯体系中都引入追溯单元（traceable unit）的概念。追溯单元是指需要对其来源、用途和位置的相关信息进行记录和追溯的单个产品或同一批次产品。该单元应可以被跟踪、回溯、召回或撤回。企业内部可追溯体系建立的基础与关键就是追溯单元的识别与控制。从追溯单元的定义来看，一个追溯单元在食品链内的移动过程同时伴随着与其相关的各种追溯信息的移动，这两个过程就形成了追溯单元的物流和信息流，组织可追溯体系的建立实质上就是将追溯单元的物流、信息流之间的关系找到并予以管理，实现物流和信息流的匹配。

当希望建立可追溯体系时，以下四个基本内容是不可避免的。一是确定追溯单元，追溯单元的确定是建立可追溯体系的基础；二是信息收集和记录，要求企业在食品生产和加工过程中详细记录产品的信息，建立产品信息数据库；三是环节的管理，对追溯单元在各个操作步骤的转化进行管理；四是供应链内沟通，追溯单元与其相对应的信息之间的联系。

由于各项基本内容围绕追溯单元展开，因此追溯单元的确定非常重要。组织应明确可追溯体系目标中的产品和（或）成分，对产品和批次进行定义，确定追溯单元并对追溯单元进行唯一标识。

每一个追溯单元在任一环节都可能包含以上一个或多个步骤。以水产品加工厂的原料接收环节为例，将接收到的某一批原料定义为一个追溯单元，那么原料从无到有的过程就是转化；在接收过程可能存在不合格的原料，这些不合格原料应该被排除出食品链，这个过程就是终止。食品追溯单元具体可分为：食品贸易单元、食品物流单元和食品装运单元，由存在于食品供应链中不同流通层级的追溯单元构成。

食品贸易单元根据销售形式不同，分为通过销售终端 POS（point of sale）销售和不通过 POS 销售的贸易单元。通过 POS 销售的贸易单元即零售贸易项目，见 GB 12904—2008《商品条码　零售商品编码与条码》。不通过 POS 销售的贸易单元即非零售贸易项目，见 GB/T 16830—2008《商品条码　储运包装商品编码与条码表示》。

食品物流单元是在食品供应链过程中为运输、仓储、配送等建立的包装单元，见 GB/T 18127—2009《商品条码　物流单元编码与条码表示》，如装有食品的一个托盘。食品物流单元由食品贸易单元构成。它可由同类食品贸易单元组合而成，也可由不同类食品贸易单元组合而成。

食品装运单元是装运级别的物理单元，由食品物流单元构成。如将 10 箱土豆和 8 箱西红柿装运在一个卡车上，该卡车即为一个装运单元。

2. 明确组织在食品链中的位置

食品供应链涉及食品的种养殖、生产、加工、包装、贮藏、运输、销售等环节。组织可通过识别上下游单位来确定其在食品链中的位置。通过分析食品供应链过程，各组织应对上一环节具有溯源功能，对下一环节具有追踪功能，即各追溯参与方应能对追溯单元的直接来源进行追溯，并能对追溯单元的直接接收方加以识别。各组织有责任对其输出的数据，以及其在食品供应链中上一环节和下一环节的位置信息进行维护和记录，同时确保追溯单元标识信息的真实唯一性。

3. 确定食品流向和追溯范围

组织应明确可追溯体系所覆盖的食品流向，以确保能够充分表达组织与上下游组织之间以及本组织内部操作流程之间的关系。食品流向包括：针对食品的外部过程和分包工作，原料、辅料和中间产品投入点；组织内部操作中所有步骤的顺序和相互关系；最终产品、中间产品和副产品放行点等。

组织依据追溯单元流动是否涉及不同组织，可将追溯范围划分为外部追溯和内部追溯，当追溯单元由一个组织转移到另一个组织时，涉及的追溯是外部追溯。一个组织在自身业务操作范围内对追溯单元进行追踪和（或）溯源的行为是内部追溯。

4. 确定追溯信息

组织应确定不同追溯范围内需要记录的追溯信息，以确保食品链的可追溯性。需要记录的信息包括：来自供应方的信息；产品加工过程的信息；向顾客和（或）供应方提供的信息。为方便和规范信息的记录和数据管理，宜将追溯信息划分为基本追溯信息和扩展追溯信息。

食品追溯体系的组织及位置信息主要包括追溯单元提供者信息、追溯单元接收者信息、追溯单元交货地信息及物理位置信息。

食品贸易单元基本追溯信息有：贸易项目编码；贸易项目系列号和（或）批次号；贸易项目生产日期/包装日期；贸易项目保质期/有效期。扩展追溯信息有：贸易项目数量；贸易项目重量。

对于由同类食品贸易单元组成的物流单元，其基本追溯信息有：物流单元编码；物流单元内贸易项目编码；物流单元内贸易项目的数量；物流单元内贸易项目批/次号。扩展追溯信息有：物流单元包装日期；物流单元重量信息；物流单元内贸易项目的重量信息。

对于由不同类食品贸易单元组成的物流单元，其基本追溯信息有：物流单元编码。扩展追溯信息有：物流单元包装日期；物流单元重量信息。

食品装运单元基本追溯信息包括：装运代码、装运单元内物流单元编码。

5. 确定标识和载体

对追溯单元及其必需信息的编码，建议优先采用国际或国内通用的或与其兼容的编码，如通用的国际物品编码体系，对追溯单元进行唯一标识，并将标识代码与其相关信息的记录一一对应。

食品追溯信息编码的对象包括食品链的组织、追溯单元及位置。食品链的组织为食品追溯单元提供者、食品追溯单元接收者；食品追溯单元即食品追溯对象；位置指与追溯相关的地理位置，如食品追溯单元交货地。

根据技术条件、追溯单元特性和实施成本等因素选择标识载体。追溯单元提供方与接收方之间应至少交换和记录各自系统内追溯单元的一个共用的标识，以确保食品追溯时信息交换保持通畅。载体可以是纸质文件、条码或 RFID 标签等。标识载体应保留在同一种追溯单元或其包装上的合适位置，直到其被消费或销毁为止。若标识载体无法直接附在追溯单元或其包装上，则至少应保持可以证明其标识信息的随附文件。应保证标识载体不对产品造成污染。

6. 确定记录信息和管理数据的要求

组织应规定数据格式，确保数据与标识的对应。在考虑技术条件、追溯单元特性和实施成本的前提下，确定记录信息的方式和频率，且保证记录信息清晰准确，易于识别和检索。数据的保存和管理，包括但不限于：规定数据的管理人员及其职责；规定数据的保存方式和期限；规定标识之间的关联方式；规定数据传递的方式；规定数据的检索规则；规定数据的安全保障措施。

7. 明确追溯执行流程

当有追溯要求时，应按如下顺序和途径进行。

（1）发起追溯请求　任何外部单位及食品生产企业内部生产环节均可发起追溯请求。

（2）响应　当追溯发起时，涉及的食品生产企业应将追溯单元和组织信息提交给予其相关的组织，以帮助实现追溯的顺利进行。追溯可沿食品链逐个环节进行。与追溯请求方有直接联系的上游和（或）下游单位响应追溯请求，查找追溯信息。若实现既定的追溯目标，追溯响应方将查找结果反馈给追溯请求方，并向下游单位发出通知；否则应继续向其上游和（或）下游单位发起追溯请求，直至查出结果为止。追溯也可在食品生产企业内各部门之间进行，追溯响应类似上述过程。

（3）采取措施　若发现安全或质量问题，食品生产企业应依据追溯界定的责任，在法律和商业要求的最短时间内采取适宜的行动。包括但不限于：快速召回或依照有关规定进行妥善处置；纠正或改进可追溯体系。

第二节　食品安全召回管理

一、概述

（一）食品召回的定义

食品召回是指食品的生产商、进口商或者经销商在获悉其生产、进口或经销的食品存在可能危及消费者健康安全的缺陷时，依法向政府部门报告，及时通知消费者，并从市场和消费者手中收回问题食品，予以更换、赔偿的过程，及时消除缺陷食品安全危害的活动。

食品召回的对象是不安全食品，指食品安全法律法规规定的禁止生产经营的食品和其他有证据证明可能危害人身体健康的食品，包括：

①已经诱发食品污染、食源性疾病或对人体健康造成危害甚至死亡的食品；

②可能引发食品污染、食源性疾病或对人体健康造成危害的食品；

③含有对特定人群可能引发健康危害的成分而在食品标签和说明书上未予以标识，或标识不全、不明确的食品；

④有关法律、法规规定的其他不安全食品。

食品召回是国际通行的有效的食品安全事后监管措施，目的是避免流入市场的不安全食品对消费者造成人身安全损害，维护消费者的利益，同时明确产品质量的责任主体，督促生产经营者提高食品质量水平。因此，实行食品召回制度有利于保护消费者的合法权益，使食品质量安全得到有效保障。

食品召回是食品质量管理体系的延伸，从生产经营者向消费者延伸，从食品生产经营者的正向服务向缺陷食品回收的逆向服务转移。食品召回是企业社会责任的体现，也是社会文明进步程度的象征。

（二）食品召回制度

食品召回制度与普通产品召回制度在有些方面存在着很多相同的地方，比如：首先，召回主体上都是广泛性的，在产品生产、销售或者流通的各个环节都有发生产品出现了缺陷的可能性，这样看来，其中各个阶段的参加者都可以成为缺陷产品的实施主体；其次，在召回原因上是特定的，进一步解释就是说，非常大范围的缺陷产品的出现是因为某批次的产品在起初设计与制造的问题引起的，在这种情况之下就需要运用召回制度了；再次，召回措施方面是多样的，企业可以通过退换货、赔款与销毁等多种措施处理；最后，召回的预防性，即预防食品安全事故的出现，防止在原来损害的基础上扩大，进而保护很多人的健康和安全。普通产品召回制度也有防止损害的发生或防止给消费者的财产或者人身安全引起更大危害的功能。

实施食品召回制度不仅可以及时回收缺陷食品，避免已经流入市场的缺陷食品进一步对消费者造成食品安全危害，以维护消费者的利益，而且可以督促生产经营者加强食品质量安全管理，提高食品质量安全水平，化解可能发生复杂的经济纠纷，降低可能发生的更大数额的赔偿。

1. 国外的食品召回制度

美国、欧盟、澳大利亚等国家和地区在 20 多年的食品安全保障实践过程中，食品安全管理体制得到了不断完善，食品召回制度已经成为处置食品安全事件的重要措施之一。

（1）美国　美国是世界上第一个确立了产品召回制度的国家。产品召回制度最初应用在汽车行业，其他产品召回制度都是以汽车召回制度为契机得以建立并发展以来的，这正是因为美国的汽车召回制度对瑕疵产品的监督起到了很好的示范作用，美国才由此拓宽了瑕疵产品的召回领域，将玩具、药品、化妆品等各式各样的可能严重侵害消费者人身权益的产品纳入到瑕疵产品的召回范围当中。美国食品召回的法律依据主要是《美国联邦法典》为核心，由《食品、药品以及化妆品法》《联邦肉类检验法》《禽类产品检验法》《消费者产品安全法》《食品安全强化法案》《食品安全现代化法案》以及《产品召回工业指南》等法案组成。美国的食品召回制度是在政府行政部门的主导下进行的，负责监管食品召回的部门是农业部食品安全检疫局（Food Safety and Inspection Service，FSIS）和食品药品监督管理局（Food and Drug Administration，FDA）。FSIS 主要负责监督肉、禽和蛋类产品的召回，FDA 主要负责 FSIS 管辖以外的食品，即肉、禽和蛋类制品以外食品的召回。虽然美国采用多部门监管的模式，但是就单一的产品种类来说，仍然属于单部门监管，即在整个食品链的某种产品是由单一部门监管的。

美国食品召回的分级是由 FSIS 和 FDA 对缺陷食品可能引起的损害进行分级，并以此为依据确定食品召回的级别。美国的食品召回有三级：第一级是最严重的，消费者食用了这类产品一定会危害身体健康甚至导致死亡；第二级是危害较轻的，消费者食用后可能不利于身体健康；第三级是一般不会有危害的，消费者食用这类食品不会引起任何不利于健康的后果，如贴错产品标签、产品标识有错误或未能充分反映产品内容等。

美国食品召回的程序一种是企业得知产品存在缺陷，主动从市场上召回食品；另一种是 FSIS 或 FDA 要求企业召回食品。无论哪一种情况，召回都是在 FSIS 或 FDA 的监督下进行的。召回程序遵循企业报告、FSIS 或 FDA 的评估、制定召回计划、实施召回计划的法律程序。

（2）欧盟　欧盟于 2001 年 1 月发表了《食品安全白皮书》，决定加强对食品“从农场到餐桌”的控制，提出了 80 多项保证食品安全的基本措施，以应对未来数年内可能遇到的问题。欧盟为统一并协调内部食品安全监管规则，陆续制定了《通用食品法》《食品卫生法》等 20 多部食品安全方面的法规，形成了完善的法律体系，使各国在实行食品召回时有法可依，能够理性、科学地处理风险，有效地预防事故的发生。

欧盟建立了食品和饲料快速警报系统（Rapid Alert System for Food and Feed，RASFF），主要是针对各成员国内部由于食品不符合安全要求或标示不准确等原因引起的风险和可能带来的问题及时通报各成员国，使消费者避开风险的一种安全保障系统。该套预警系统分为拒绝入境、预警通报、信息通报三种报警类型，其目的就在于能够为食品安全保障措施的信息交换提供有效且便利的工具，保护消费者免受食品消费中可能存在的风险或潜在风险的危害以及在欧盟成员国及欧盟委员会之间及时交流风险信息。欧盟成员国在充分利用该套系统的基础上，共享食品安全的相关信息，以便他们能够采取更为完备的有效措施。

（3）澳大利亚　澳大利亚负责监管食品召回的部门是澳大利亚新西兰食品标准局（Food Standards Australia New Zealand，FSANZ），该部门对食品召回做出的定义是：将对不被消费者接受的风险极高的食品从各个生产环节进行回收的一种行动。澳新食品标准局（FSANZ）对于澳大利亚的食品监管则采取在中央设立召回行动协调官负责相关的工作，在地方设立协调员负责相应的工作。其主要职能包括：制定食品生产、加工、标签和初级生产以及进入市场的标准；组织协调全国的食品召回、监管和执法；建立科学的风险评估和完善的食品曝光制度等。FSANZ 通过上述职能的履行来保证食品召回制度的顺利施行。在召回信息方面，澳大利亚的食品召回的实施者在各方面相互配合，各司其职，畅通信息交流，保障食品安全召回机制流畅运行。

食品召回行动由澳新食品标准局（FSANZ）实施，国家和各州的地方立法共同对食品安全的召回进行管理。主要依据的法律有：《澳大利亚、新西兰食品标准局（FSANZ）法案》《澳新食品标准法典》《澳大利亚、新西兰食品工业召回规范》和《贸易实践法案》。

澳大利亚食品召回的类型分为以下两种。

①贸易召回：指产品从分销中心和批发商那里召回，也可以从医院、餐馆和其他主要公共饮食业，或者产品是作为制造直接食用食品的原料或半成品。

②消费者召回：指涉及生产流通、消费所有环节的召回，包括从批发商零售商甚至是消费者手中召回任何受到影响的产品，是最广泛类型的召回。不同水平的食品召回，其召回法则也不相同。例如，贸易召回只要求通知相关媒体，而消费者召回除了要通知媒体，还要通知公众。

（4）加拿大　加拿大在 1997 年通过了《加拿大食品检验署法》及有关行政处罚条例，启动食品召回程序。加拿大负责食品召回的监管机构是食品检验局（CFIA），是加拿大的食品安全监督领域唯一的执法机构，由设在食品检验局的食品安全召回办公室（OFSR）负责制定相应政策以规制食品召回问题、调查处理食品安全有关事件以及问题食品的召回。

加拿大在分析、检测食品对人体健康造成损害程度不同的基础上，将食品召回级别分为三级，一级召回通常适用于极有可能引起人体严重健康损害甚至死亡的食品安全问题，是最为严重的一类召回，一般有关部门会向消费者发布警报；二级召回则明确对食用后可能导致暂时性或可逆性的人身健康威胁的食品进行适用，这种情况下引发严重损害的可能性相对较小，此时相应行政部门会具体情况具体分析，自主决定是否采取对消费者发布警告方式降低风险；三级召回则排除对人体健康造成严重威胁的食品适用，其主要针对食品标签错误等问题，相对于前两种召回方式是程度最小的一类召回，而此时有关部门一般不会采取警告方式。

在加拿大食品安全法律制度中的食品召回方式分为两种。首先是主动召回，它是指未经过食品检验署的指令，食品生产者主动召回自己生产的食品；其次是强制召回，其是根据《食品检验署条例》的规定，由食品检验署以行政强制手段命令食品生产者对问题食品进行召回。

（5）日本　日本在食品召回方面制度较为完善，虽然没有针对食品召回进行专门性的立法，但日本将食品召回视为整体行政召回体系中的一个分支部分。日本在此方面的代表性法律是《食品安全基本法》和《食品卫生法》。另外，日本也通过出台有关规章对食品召回问题特别是召回的执行进行了规定。这些立法弥补了食品召回专门立法的缺失，为食品召回提供了良好的执行环境。

日本的食品安全召回主体较为明确。食品安全委员会是主要进行食品召回的机构，这个机构的工作职责主要在于评议食品是否安全以及安全程度，还负责协调其他有关部门共同开展工作。日本的食品召回也和很多国家类似，分为强制性召回和自愿性召回。其中，强制性召回属于国家行使行政权力，但自愿性召回与其不同，是每个市场主体自由选择的自主权利。

2. 我国食品的召回制度

为了加强食品生产经营管理，减少和避免不安全食品的危害，保障公众身体健康和生命安全，《食品安全法》明确提出“国家建立食品召回制度”，自此我国将食品召回制度上纳入国家法律体系。《食品安全法》的出台，不仅对食品安全风险监测评估、食品危害调查、食品安全标准等方面进行了相应的补充和完善，还设立了食品安全委员会作为议事协调机构，统筹食品召回的协调工作，从而确保召回工作的及时性。

2007年国家质量监督检验检疫总局正式颁布了《食品召回管理规定》，包括了对不安全食品的规定，食品安全危害性评估的调查步骤以及召回活动的实施程序等内容。此规定直接推动了食品召回制度在国内食品市场的规范运行，进一步完善了中国的食品安全监管体系，有效降低了食品安全危害的发生。2015年国家食品药品监督管理总局局务会议审议通过，自9月1日起施行的《食品召回管理办法》。2020年10月20日经国家市场监督管理总局局务会议审议通过《食品召回管理办法》(修订版)。

这些法律、规章就食品召回流程、召回以后如何处置、如何实现监督管理，以及最后的法律制裁手段等做了明确性的规定。

二、食品召回制度

（一）食品召回的适用情形

食品召回的适用情形在不同的国家有不同的规定。从保护消费者健康安全以及适应国际食品贸易发展的需求方面看，有以下情形之一的，食品生产经营者应当及时实施食品召回：

（1）微生物污染　产品由于腐烂变质或遭受致病菌污染导致对消费者造成身体损害。

（2）化学性污染　食品被有毒、有害的化学物质污染。

（3）异物　产品在生产过程中混进异物（如玻璃碴或金属物质等）。

（4）包装缺陷　产品由于包装不严，有裂隙等情形。

（5）非法使用杀虫剂或者有毒、有害农药残留　错误使用杀虫剂、农药引起的产品农药残留超标。

（6）产品成分过失　产品成分中含有未标明成分（也可能是一种过敏性物质）或者产品中某种成分达不到相应的标准。

（7）操作人员患有不宜从事食品加工的疾病　有些操作人员由于自身带有致病菌而在生产过程中污染产品。

（8）人为破坏　产品在生产过程中由于操作人员人为进行破坏，如加入有毒、有害物质或加入异物等，或者在运输和经销过程中受到人为破坏，导致产品缺陷。

（9）尚未证实的投诉或举报　公司有时可能会接到一些举报、威胁，被告知其产品中掺有某种有毒、有害物质，这些投诉或举报有可能是真实的，也有可能是恶意的。

（10）标签问题　产品标签不实，或与其产品本身有不符之处，或其标签有未尽之处等问题。

（11）其他应当召回食品的情形。

（二）食品召回的等级

我国《食品召回管理办法》第十三条规定，根据食品安全风险的严重和紧急程度，食品召回分为三级：

一级召回：食用后已经或者可能导致严重健康损害甚至死亡的，食品生产者应当在知悉食品安全风险后24h内启动召回，并向县级以上地方市场监督管理部门报告召回计划。

二级召回：食用后已经或者可能导致一般健康损害，食品生产者应当在知悉食品安全风险后48h内启动召回，并向县级以上地方市场监督管理部门报告召回计划。

三级召回：标签、标识存在虚假标注的食品，食品生产者应当在知悉食品安全风险后72h内启动召回，并向县级以上地方市场监督管理部门报告召回计划。标签、标识存在瑕疵，食用后不会造成健康损害的食品，食品生产者应当改正，可以自愿召回。

（三）食品召回的形式

1. 公开召回与沉默召回

（1）公开召回（public recall） 是指通过新闻媒体向社会公开召回的信息，从市场和消费者手中全面召回不安全的食品。

（2）沉默召回（silent recall） 是指通过非公开的途径，从配送、批发、零售等环节召回有缺陷的食品。

2. 贸易召回与消费者召回

（1）贸易召回（trade recall） 是指从市场上，包括配送中心、批发、餐馆等环节召回食品。

（2）消费者召回（consumer recall） 是指从市场上和消费者手中召回食品。这是一种广泛的食品召回形式。

3. 批发召回与零售召回

（1）批发召回（wholesale recall） 是指从批发、配送中心和进口商等环节召回食品。

（2）零售召回（retail recall） 是指从超市、餐馆及直销店召回食品。

三、食品召回体系

全面构建食品召回体系，必须明确食品召回的主体及其职责、食品召回的具体程序以及食品召回体系顺利实施的保障。

（一）食品召回的主体

食品召回的主体是指进行食品召回时参与其中的组织以及成员。从我国《食品安全法》和《食品召回管理办法》的规定来看，我国食品召回的主体分为两种，一是食品召回的实施主体即食品生产者或经营者，二是食品召回的监管主体即国家市场监督管理总局和县级以上地方市场监督管理部门。

目前，在中国关于食品主动召回的实施主体，分为食品生产者召回和食品经营者召回。

1. 食品生产者召回

食品生产者发现其生产的食品不符合食品安全标准或者有证据证明可能危害人体健康的，应当立即停止生产，召回已经上市销售的食品，通知相关生产经营者和消费者，并记录召回和通知情况。

2. 食品经营者召回

食品经营者发现其经营的食品不符合食品安全标准或者有证据证明可能危害人体健康的，应当立即停止经营，通知相关生产经营者和消费者，以便及时采取补救措施避免危害进一步扩大，并记录停止经营和通知情况。食品生产者接到经营者的通知后，认为应当召回的，应当立即召回。由于食品经营者的原因，如贮存不当，造成其经营的食品有不符合食品安全标准或者有证据证明可能危害人体健康的，应当由食品经营者，而非生产者进行召回。

除了食品生产者和经营者以外，市场监督管理部门也是食品召回工作中十分重要的主体。县级以上地方市场监督管理部门发现食品生产经营者生产经营的食品不符合食品安全标准或者有证据证明可能危害人体健康，但未依照规定召回或者停止经营的，可以责令其召回或者停止经营。食品生产经营者在接到责令召回的通知后，应当立即停止生产或者经营，按照规定的程序召回不符合食品安全标准的食品，进行相应的处理，并将食品召回和处理情况向所在县级以上地方市场监督管理部门报告。

《食品召回管理办法》第四条规定，国家市场监督管理总局负责指导全国不安全食品停止生产经营、召回和处置的监督管理工作。县级以上地方市场监督管理部门负责本行政区域的不安全食品停止生产经营、召回和处置的监督管理工作。

由此可见，市场监督管理部门也是食品召回的主体之一。但与食品生产者和经营者不同，市场监督管理部门并不是食品召回义务的履行主体，其仅是督促食品生产者和经营者及时召回问题食品。

（二）食品召回的程序

规范的食品召回程序是食品召回体系的重要组成部分，也是保证食品召回制度有效实施的重要基础。我国的食品召回程序主要包括制订食品召回计划、启动食品召回、实施食品召回和食品召回总结评价 4 个环节。

1. 制订食品召回计划

食品召回计划应当包括下列内容：

（1）食品生产者的名称、住所、法定代表人、具体负责人、联系方式等基本情况。

（2）食品名称、商标、规格、生产日期、批次、数量以及召回的区域范围。

（3）召回原因及危害后果。

（4）召回等级、流程及时限。

（5）召回通知或者公告的内容及发布方式。

（6）相关食品生产经营者的义务和责任。

（7）召回食品的处置措施、费用承担情况。

（8）召回的预期效果。

2. 启动食品召回

食品生产者是食品召回的第一责任者，负责启动食品召回行动。在启动食品召回程序中应做好以下工作：

（1）企业负责人召开食品召回会议并审查有关资料。

（2）确认食品召回的必要性。首先进行食品安全风险评估，如需召回相关产品，则确定召回的具体方法。

（3）向当地食品召回协调组织报告。

3. 实施食品召回

根据食品安全风险评估，不符合食品安全标准的食品的级别不同，食品召回的级别不同，召回的范围、规模也不同。要根据发现不符合食品安全标准的食品的环节来确定食品召回层次。若不符合食品安全标准的食品在批发、零售环节发现但尚未对消费者销售的，可在商业环节内部召回。当不符合食品安全标准的食品在消费者购买后发现，则应在消费层召回。不符合食品安全标准的食品发现后，食品生产者一方面应立即停止不符合食品安全标准的食品的生产、销售，并通知经营者从货柜上撤下，单独保管，等待处置；另一方面应通知新闻媒体和在店堂发布经过食品安全监督管理部门审查的、详细的食品召回公告，尽快从消费者手中召回不符合食品安全标准的食品，并采取补救措施或销毁或更换，同时对消费者进行补偿。

4. 食品召回总结评价

食品召回工作完成后，食品生产企业要做总结评价，包括：

（1）编写食品召回进展报告，说明召回工作进度。

（2）审查食品召回的执行程度，如召回计划、召回体系、实施情况、效果分析和人员培训等。

（3）向食品安全监督管理部门提交总结报告。

（4）提出保证食品质量安全，防止再次生产、经营不符合食品安全标准的食品的措施。

（三）召回后的处理

不是所有的召回食品都需要就地销毁，一般情况下，召回的食品不符合食品安全标准或者可能存在食品安全隐患，食品生产经营者应当对召回的食品采取无害化处理、销毁等措施，防止其再次流入市场。但是，对因标签、标志或者说明书不符合食品安全标准而被召回的食品，食品生产者在采取补救措施且能保证食品安全的情况下可以继续销售，但销售时应当向消费者明示补救措施。

（四）召回情况报告

食品生产经营者应当将食品召回和处理情况向所在地县级市场监督管理部门报告；需要对召回的食品进行无害化处理销毁的，应当提前报告时间、地点。市场监督管理部门认为必要的，可以进行无害化处理或者销毁现场进行监督，以确保存在安全隐患的被召回食品不会再次流入市场。

（五）食品召回体系实施的保障

食品召回体系是一个涉及多个利益主体，并且涵盖多个管理环节的复杂系统，科学的食品召回体系是实施食品召回制度的重要基础。美国等国家和地区在多年的实践中已经建立了完善的食品召回体系，并在维护食品市场经济秩序、保护消费者合法权益中发挥着积极作用。如果要形成一套科学完整的食品召回体系，不仅需要法律保障和技术支持，而且离不开信息技术的支持。因此，保障食品召回体系顺利实施的要素包括：

1. 完善国家食品召回法律法规

完善的法律法规是食品召回体系顺利实施的重要保障。除了建立国家食品召回法律法规，各地应制定适合本地区的可操作性强的地方法规。另外，根据食品召回的关键环节、关键领域以及某一类高风险食品（如肉类、水产等）的安全需要，制定专门的法律或细则。《食品安全法》的实施，有助于建立健全一个完善的国家食品召回法律法规体系，建立一个合理、有效的食品召回管理机构。

2. 加强食品安全标准、食品安全检测和食品安全风险评估技术的研究

食品安全标准、食品安全检测技术和食品安全风险评估技术是实施食品召回的技术保障。食品安全标准是辨识食品风险的基础，食品安全检测技术是确定食品危害程度以及是否需要召回的有力武器，而食品安全风险评估技术是对不安全食品进行分级的主要手段。因此，要建立

健全食品召回体系，必须加强食品安全标准、食品安全检测和食品安全风险评估的研究和应用。

食品召回安全标准作为一条重要的准则，它是生产经营者在市场经济活动中必须遵守的规则。在发生食品安全问题时，如何判定食品是不是达到健康标准的、该食品是不是会对人体造成危害以及是否要开展召回工作，以上这些内容都需要食品安全标准作为衡量的标准从而得出具体的结果。由此可以看出，标准也是我国监督管理部门进行召回管理的参照标准。

3. 完善食品溯源系统

良好的食品溯源系统是实施食品召回的关键所在。不符合食品安全标准的食品难以溯源在客观上制约和阻碍了食品召回的有效实施。随着信息技术的发展，条形码、RFID 等溯源关键技术可以对食品原料的生产、加工、储藏及零售等食品供应链环节的管理对象进行标识，并借助计算机信息系统进行管理。一旦出现食品安全问题，就可以通过这些标识和记录，对具体实体的历史、应用或位置进行溯源，准确地缩小食品安全问题的查找范围，查出问题出现的环节，追溯到食品的源头。可见，食品溯源技术能够在很大程度上提高不符合食品安全标准的食品的回收效率，为食品召回提供坚强的技术支持。因此，应面向整个食品供应链，广泛研究和应用食品溯源关键技术，逐步建立和完善食品溯源系统，实行“从农田到餐桌”的全程动态监控。

4. 建立食品召回信息系统

食品召回信息系统的建立，不仅可以让消费者及时、便捷地获取食品安全信息，而且能够使公众拥有完全充分的信息来权衡风险进行科学决策。更重要的是食品召回信息系统为政府职能部门、食品供应链成员和消费者提供了一个良好的信息沟通平台，实现召回信息的及时传达、精确发送、畅通传递、透明公开，从而拓宽召回各方的沟通渠道，提升召回决策的科学性，加强召回实施的管理监控，并能充分发挥政府的外在约束、食品供应链成员的决定因素、消费者的社会监督作用，提高食品召回的有效性和及时性。由此可见，建立食品召回信息系统是确保及时、高效地收集可靠信息并采取正确的食品召回行动的有力举措。

在食品召回体系实施的保障因素中，除了法律、技术、信息等重要因素之外，还有专业人才和资金等保障因素，这些因素都会影响食品召回体系的正常运行和顺利实施。

（六）食品召回制度存在的意义

食品召回制度为不安全食品的召回活动提供了制度保障。实施食品召回是加强生产加工后续监管的一种有效措施。食品召回制度与食品质量安全市场准入制度相互配合，对于进一步强化食品生产监管，有效应对食品安全突发事件具有非常重要的作用。

思考题

1. 食品追溯包含哪方面的功能？
2. 为什么要开展食品安全追溯？
3. 食品安全追溯与召回的关系是什么？
4. 浅谈如何有效实施食品安全追溯。

第十四章

CHAPTER 14

食品安全行政处罚与违法行为法律责任

《食品安全法》《食品安全法实施条例》为行政处罚与违法行为规定了明确的法律依据，同时《中华人民共和国行政处罚法》规范行政处罚的设定和实施，成为保障和监督行政机关有效实施的行政管理法律。食品安全事关人民群众的身体健康和生命安全，是国家社会稳定和经济发展的重要基础。这些法律法规明确了食品安全违法行为的法律责任，为行政机关实施食品安全监管提供了法律依据。

《食品安全法》是规范食品生产经营活动及其监督管理的基本法律，《中华人民共和国行政处罚法》（以下简称《行政处罚法》）是规范行政处罚的种类、设定及实施的基本法律。各级监督管理部门在食品安全具体执法实践中，应当综合运用《食品安全法》和《行政处罚法》的相关规定，切实做到处罚法定、过罚相当、处罚与教育相结合。

第一节　食品安全行政处罚概述

食品安全行政处罚是指为了维护社会和公民的健康，保护社会公民、法人或其他团体和组织的安全与权益，食品安全行政监督主体依法应当对相关人违背食品安全的行政法律和规范、尚未形成犯罪的食品安全行为而进行惩戒或者严厉制裁。行政处罚是加强食品安全管理和监督工作的重点。

一、行政处罚的特征和原则

行政处罚应当具有以下的特征：①执行行政处罚的监督主体是一个具有法定职权的执行者；②食品安全行政执法的对象必须是严重违背国家食品安全行业法律和规范的管理相对者；③食品安全行政处罚的基本条件是管理相对者在执行过程中实施违反国家食品安全的法律和规范而未构成犯罪的活动；④行政性惩戒的目标就是进行行政性的惩戒和制裁。

行政处罚必须遵循以下原则：①处罚法定原则；②处罚公正、公开原则；③处罚与教育相结合原则；④作出罚款决定的机构与收缴罚款的机构相分离的原则；⑤一事不再罚原则；⑥处罚救济原则。

食品安全监督主体在受理、处罚相对人违反法律规范的行为时，应遵循行政处罚的管辖（地域管辖、级别管辖、指定管辖、移送管辖、涉嫌犯罪案件的移送），即应由哪一级、哪一个区域的食品安全监督主体处罚。

二、食品安全行政处罚的依据

行政法律责任是由于行政法主体（包括行政管理主体和行政管理相对人）侵犯行政法权利或者违反行政法义务而引起的、由国家行政机关或者人民法院认定并归结于行政法律关系的有责主体的、带有直接强制性的义务。在食品安全领域，行政法律责任以其行为目的的惩戒性，行为违法的确定性以及适用主体的行政特性，成为承担食品安全法律责任中最为常见的类别。

对行政处罚有管辖权的部门是违法行为发生地的县级、设区的市级市场监督管理部门。行政处罚在实体法律依据上，主要是全国人大常委会出台的《食品安全法》、国务院颁布的行政法规如《中华人民共和国食品安全法实施条例》、食品安全监管部门制定的部门规章如《食品经营许可管理办法》以及各类食品安全标准。其次是省、自治区、直辖市人民政府制定的食品安全条例等食品安全地方性法规；在执法程序上，法律依据主要是《中华人民共和国行政处罚法》《中华人民共和国行政强制法》，其次是部门规章例如国家市场监督管理总局令第 2 号《市场监督管理行政处罚程序暂行规定》以及地方人民政府制定的行政处罚相关规定。在食品安全领域，行政处罚的种类包括警告、罚款、没收违法所得、没收非法财物、责令停产停业、暂扣或吊销许可证、暂扣或吊销执照以及法律法规规定的其他行政处罚方式等。

三、食品安全行政处罚的适用

食品安全行政处罚的适用是指食品安全行政法规规定的行政处罚的具体运用，即食品安全监管主体在认定相对人食品安全行政处罚行为的基础上，依法决定对相对人是否给予食品安全行政处罚和如何给予食品安全行政处罚的活动。该活动将结合食品安全法律法规相关的食品安全行政处罚的原则，形式和特定方法应用于食品安全行政法律案件。

适用食品安全行政处罚，必须符合下列条件：①以食品安全行政违法行为的实际存在为前提；②以《行政处罚法》和相应的食品安全法律规范为依据；③由享有该项食品安全行政处罚的食品安全监督主体实施；④所适用的对象必须是违反食品安全行政法律规范并已达到法定责任年龄和有责任能力的公民、法人或者其他组织；⑤适用食品安全行政处罚必须遵守时效的规定。

食品安全行政处罚适用的方法有：不予处罚或免予处罚、从轻或减轻处罚、从重处罚、行政处罚与刑事处罚竞合适用。

四、食品安全行政处罚的种类和形式

根据《食品安全法》的规定，食品安全监管部门或机关可对违反食品安全法律规范的食品生产经营者追究以下行政法律责任：①给予警告；②责令改正、责令停产停业；③处以罚款；④没收违法所得；⑤没收违法生产经营的食品、食品添加剂和用于违法生产经营的工具、设备原料等物品；⑥吊销许可证。被吊销食品生产、流通或者餐饮服务许可证的单位，其直接负责的主管人员自处罚决定作出之日起五年内不得从事食品生产经营管理工作。

第二节　食品安全行政处罚程序

行政处罚的执行程序在依法执行行政监督处罚过程中一直以来占有着一个极为重要的主导作用和重要地位，它也就是对保证行政处罚机构工作人员能够完全得以正确依法执行的一个重要根本保证，使得行政监督机构人员能够正确地完全行使依法执行和监督处罚的司法职权，保护当前我国广大公民、法人和其他社会团体的一切合法权益，维护当前我国的社会公共利益与经济社会秩序。

一、行政处罚的简易程序

简易程序行政处罚适用于违法事实清楚、证据确凿并符合以下情形之一的，可采取简易程序，当场作出行政处罚决定。简易程序行政处罚的要件主要包含四点：①违法事实确凿。行政相对人确有违法事实，且执法人员取得的证据能够确实清楚、充分证明相对人具有违法行为；②有法定依据。有现行法律、法规、规章条款作为行政处罚的依据；③规定的量罚种类和幅度。量罚种类通常包括经济罚或申诫罚。经济罚的处罚幅度为，对公民处以五十元以下罚款，对法人或者其他组织处以一千元以下罚款；申诫罚的处罚方式为警告；④处罚的及时性。执法人员当场作出行政处罚决定。

简易程序的具体内容包括：①表明身份；②说明理由和依据；③告知当事人依法享有的权利；④制作当场行政处罚决定书；⑤交付与告知；⑥行政处罚备案，即监督管理人员当场对其作出的行政惩戒或者撤销判罚的决定，应当于 7 日内向其所属的行政机关进行备案。

简易程序行政处罚的本质特征：简易程序行政处罚是指行政执法机关针对违法事实清楚、证据确凿、情节简单、因果关系明确的，违反行政法律、法规、规章的行为，依照法律规定，当场作出处罚决定的法律活动。其相较于一般程序行政处罚而言简便易行，且是一种完整而独立的程序，不需要经过受理、立案、调查取证、合议、裁决、执行等必经环节。

一般程序行政处罚决定，有可能是在确定违法的前提下，法定不处罚、依法酌定不处罚、警告或幅度很小的经济罚。因此，量罚的幅度和种类，不是一般程序和简易程序行政处罚的区别性标志。

简易程序不需要经过受理、立案、调查取证、合议、裁决、执行等必经环节。执法人当场作出行政处罚决定，当场制作行政处罚决定书，当场向行政相对人交付行政处罚决定书。简易程序与一般程序行政处罚有本质区别。当事人对当场作出的行政处罚决定不服的，可以依法申请行政复议或者提起行政诉讼。

二、行政处罚的一般程序

一般程序或者普通程序是指行政机构实施其他相关行政处罚的基础性程序，行政机构和主体在其他情况下实施行政处罚的过程中，除了对于法律、法规没有特殊的规定或者依法允许的可以采用简易程序的刑事案件外，实施其他相关行政处罚的方式也应当遵循普通程序。一般的程序为受理、立案、调查取证、合议、告知、陈述申辩、作出行政处罚决定等步骤，见

图 14-1。

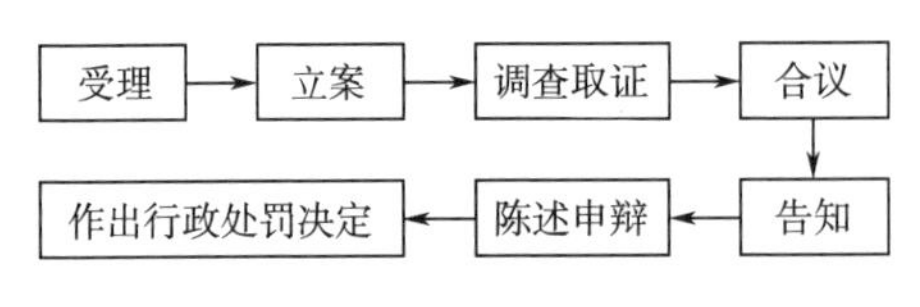

图 14-1 行政处罚的一般程序流程图

1. 受理

行政机关对下列案件应当及时受理并做好记录：①在监督管理中发现的；②检测机构报告的；③社会举报的；④上级行政机关交办、下级行政机关报请的或者有关部门移送的。

2. 立案

立案是指行政机关对于公民、法人或者其他组织的检举、控告或者本机关在执法检查过程中发现的违法行为或有重大嫌疑问题，认为需要进一步调查而决定专项查处的活动。立案是行政处罚程序的开始。监督机构受理的案件符合下列条件的，应当在 7 日内立案：①有明确的违法行为人或者危害后果；②有来源可靠的事实依据；③属于行政处罚的范围；④属于本机关管辖，违法行为在 2 年内发生。

对决策立案的单位应当制作立案报告，有相关部门领导审核同意，并在决策中确定了立案的日期及 2 名以上的监管部门工作人员担任主要承办机构。有下列各种情形之一的，监管人员应当自行予以回避：监管人员特别是对于案件中被受害人当事人的最近亲属或者被监管人员与受害人案件或者受害人之间存在利害关系，并且有可能直接影响到受害人案件的公正审理。

3. 调查取证

调查取证是指通过调查询问相关当事人，调取与之相关的资料、现场检查、抽样检验、证据的先行注销以及保存等手段获取的图纸、物证、当事人的证言、当事人的陈述、视听信息资料认证结果、勘验笔录或现场笔录等相关证据对于依法予以行政处罚的一种违法犯罪行为，监督部门应当通过调查取证，查明相关违法事实。该案的调查取证，必须要求有 2 名以上的监督工作人员到场，并且要出示与此相关的证件。对涉嫌泄露国家机密、商务秘密和任何个人隐私的，应当严格保守。在调查工作终结后，承办人还是应该向他们写入一份调查报告。它的内容应该是包含了案由、事件、违法的事实、违背了法律、规章或者相关的具体条款等。

4. 合议

调查终结后，监督机构应当对违法行为的事实、性质、情节以及社会危害程度进行合议并做好记录。合议应由 3 人以上（单数）人数参加，应当根据认定的违法事实依照有关卫生法律、法规和规章的规定分别提出处理意见：①确有其他地方应当接受行政处罚的环境污染违法行为的，依法向其他地方政府部门提出了行政处罚的建议；②对违法行为轻微的，依法向国务院提出撤销或者不予执法行政处罚的建议；③违法的事实不能确立的，依法向其提出撤销或者不予执行行政处罚的建议；④违法行为不符合本机关所在地区的行政管辖范围的，应当向具有行政管辖权的机关撤销或者处理；⑤因违法行为构成犯罪而被追究刑事责任的，应当向其移送司法部门。

合议中有争议的，应根据少数服从多数的原则确定最终意见，而少数不同意见也应并写入合议记录中。对于经合议决定要移送或不处罚的案件，应制作结案报告，并经负责人批准后结案。

5. 告知

告知合议后拟对当事人进行行政处罚的，应制作《行政处罚事先告知书》，并送达当事人；如拟作出的是吊销许可证、责令停产停业、较大数额罚款的处罚，则应制作《行政处罚听证告知书》。

告知的方式有口头和书面两种。一般在处罚决定书申明确告知相对人应该享有的申请行政复议、提起行政诉讼的权利及时效。如果处罚决定书中没有诉讼权的内容，应当遵守口头告知的程序。

6. 陈述申辩

当事人接到行政处罚事先告知书后，可进行陈述和申辩，此时应制作《陈述申辩笔录》。当事人提出新的证据或理由的，应进行复核，如成立的，应当采纳；不得因当事人申辩而加重处罚。

7. 作出行政处罚决定

对当事人违法事实已查清，依法应予以行政处罚的，应起草行政处罚决定书文稿，报以行政机关负责人审批。从立案到作出处罚决定的时间应在3个月内，如因特殊原因需延长的，应当报请上级行政机关批准。

第三节　食品安全违法行为的法律责任

一、未经许可从事食品生产经营活动的法律责任

《食品安全法》第一百二十二条规定，未取得食品生产经营许可从事食品生产经营活动，或者未取得食品添加剂生产许可从事食品添加剂生产活动的，由县级以上人民政府市场监督管理部门没收违法所得和违法生产经营的食品、食品添加剂以及用于违法生产经营的工具、设备、原料等物品；违法生产经营的食品、食品添加剂货值金额不足一万元的，并处五万元以上十万元以下罚款；货值金额一万元以上的，并处货值金额十倍以上二十倍以下罚款。

明知从事前款规定的违法行为，仍为其提供生产经营场所或者其他条件的，由县级以上人民政府食品药品监督管理部门责令停止违法行为，没收违法所得，并处五万元以上十万元以下罚款；使消费者的合法权益受到损害的，应当与食品、食品添加剂生产经营者承担连带责任。

二、八类最严重违法生产经营行为的法律责任

《食品安全法》第一百二十三条规定，有下列情形之一，尚不构成犯罪的，由县级以上人民政府市场监督管理部门没收违法所得和违法生产经营的食品，并可以没收用于违法生产经营的工具、设备、原料等物品；违法生产经营的食品货值金额不足一万元的，并处十万元以上十五万元以下罚款；货值金额一万元以上的，并处货值金额十五倍以上三十倍以下罚款；情节严重的，吊销许可证，并可以由公安机关对其直接负责的主管人员和其他直接责任人员处五日以上十五日以下拘留。

(1) 用非食品原料生产食品、在食品中添加食品添加剂以外的化学物质和其他可危害人体健康的物质，或者用回收食品作为原料生产食品，或者经营上述食品；

(2) 生产经营营养成分不符合食品安全标准的专供婴幼儿和其他特定人群的主辅食品；

(3) 经营病死、毒死或者死因不明的禽、畜、兽、水产动物肉类，或者生产经营其制品；

(4) 经营未按规定进行检疫或者检疫不合格的肉类，或者生产经营未经检验或者检验不合格的肉类制品；

(5) 生产经营国家为防病等特殊需要明令禁止生产经营的食品；

(6) 生产经营添加药品的食品；

(7) 明知从事前款规定的违法行为，仍为其提供生产经营场所或者其他条件的，由县级以上人民政府食品药品监督管理部门责令停止违法行为，没收违法所得，并处十万元以上二十万元以下罚款；使消费者的合法权益受到损害的，应当与食品生产经营者承担连带责任；

(8) 违法使用剧毒、高毒农药的，除依照有关法律、法规规定给予处罚外，可以由公安机关依照第一款规定给予拘留。

三、网络食品交易违法行为的法律责任

《食品安全法》第一百三十一条规定，网络食品交易第三方平台提供者未对入网食品经营者进行实名登记、审查许可证，或者未履行报告、停止提供网络交易平台服务等义务的，由县级以上人民政府食品药品监督管理部门责令改正，没收违法所得，并处五万元以上二十万元以下罚款；造成严重后果的，责令停业，直至由原发证部门吊销许可证；使消费者的合法权益受到损害的，应当与食品经营者承担连带责任。

消费者通过网络食品交易第三方平台购买食品，其合法权益受到损害的，可以向入网食品经营者或者食品生产者要求赔偿。网络食品交易第三方平台提供者不能提供入网食品经营者的真实名称、地址和有效联系方式的，由网络食品交易第三方平台提供者赔偿。网络食品交易第三方平台提供者赔偿后，有权向入网食品经营者或者食品生产者追偿。网络食品交易第三方平台提供者作出更有利于消费者承诺的，应当履行其承诺。

四、其他违法行为的法律责任

（一）食品检验机构、食品检验人员出具虚假检验报告

《食品安全法》第一百三十八条规定，食品检验机构、食品检验人员出具虚假检验报告的，由授予其资质的主管部门或者机构撤销该食品检验机构的检验资质，没收所收取的检验费用，并处检验费用五倍以上十倍以下罚款，检验费用不足一万元的，并处五万元以上十万元以下罚款；依法对食品检验机构直接负责的主管人员和食品检验人员给予撤职或者开除处分；导致发生重大食品安全事故的，对直接负责的主管人员和食品检验人员给予开除处分。

受到开除处分的食品检验机构人员，自处分决定作出之日起十年内不得从事食品检验工作；因食品安全违法行为受到刑事处罚或者因出具虚假检验报告导致发生重大食品安全事故受到开除处分的食品检验机构人员，终身不得从事食品检验工作。食品检验机构聘用不得从事食品检验工作的人员的，由授予其资质的主管部门或者机构撤销该食品检验机构的检验资质。

食品检验机构出具虚假检验报告，使消费者的合法权益受到损害的，应当与食品生产经营者承担连带责任。

（二）虚假广告宣传

《食品安全法》第一百四十条规定，广告中对食品作虚假宣传，欺骗消费者，或者发布未取得批准文件、广告内容与批准文件不一致的保健食品广告的，依照《中华人民共和国广告法》的规定给予处罚。

广告经营者、发布者设计、制作、发布虚假食品广告，使消费者的合法权益受到损害的，应当与食品生产经营者承担连带责任。

社会团体或者其他组织、个人在虚假广告或者其他虚假宣传中向消费者推荐食品，使消费者的合法权益受到损害的，应当与食品生产经营者承担连带责任。

对食品作虚假宣传且情节严重的，由省级以上人民政府市场监督管理部门决定暂停销售该食品，并向社会公布；仍然销售该食品的，由县级以上人民政府市场监督管理部门没收违法所得和违法销售的食品，并处两万元以上五万元以下罚款。

（三）编造、散布虚假食品安全信息

《食品安全法》第一百四十一条规定，编造、散布虚假食品安全信息，构成违反治安管理行为的，由公安机关依法给予治安管理处罚。

媒体编造、散布虚假食品安全信息的，由有关主管部门依法给予处罚，并对直接负责的主管人员和其他直接责任人员给予处分；使公民、法人或者其他组织的合法权益受到损害的，依法承担消除影响、恢复名誉、赔偿损失、赔礼道歉等民事责任。

（四）生产不符合食品安全标准的食品致使消费者受到损害

《食品安全法》第一百四十八条规定，消费者因不符合食品安全标准的食品受到损害的，可以向经营者要求赔偿损失，也可以向生产者要求赔偿损失。接到消费者赔偿要求的生产经营者，应当实行首负责任制，先行赔付，不得推诿；属于生产者责任的，经营者赔偿后有权向生产者追偿；属于经营者责任的，生产者赔偿后有权向经营者追偿。

生产不符合食品安全标准的食品或者经营明知是不符合食品安全标准的食品，消费者除要求赔偿损失外，还可以向生产者或者经营者要求支付价款十倍或者损失三倍的赔偿金；增加赔偿的金额不足一千元的，为一千元。但是，食品的标签、说明书存在不影响食品安全且不会对消费者造成误导的瑕疵的除外。

思考题

1. 什么是食品安全行政处罚？
2. 行政处罚的一般程序有哪些？
3. 试述我国《食品安全法》《食品安全法实施条例》与《行政处罚法》之间的关系。
4. 什么是“虚假广告宣传”？有哪些处罚条款？

附 录 APPENDIX

附录一 食品生产许可、经营许可相关食品安全国家标准

1. 基础类的食品安全国家标准

序号	标准号	标准名称
1	GB 7718—2011	食品安全国家标准 预包装食品标签通则
2	GB 28050—2011	食品安全国家标准 预包装食品营养标签通则
3	GB 13432—2013	食品安全国家标准 预包装特殊膳食用食品标签
4	GB 14880—2012	食品安全国家标准 食品营养强化剂使用标准
5	GB 2760—2024	食品安全国家标准 食品添加剂使用标准
6	GB 2761—2017	食品安全国家标准 食品中真菌毒素限量
7	GB 2762—2022	食品安全国家标准 食品中污染物限量
8	GB 2763—2021	食品安全国家标准 食品中农药最大残留限量
9	GB 31650—2019	食品安全国家标准 食品中兽药最大残留限量
10	GB 29921—2021	食品安全国家标准 预包装食品中致病菌限量

2. 生产经营规范类的食品安全国家标准

序号	标准号	标准名称
1	GB 14881—2013	食品安全国家标准 食品生产通用卫生规范
2	GB 12693—2024	食品安全国家标准 乳制品良好生产规范
3	GB 23790—2023	食品安全国家标准 婴幼儿配方食品良好生产规范
4	GB 31603—2015	食品安全国家标准 食品接触材料及制品生产通用卫生规范
5	GB 31621—2014	食品安全国家标准 食品经营过程卫生规范

续表

序号	标准号	标准名称
6	GB 31641—2016	食品安全国家标准　航空食品卫生规范
7	GB 8956—2016	食品安全国家标准　蜜饯生产卫生规范
8	GB 20941—2016	食品安全国家标准　水产制品生产卫生规范
9	GB 18524—2016	食品安全国家标准　食品辐照加工卫生规范
10	GB 20799—2016	食品安全国家标准　肉和肉制品经营卫生规范
11	GB 8952—2016	食品安全国家标准　啤酒生产卫生规范
12	GB 12694—2016	食品安全国家标准　畜禽屠宰加工卫生规范
13	GB 8950—2016	食品安全国家标准　罐头食品生产卫生规范
14	GB 22508—2016	食品安全国家标准　原粮储运卫生规范
15	GB 8954—2016	食品安全国家标准　食醋生产卫生规范
16	GB 13122—2016	食品安全国家标准　谷物加工卫生规范
17	GB 8951—2016	食品安全国家标准　蒸馏酒及其配制酒生产卫生规范
18	GB 17404—2016	食品安全国家标准　膨化食品生产卫生规范
19	GB 21710—2016	食品安全国家标准　蛋与蛋制品生产卫生规范
20	GB 8957—2016	食品安全国家标准　糕点、面包卫生规范
21	GB 31646—2018	食品安全国家标准　速冻食品生产和经营卫生规范
22	GB 31647—2018	食品安全国家标准　食品添加剂生产通用卫生规范
23	GB 8953—2018	食品安全国家标准　酱油生产卫生规范
24	GB 19304—2018	食品安全国家标准　包装饮用水生产卫生规范
25	GB 12695—2016	食品安全国家标准　饮料生产卫生规范
26	GB 12696—2016	食品安全国家标准　发酵酒及其配制酒生产卫生规范
27	GB 17403—2016	食品安全国家标准　糖果巧克力生产卫生规范
28	GB 8955—2016	食品安全国家标准　食用植物油及其制品生产卫生规范
29	GB 29923—2023	食品安全国家标准　特殊医学用途配方食品良好生产规范

3. 食品产品类的食品安全国家标准

序号	标准号	标准名称
1	GB 2757—2012	食品安全国家标准　蒸馏酒及其配制酒

续表

序号	标准号	标准名称
2	GB 19301—2010	食品安全国家标准　生乳
3	GB 5420—2021	食品安全国家标准　干酪
4	GB 19302—2010	食品安全国家标准　发酵乳
5	GB 19295—2021	食品安全国家标准　速冻面米调制食品
6	GB 19644—2024	食品安全国家标准　乳粉和调制乳粉
7	GB 19645—2010	食品安全国家标准　巴氏杀菌乳
8	GB 19646—2010	食品安全国家标准　稀奶油、奶油和无水奶油
9	GB 25191—2010	食品安全国家标准　调制乳
10	GB 25192—2022	食品安全国家标准　再制干酪和干酪制品
11	GB 26878—2011	食品安全国家标准　食用盐碘含量
12	GB 11674—2010	食品安全国家标准　乳清粉和乳清蛋白粉
13	GB 13102—2022	食品安全国家标准　炼乳　浓缩乳制品
14	GB 14963—2011	食品安全国家标准　蜂蜜
15	GB 2758—2012	食品安全国家标准　发酵酒及其配制酒
16	GB 25190—2010	食品安全国家标准　灭菌乳
17	GB 2749—2015	食品安全国家标准　蛋与蛋制品
18	GB 2712—2014	食品安全国家标准　豆制品
19	GB 10133—2014	食品安全国家标准　水产调味品
20	GB 2711—2014	食品安全国家标准　面筋制品
21	GB 2718—2014	食品安全国家标准　酿造酱
22	GB 7096—2014	食品安全国家标准　食用菌及其制品
23	GB 9678. 2—2014	食品安全国家标准　巧克力、代可可脂巧克力及其制品
24	GB 13104—2014	食品安全国家标准　食糖
25	GB 15203—2014	食品安全国家标准　淀粉糖
26	GB 19298—2014	食品安全国家标准　包装饮用水
27	GB 17400—2015	食品安全国家标准　方便面
28	GB 2720—2015	食品安全国家标准　味精
29	GB 2730—2015	食品安全国家标准　腌腊肉制品

续表

序号	标准号	标准名称
30	GB 19300—2014	食品安全国家标准　坚果与籽类食品
31	GB 17401—2014	食品安全国家标准　膨化食品
32	GB 2714—2015	食品安全国家标准　酱腌菜
33	GB 2721—2015	食品安全国家标准　食用盐
34	GB 14967—2015	食品安全国家标准　胶原蛋白肠衣
35	GB 7099—2015	食品安全国家标准　糕点面包
36	GB 7100—2015	食品安全国家标准　饼干
37	GB 2713—2015	食品安全国家标准　淀粉制品
38	GB 15196—2015	食品安全国家标准　食用油脂制品
39	GB 2733—2015	食品安全国家标准　鲜、冻动物性水产品
40	GB 7098—2015	食品安全国家标准　罐头食品
41	GB 10146—2015	食品安全国家标准　食用动物油脂
42	GB 31602—2015	食品安全国家标准　干海参
43	GB 2716—2018	食品安全国家标准　植物油
44	GB 2717—2018	食品安全国家标准　酱油
45	GB 10136—2015	食品安全国家标准　动物性水产制品
46	GB 2759—2015	食品安全国家标准　冷冻饮品和制作料
47	GB 17325—2015	食品安全国家标准　食品工业用浓缩液（汁、浆）
48	GB 19299—2015	食品安全国家标准　果冻
49	GB 7101—2022	食品安全国家标准　饮料
50	GB 19641—2015	食品安全国家标准　食用植物油料
51	GB 2726—2016	食品安全国家标准　熟肉制品
52	GB 20371—2016	食品安全国家标准　食品加工用植物蛋白
53	GB 31636—2016	食品安全国家标准　花粉
54	GB 31637—2016	食品安全国家标准　食用淀粉
55	GB 31640—2016	食品安全国家标准　食用酒精
56	GB 31638—2016	食品安全国家标准　酪蛋白
57	GB 14884—2016	食品安全国家标准　蜜饯

续表

序号	标准号	标准名称
58	GB 2707—2016	食品安全国家标准　鲜（冻）畜、禽产品
59	GB 2715—2016	食品安全国家标准　粮食
60	GB 17399—2016	食品安全国家标准　糖果
61	GB 14932—2016	食品安全国家标准　食品加工用粕类
62	GB 19643—2016	食品安全国家标准　藻类及其制品
63	GB 19640—2016	食品安全国家标准　冲调谷物制品
64	GB 31639—2023	食品安全国家标准　食品加工用菌种制剂
65	GB 2719—2018	食品安全国家标准　食醋
66	GB 8537—2018	食品安全国家标准　饮用天然矿泉水
67	GB 25595—2018	食品安全国家标准　乳糖
68	GB 31644—2018	食品安全国家标准　复合调味料
69	GB 31645—2018	食品安全国家标准　胶原蛋白肽

4. 保健食品、特殊医学用途配方食品、婴幼儿配方食品、特殊膳食食品的食品安全国家标准

序号	标准号	标准名称
1	GB 10765—2021	食品安全国家标准　婴儿配方食品
2	GB 10767—2021	食品安全国家标准　幼儿配方食品
3	GB 10769—2010	食品安全国家标准　婴幼儿谷类辅助食品
4	GB 10770—2010	食品安全国家标准　婴幼儿罐装辅助食品
5	GB 25596—2010	食品安全国家标准　特殊医学用途婴儿配方食品通则
6	GB 22570—2014	食品安全国家标准　辅食营养补充品
7	GB 24154—2015	食品安全国家标准　运动营养食品通则
8	GB 31601—2015	食品安全国家标准　孕妇及乳母营养补充食品
9	GB 29922—2013	食品安全国家标准　特殊医学用途配方食品通则
10	GB 16740—2014	食品安全国家标准　保健食品

附录二　餐饮服务的许可审查要求

餐饮服务	审查要求	适用范围
一般要求	（1）餐饮服务企业应当制定食品添加剂使用公示制度； （2）餐饮服务食品安全管理人员应当具备2年以上餐饮服务食品安全工作经历，并持有国家或行业规定的相关资质证明； （3）餐饮服务经营场所应当选择有给排水条件的地点，应当设置相应的粗加工、切配、烹调、主食制作以及餐用具清洗消毒、备餐等加工操作条件，以及食品库房、更衣室、清洁工具存放场所等。场所内禁止设立圈养、宰杀活的禽畜类动物的区域； （4）食品处理区应当按照原料进入、原料处理、加工制作、成品供应的顺序合理布局，并能防止食品在存放、操作中产生交叉污染； （5）食品处理区内应当设置相应的清洗、消毒、洗手、干手设施和用品，员工专用洗手消毒设施附近应当有洗手消毒方法标识。食品处理区应当设存放废弃物或垃圾的带盖容器； （6）食品处理区地面应当无毒、无异味、易于清洗、防滑，并有给排水系统。墙壁应当采用无毒、无异味、不易积垢、易清洗的材料制成。门、窗应当采用易清洗、不吸水的材料制作，并能有效通风、防尘、防蝇、防鼠和防虫。天花板应当采用无毒、无异味、不吸水、表面光洁、耐腐蚀、耐温的材料涂覆或装修； （7）食品处理区内的粗加工操作场所应当根据加工品种和规模设置食品原料清洗水池，保障动物性食品、植物性食品、水产品三类食品原料能分开清洗； （8）烹调场所应当配置排风和调温装置，用水应当符合国家规定的生活饮用水卫生标准； （9）配备能正常运转的清洗、消毒、保洁设备设施。餐用具清洗消毒水池应当专用，与食品原料、清洁用具及接触非直接入口食品的工具、容器清洗水池分开，不交叉污染。专供存放消毒后餐用具的保洁设施，应当标记明显，结构密闭并易于清洁； （10）用于盛放原料、半成品、成品的容器和使用的工具、用具，应当有明显的区分标识，存放区域分开设置；	热食类食品制售、冷食类食品制售、生食类食品制售、糕点类食品制售、自制饮品制售、中央厨房、集体用餐配送

续表

餐饮服务	审查要求	适用范围
一般要求	（11）食品和非食品（不会导致食品污染的食品容器、包装材料、工具等物品除外）库房应当分开设置。冷藏、冷冻柜（库）数量和结构应当能使原料、半成品和成品分开存放，有明显区分标识。冷冻（藏）库设有正确指示内部温度的温度计； （12）更衣场所与餐饮服务场所应当处于同一建筑内，有与经营项目和经营规模相适应的空间、更衣设施和照明； （13）餐饮服务场所内设置厕所的，其出口附近应当设置洗手、消毒、烘干设施。食品处理区内不得设置厕所； （14）各类专间要求： ①专间内无明沟，地漏带水封。食品传递窗为开闭式，其他窗封闭。专间门采用易清洗、不吸水的坚固材质，能够自动关闭； ②专间内设有独立的空调设施、工具清洗消毒设施、专用冷藏设施和与专间面积相适应的空气消毒设施。专间内的废弃物容器盖子应当为非手动开启式； ③专间入口处应当设置独立的洗手、消毒、更衣设施。 （15）专用操作场所要求： ①场所内无明沟，地漏带水； ②设工具清洗消毒设施和专用冷藏设施； ③入口处设置洗手、消毒设施	热食类食品制售、冷食类食品制售、生食类食品制售、糕点类食品制售、自制饮品制售、中央厨房、集体用餐配送
冷食类、生食类食品制售	申请现场制售冷食类食品、生食类食品的应当设立相应的制作专间，专间应当符合本表一般要求中审查条款（14）的要求	仅限冷食类、生食类食品制售
糕点类食品制售	申请现场制作糕点类食品应当设置专用操作场所，制作裱花类糕点还应当设立单独的裱花专间，裱花专间应当符合本表一般要求中审查条款（14）的要求	仅限糕点类食品制售
自制饮品制售	（1）申请自制饮品制作应设专用操作场所，专用操作场所应当符合本表一般要求中审查条款（15）的要求； （2）在餐饮服务中提供自酿酒的经营者在申请许可前应当先行取得具有资质的食品安全第三方机构出具的对成品安全性的检验合格报告。在餐饮服务中自酿酒不得使用压力容器，自酿酒只限于在本门店销售，不得在本门店外销售	仅限自制饮品制售

续表

餐饮服务	审查要求	适用范围
中央厨房	（1）场所设置、布局、分隔和面积要求： ①中央厨房加工配送配制冷食类和生食类食品，食品冷却、包装应按本表一般要求中审查条款（14）的规定设立分装专间。需要直接接触成品的用水，应经过加装水净化设施处理； ②食品加工操作和贮存场所面积应当与加工食品的品种和数量相适应； ③墙角、柱脚、侧面、底面的结合处有一定的弧度； ④场所地面应采用便于清洗的硬质材料铺设，有良好的排水系统。 （2）运输设备要求： 配备与加工食品品种、数量以及贮存要求相适应的封闭式专用运输冷藏车辆，车辆内部结构平整，易清洗。 （3）食品检验和留样设施设备及人员要求： ①设置与加工制作的食品品种相适应的检验室； ②配备与检验项目相适应的检验设施和检验人员； ③配备留样专用容器和冷藏设施，以及留样管理人员	仅限餐饮服务单位内设中央厨房
集体用餐配送	（1）场所设置、布局、分隔和面积要求： ①食品处理区面积与最大供餐人数相适应； ②具有餐用具清洗消毒保洁设施； ③按照本表一般要求中审查条款（14）的规定设立分装专间； ④场所地面应采用便于清洗的硬质材料铺设，有良好的排水系统。 （2）采用冷藏方式储存的，应配备冷却设备； （3）运输设备要求： ①配备封闭式专用运输车辆，以及专用密闭运输容器； ②运输车辆和容器内部材质和结构便于清洗和消毒； ③冷藏食品运输车辆应配备制冷装置，使运输时食品中心温度保持在10℃以下。加热保温食品运输车辆应使运输时食品中心温度保持在60℃以上。 （4）食品检验和留样设施设备及人员要求： ①有条件的食品经营者设置与加工制作的食品品种相适应的检验室。没有条件设置检验室的，可以委托有资质的检验机构代行检验； ②配备留样专用容器、冷藏设施以及留样管理人员	仅限集体用餐配送

附录三 食品销售的许可审查要求

食品销售	审查要求	适用范围
一般要求	（1）食品销售场所和食品贮存场所应当环境整洁，有良好的通风、排气装置，并避免日光直接照射。地面应做到硬化，平坦防滑并易于清洁消毒，并有适当措施防止积水。食品销售场所和食品贮存场所应当与生活区分（隔）开； （2）销售场所应布局合理，食品销售区域和非食品销售区域分开设置，生食区域和熟食区域分开，待加工食品区域与直接入口食品区域分开，经营水产品的区域与其他食品经营区域分开，防止交叉污染； （3）食品贮存应设专门区域，不得与有毒有害物品同库存放。贮存的食品应与墙壁、地面保持适当距离，防止虫害藏匿并利于空气流通。食品与非食品、生食与熟食应当有适当的分隔措施，固定的存放位置和标识； （4）申请销售有温度控制要求的食品，应配备与经营品种、数量相适应的冷藏、冷冻设备，设备应当保证食品贮存销售所需的温度等要求	预包装食品销售（含冷藏冷冻食品、不含冷藏冷冻食品）、散装食品销售（含冷藏冷冻食品、不含冷藏冷冻食品）、特殊食品销售（保健食品、特殊医学用途配方食品、婴幼儿配方乳粉、其他婴幼儿配方食品）
散装食品销售	（1）散装食品应有明显的区域或隔离措施，生鲜畜禽、水产品与散装直接入口食品应有一定距离的物理隔离； （2）直接入口的散装食品应当有防尘防蝇等设施，直接接触食品的工具、容器和包装材料等应当具有符合食品安全标准的产品合格证明，直接接触食品的从业人员应当具有健康证明； （3）申请销售散装熟食制品的，除符合上述规定外，申请时还应当提交与挂钩生产单位的合作协议（合同），提交生产单位的《食品生产许可证》复印件	仅限散装食品销售（含冷藏冷冻食品、不含冷藏冷冻食品）
特殊食品销售	（1）申请保健食品销售、特殊医学用途配方食品销售、婴幼儿配方乳粉销售、婴幼儿配方食品销售的，应当在经营场所划定专门的区域或柜台、货架摆放、销售； （2）申请保健食品销售、特殊医学用途配方食品销售、婴幼儿配方乳粉销售、婴幼儿配方食品销售的，应当分别设立提示牌，注明“＊＊＊＊销售专区（或专柜）”字样，提示牌为绿底白字，字体为黑体，字体大小可根据设立的专柜或专区的空间大小而定	仅限特殊食品销售（保健食品、特殊医学用途配方食品、婴幼儿配方乳粉、其他婴幼儿配方食品）

附录四　餐饮服务业食品原料建议环境温度

1. 蔬菜类

种类	环境温度	涉及产品范围
根茎菜类	0~5℃	蒜薹、大蒜、长柱山药、土豆、辣根、芜菁、胡萝卜、萝卜、竹笋、芦笋、芹菜
	10~15℃	扁块山药、生姜、甘薯、芋头
叶菜类	0~3℃	结球生菜、直立生菜、紫叶生菜、油菜、奶白菜、菠菜（尖叶型）、茼蒿、小青葱、韭菜、甘蓝、抱子甘蓝、菊苣、乌塌菜、小白菜、芥蓝、菜心、大白菜、羽衣甘蓝、莴笋、欧芹、茭白、牛皮菜
瓜菜类	5~10℃	佛手瓜和丝瓜
	10~15℃	黄瓜、南瓜、冬瓜、冬西葫芦（笋瓜）、矮生西葫芦、苦瓜
茄果类	0~5℃	红熟番茄和甜玉米
	9~13℃	茄子、绿熟番茄、青椒
食用菌类	0~3℃	白灵菇、金针菇、平菇、香菇、双孢菇
	11~13℃	草菇
菜用豆类	0~3℃	甜豆、荷兰豆、豌豆
	6~12℃	四棱豆、扁豆、芸豆、豇豆、豆角、毛豆荚、菜豆

2. 水果类

种类	环境温度	涉及产品范围
核果类	0~3℃	杨梅、枣、李、杏、樱桃、桃
	5~10℃	橄榄、芒果（催熟果）
	13~15℃	芒果（生果实）

续表

种类	环境温度	涉及产品范围
仁果类	0~4℃	苹果、梨、山楂
浆果类	0~3℃	葡萄、猕猴桃、石榴、蓝莓、柿子、草莓
柑橘类	5~10℃	柚类、宽皮柑橘类、甜橙类
	12~15℃	柠檬
瓜类	0~10℃	西瓜、哈密瓜、甜瓜和香瓜
热带、亚热带水果	4~8℃	椰子、龙眼、荔枝
	11~16℃	红毛丹、菠萝（绿色果）、番荔枝、木菠萝、香蕉

3. 畜禽肉类

种类	环境温度	涉及产品范围
畜禽肉（冷藏）	-1~4℃	猪、牛、羊和鸡、鸭、鹅等肉制品
畜禽肉（冷冻）	-12℃以下	猪、牛、羊和鸡、鸭、鹅等肉制品

4. 水产品

种类	环境温度	涉及产品范围
水产品（冷藏）	0~4℃	罐装冷藏蟹肉、鲜海水鱼
水产品（冷冻）	-15℃以下	冻扇贝、冻裹面包屑虾、冻虾、冻裹面包屑鱼、冻鱼、冷冻鱼糜、冷冻银鱼
水产品（冷冻）	-18℃以下	冻罗非鱼片、冻烤鳗、养殖红鳍东方鲀
水产品（冷冻生食）	-35℃以下	养殖红鳍东方鲀

附录五　推荐的餐用具清洗消毒方法

一、清洗方法

（一）采用手工方法清洗的，应按以下步骤进行：

1. 刮掉餐用具表面的食物残渣；

2. 用含洗涤剂的溶液洗净餐用具表面；

3. 用自来水冲去餐用具表面残留的洗涤剂。

（二）采用洗碗机清洗的，按设备使用说明操作。

二、消毒方法

（一）物理消毒

1. 采用蒸汽、煮沸消毒的，温度一般控制在100℃，并保持10min以上；

2. 采用红外线消毒的，温度一般控制在120℃以上，并保持10min以上；

3. 采用洗碗机消毒的，消毒温度、时间等应确保消毒效果满足国家相关食品安全标准要求。

（二）化学消毒

主要为使用各种含氯消毒剂消毒，在确保消毒效果的前提下，可以采用其他消毒剂和参数。

方法一：

使用含氯消毒剂（不包括二氧化氯消毒剂）的消毒方法：

1. 严格按照含氯消毒剂产品说明书标明的要求配制消毒液，消毒液中的有效氯浓度宜在250mg/L以上；

2. 将餐用具全部浸入配置好的消毒液中5min以上；

3. 用自来水冲去餐用具表面残留的消毒液。

方法二：

使用二氧化氯消毒剂的消毒方法：

1. 严格按照产品说明书标明的要求配制消毒液，消毒液中的有效氯浓度应为100~150mg/L；

2. 将餐用具全部浸入配置好的消毒液中10~20min；

3. 用自来水冲去餐用具表面残留的消毒液。

三、保洁方法

1. 餐用具清洗或消毒后宜沥干、烘干。使用抹布擦干的，抹布应专用，并经清洗消毒方可使用，防止餐用具受到污染；

2. 及时将消毒后的餐用具放入专用的密闭保洁设施内。

参考文献

［1］王修华．浅析食用农产品质量对食品安全的影响［J］．食品安全导刊，2022（03）：40-42.

［2］张海东．基于食品安全现状探讨我国食品安全管理策略门中国食品工业 2023（16）：52-54.

［3］马新辉．2018—2020 年食品安全监管及分析［J］．食品安全导刊，2021（27）：29-30.

［4］刘钢．刍议农产品和食用农产品与食品监管执法之无缝衔接问题［J］．中国品牌与防伪，2022（11）：33-35.

［5］孙长颢．营养与食品卫生学［M］．8 版．北京：人民卫生出版社，2019：436.

［6］李红秋，贾华云，赵帅，等．2021 年中国大陆食源性疾病暴发监测资料分析［J］．中国食品卫生杂志，2022，34（4）：816-821.

［7］李红秋，郭云昌，宋壮志，等．2019 年中国大陆食源性疾病暴发监测资料分析［J］．中国食品卫生杂志，2021，33（6）：650-656.

［8］苏玮玮，刘继开，闻剑，等．2010—2020 年全国农村宴席食源性疾病暴发事件分析［J］．中国食品卫生杂志，2023，35（06）：915-921.

［9］张智芳，廖冬冬．1985—2022 年国内食源性疾病研究热点和前沿趋势——基于 CiteSpace 可视化分析［J］．公共卫生与预防医学，2023，34（04）：21-25.

［10］宋廷．食源性疾病控制与餐饮食品安全管理的实践策略探究［J］．食品安全导刊，2023（10）：19-21.

［11］周传林．从食品监管角度浅谈食物中毒［J］．食品安全导刊，2021（18）：44-45.

［12］张娜，陆姣，程景民．中国居民防范食源性疾病相关知识、态度、行为现状及其人群特征分析［J］．中国公共卫生，2022，38（03）：280-284.

［13］刘明，曹梦思，彭雪菲，等．重大活动中食源性疾病的食品安全风险评估分级研究［J］．中国食品卫生杂志，2021，33（06）：657-665.

［14］汲泽．新形势下食品安全问题的影响因素与对策研究［J］．现代食品，2021（14）：129-131.

［15］于尧，刘掘茫，张静，等．我国进口食品安全风险及其影响因素［J］．食品安全导刊，2023（09）：139-141.

［16］陈丹枫．食品生产加工过程中影响食品安全的因素分析［J］．食品安全导刊，2022（25）：16-18.

［17］祁小菊．保障食品质量与安全的措施研究［J］．食品安全导刊，2022（02）：22-24.

［18］刘少楠．食品安全生产的影响因素分析［J］．食品安全导刊，2022（02）：37-39.

［19］徐国冲，李威瑢．食品安全事件的影响因素及治理路径——基于 REASON 模型的 QCA 分析［J］．管理学刊，2021，34（04）：109-126.

［20］曾祥平，张袁媛．食品安全的影响因素与保障措施探讨［J］．食品安全导刊，2021（21）：36-38.

［21］王冠群，孙嵛林，王文特．餐饮业中食品添加剂的使用现状及问题分析［J］．现代食品，2023，29（14）：155-157.

［22］李婷婷，朱勇辉，马娟娟．食品添加剂发展研究进展［J］．食品安全导刊，2022（01）：159-161.

［23］范思妮．国内食品添加剂研究进展及发展趋势［J］．食品安全导刊，2018（18）：32-33.

［24］李OEPC峰，李会，尚晓帆．浅析食品相关产品现状构建安全监管长效机制［J］．中国标准化，2023（13）：227-233.

［25］李冰，张玥，宋丹．我国食品相关产品质量安全分析［J］．质量与标准化，2023（01）：47-49.

［26］张芃．物品编码与自动识别技术助力食品产业数字化转型与食品安全可持续发展［J］．中国自动识别技术，2023（04）：27-29.

［27］孙宝国．风味健康传承创新共促中国食品产业多元化发展［J］．中国科技产业，2023（08）：1-2.

［28］刘宏宇．我国多地崛起食品产业集群［J］．中国食品工业，2023（13）：38-39.

［29］郭顺堂，徐婧婷．我国大豆食品产业发展现状及存在的问题［J］．食品科学技术学报，2023，41（03）：1-8.

［30］许宁波，吴腾飞．我国速冻食品产业现状及面临的机遇和挑战［J］．冷藏技术，2023，46（01）：1-3.

［31］付红军，杨培涛，李旭阳．我国森林食品产业发展研究现状及对策［J］．湖南林业科技，2022，49（05）：115-120.

［32］孙宝国，王静．中国食品产业现状与发展战略［J］．中国食品学报，2018，18（08）：1-7.

［33］杜会永，冉庆国．我国食品产业结构与消费结构和谐度的评价［J］．统计与决策，2018，34（21）：106-108.

［34］李笑曼，王文月，臧明伍，等．基于科技创新成果现状的我国食品产业科技创新能力分析［J］．食品科学，2022，43（15）：345-356.

［35］李美玲．技术贸易壁垒对我国食品产业及贸易的影响［J］．时代金融，2018（11）：227-228.

［36］韩薇薇，黄心洁，刘万慧．“一带一路”战略背景下我国食品产业发展的机遇、困局与对策分析［J］．当代经济，2018（06）：82-84.

［37］张海东．基于食品安全现状探讨我国食品安全管理策略［J］．中国食品工业，2023（16）：52-54.

［38］祁小菊．保障食品质量与安全的措施研究［J］．食品安全导刊，2022（02）：22-24.

［39］刘晓霞．我国食品安全的问题与对策［J］．中国食品工业，2023（11）：69-70.

［40］白雪．浅谈我国食品安全与绿色食品的现状与发展［J］．现代食品，2023，29

（04）：106-108.

［41］李萍，钱波，王霞．食品安全现状及食品安全检测［J］．食品安全导刊，2022（22）：10-12.

［42］许栋．食品安全现状及食品安全检测技术分析［J］．食品安全导刊，2022（10）：163-165.

［43］张晓琳．食品安全现状及食品安全检测技术应用［J］．食品安全导刊，2022（08）：176-178.

［44］张雨．我国食品安全现状与对策［J］．食品科学，2004（S1）：211-215.

［45］顾钧．我国食品安全现状分析及对策建议［J］．食品安全导刊，2021（27）：11-12.

［46］李义峰．食品安全现状及食品生产过程中的质量管理［J］．食品安全导刊，2022（15）：22-24.

［47］刘悦聆，王子琼，王蕾，等．2018—2021 年我国进口食品安全现状分析及风险警示［J］．公共卫生与预防医学，2022，33（05）：18-22.

［48］韩滢霏．食品安全现状及食品安全检测技术应用浅析［J］．现代食品，2023，29（04）：127-129.

［49］信春鹰．中华人民共和国食品安全法释义［M］．北京：法律出版社，2015.

［50］张磊、李建文．国际分析评估机构纵览［M］．北京：中国质检出版社，2017.

［51］周德庆．水产品安全风险评估理论与案例［M］．青岛：中国海洋大学出版社，2013.

［52］李宁．我国食品安全风险评估制度实施及应用［J］．食品科学技术学报，2017，35（1）：1-5.

［53］李宁．我国食品安全风险评估制度的落实和实施［J］．中国食品学报，2014，14（7）：1-4.

［54］潘焰琼．风险评估在食品安全监管中的作用［J］．现代食品，2019（15）：112-115.

［55］刘华楠，食品质量与安全管理［M］．北京：中国轻工业出版社，2014.

［56］刘金福，陈宗道，陈绍军，食品质量与安全管理［M］．3 版．北京：中国农业大学出版社，2016.

［57］杨国伟，夏红．食品质量管理［M］．2 版．北京：化学工业出版社，2019.

［58］赵光远．食品质量管理［M］．北京：中国纺织出版社，2013.

［59］余奇飞．食品质量安全管理［M］．北京：化学工业出版社，2016.

［60］余兴台．美国食品安全于与监管［M］．北京：中国医药科技出版社，2017.

［61］王强．国内外食品 GMP 对比分析［J］．中国农业科技导报，2002，4（5）：36-39.

［62］席兴军，刘俊华．国内外良好操作规范（GMP）现状及比较［J］．世界标准信息，2005，（12）：85-92.

［63］曲径．食品卫生与安全控制学［M］．北京：化学工业出版社，2007.

［64］康俊生．我国与 CAC，美国，欧盟食品 GMP 标准法规对比分析研究［J］．农业质量标准，2007，3（3）：11.

［65］白晨，黄玥．食品安全与卫生学［M］．北京：中国轻工业出版社，2020.
［66］曹斌．食品质量管理［M］．2版．北京：中国环境科学出版社，2012.
［67］李波．食品安全控制技术［M］．北京：中国计量出版社，2007.
［68］崔春红，陈延刚，王白鸥．HACCP的起源、特点及发展［J］．中国果菜，2006，(04)：53-54.
［69］庞杰，刘先义．食品质量管理学［M］．北京：中国轻工业出版社，2019.
［70］曹竑．食品质量安全认证［M］．北京：科学出版社，2015.
［71］欧阳喜辉．食品质量安全认证指南［M］．北京：中国轻工业出版社，2003.
［72］李旭，范正辉，陈怀锅．绿色食品认证与管理实物［M］．江苏：东南大学出版社，2012.
［73］丁保华，刘继红，廖超子，陈思．我国无公害农产品认证及其监督管理［J］．中国农业资源与区划，2006，(04)：40-44.
［74］王华飞，栾治华，李鹏．有机产品认证与管理［M］．北京：中国质检出版社，2019.
［75］陆安飞．网购食品安全监管的问题与建议［J］．医学与法学，2017，9（2）：60-63.
［76］盛成勐．我国网络食品安全监管问题及对策研究［D］．吉林：长春工业大学，2019.
［77］崔珏婷．我国网络食品安全现状［J］．食品安全导刊，2019，24：9-10.
［78］周梦吉．对网络食品交易第三方平台的行政监管研究［D］．江苏：东南大学，2018.
［79］宋西桐．网络食品交易第三方平台责任研究［J］．标准科学，2015，9：16-18，37.
［80］李施宇．网络食品交易第三方平台法律责任研究［D］．山西：山西财经大学，2019.
［81］蒋思媛，李伟．网络食品交易第三方平台责任制度问题与建议［J］．中国食品卫生杂志，2019，31（2）：150-153.
［82］刘金瑞．网络食品交易第三方平台责任的理解适用与制度创新［J］．东方法学，2017，4：84-92.
［83］程景民．中国食品安全监管体制运行现状和对策研究［M］．北京：军事医学科学出版社，2013：147-161.
［84］姜明安．行政法与行政诉讼法［M］．北京：北京大学出版社，高等教育出版社，2011.
［85］王列莉．当前食品安全监管存在的问题与对策［J］．食品安全导刊，2019，(03)：18.
［86］田一博．当前网络食品安全问题及对策［J］．食品安全导刊，2017，(03)：31-32.
［87］刘金福，食品质量与安全管理［M］．4版．北京：中国农业大学出版社，2021.
［88］陈辉，食品安全概论［M］．北京：中国轻工业出版社，2011.
［89］张成海，食品安全追溯技术与应用［M］．北京：中国标准出版社，2012.

［90］孙晓红，李云．食品安全监督管理学［M］．北京：科学出版社，2017.

［91］王际辉．食品安全学［M］．北京：中国轻工业出版社，2017.

［92］鲁刚，郭新璞．食品生产企业产品质量安全的有效控制［J］．食品安全导刊，2022，15：77.